スターティング Go言語

松尾愛賀 [著]

本書内容に関するお問い合わせについて

このたびは翔泳社の書籍をお買い上げいただき、誠にありがとうございます。弊社では、読者の皆様からのお問い合わせに適切に対応させていただくため、以下のガイドラインへのご協力をお願い致しております。下記項目をお読みいただき、手順に従ってお問い合わせください。

●ご質問される前に

弊社Webサイトの「正誤表」をご参照ください。これまでに判明した正誤や追加情報を掲載しています。

正誤表　http://www.shoeisha.co.jp/book/errata/

●ご質問方法

弊社Webサイトの「刊行物Q&A」をご利用ください。

刊行物Q&A　http://www.shoeisha.co.jp/book/qa/

インターネットをご利用でない場合は、FAXまたは郵便にて、下記"翔泳社 愛読者サービスセンター"までお問い合わせください。
電話でのご質問は、お受けしておりません。

●回答について

回答は、ご質問いただいた手段によってご返事申し上げます。ご質問の内容によっては、回答に数日ないしはそれ以上の期間を要する場合があります。

●ご質問に際してのご注意

本書の対象を越えるもの、記述個所を特定されないもの、また読者固有の環境に起因するご質問等にはお答えできませんので、予めご了承ください。

●郵便物送付先およびFAX番号

送付先住所　〒160-0006　東京都新宿区舟町5
FAX番号　　03-5362-3818
宛先　　　　（株）翔泳社 愛読者サービスセンター

※ 本書の出版にあたっては正確な記述に努めましたが、著者および出版社のいずれも、本書の内容に対してなんらかの保証をするものではなく、内容やサンプルに基づくいかなる運用結果に関してもいっさいの責任を負いません。
※ 本書に記載されたURL等は予告なく変更される場合があります。
※ 本書に掲載されている画面イメージなどは、特定の設定に基づいた環境にて再現される一例です。
※ 本書に記載されている会社名、製品名はそれぞれ各社の商標および登録商標です。
※ 本書では™、©、®は割愛させていただいております。

序

　いつのことだったかは忘れましたが、初めてGoに触れた印象は「なんとなく古臭いなあ」というものでした。ぱっと見た感じがCやJavaといった王道のプログラミング言語に近く、また「オブジェクト指向機能を持たない」「例外機構を持たない」「かといって最近流行の関数型言語というわけでもない」などなど、聞こえてくるのがないない尽くしの評判ばかりだったからでしょうか。

　しかし、Goによっていくつか小さなプロダクトを書いているうちに、ネガティブな印象はたちまち一変してしまいました。Goを使った開発の生産性が、予想を超えて恐ろしく高いことを、身をもって実感したからです。いま思い返してみると、自分の不明を恥ずかしく感じます。

　機能性という観点からは、とても保守的に見えてしまうGoによって、生産性が高まるというのもずいぶんと不思議な話です。Goは、豊富な機能によって開発者の生産性を高めるというアプローチの代わりに、プログラム環境全体におけるシンプルさと合理性を追求するという異なる経路からのアプローチによって、これまでにない開発効率を生み出したのではないかと、筆者は考えています。

　Goは、極めてシンプルなプログラミング言語です。単にプログラムの見た目や文法がシンプルであるという意味に留まらず、プログラミングに付随するあらゆる作業、コンパイルやビルド、実行とテスト、ライブラリの管理、コードの整形、ドキュメント化など、あらゆる作業がシンプルに実現できるように構成されています。外部のツールに依存することなく、複雑な設定作業も要せず、Goのみで効率的なプログラミングができるようになっているのです。

　またGoは、高い実用性を備えるプログラミング言語です。コンパイル型言語であることを活かした高い実行性能、良く設計された付属パッケージの豊富さ、実行環境を選ばないマルチプラットフォームのサポートなどの要素から、実用性の高いアプリケーションの構築にその威力を発揮します。

　このような「実用性の高い手軽さ」を実感するには、なによりも実際にGoでプログラミングに取り組んでみることが一番です。本書は、Goの基本的な文法から高度な型の定義、各種ツールの使用方法から標準パッケージの利用例まで、多岐にわたる内容を含んでいます。ぜひとも本書を読み進めつつ、実際に手を動かしてGoに触れてみてください。読者の皆様に、これまでにない「実用性の高い手軽さ」を実感してもらえればと願っております。

はじめに

Goとは

　Goは、Google社によって開発され、2009年に発表された新しいプログラミング言語です。現在はGitHub (https://github.com/golang/go) を利用し、オープンソース形式で開発が行われています。Goのコンパイラや実行環境のソースコードには「修正BSDライセンス」が適用されており、著作権情報の保持など最低限の条件を満たせば、複製や改変・再配布を含めた自由な利用が認められています。

　世にさまざまなプログラミング言語がすでに存在している中で、なぜGoogle社は新しいプログラミング言語を開発したのでしょうか。外部の人間がこの事情を正しくうかがえるわけではありませんが、その疑問への答えはGoの言語仕様の中に含まれていると筆者は考えます。

　メジャーな他のプログラミング言語と比べて、一見してシンプルすぎる文法は何を意図して設計されたのか。最近のプログラミング言語の多くがサポートする、オブジェクト指向機能や例外機構といった機能が組み込まれていないのはなぜか。こういった当たり前に湧いてくる疑問も、Goを学び進めつつ、その言語仕様のメリットを享受するうちに、少しずつ氷解していくことでしょう。

　個人的な感想ですが、Goは、「簡潔性」という源泉から「読解性」「生産性」「高速性」などの多くのメリットを生み出すことに成功したプログラミング言語だと考えています。筆者自身、はじめてGoに触れたとき、他のプログラミング言語で慣れ親しんだ機能の多くが欠落していることに大いにとまどいました。しかし、実際に小粒ながらも実用的なプログラムをGoで開発しているうちに、欠落しているかのように思えた機能が、開発効率や実行効率の上で必ずしも本質的でないことを実感することになりました。

　Goを学んでみたいと考えている読者のみなさんも、本書を読み進めつつぜひとも実際に手を動かし、動作するプログラムを作成してみてください。それが最も効率的にGoを学習できる方法ですから。

Goの特徴

　ソフトウェアを作成する上で、プログラミング言語の選択は非常に大きな問題です。開発効率や実行速度、実行環境といったさまざまな要素を勘案しつつ、最

適なものを選択したいものです。他のプログラミング言語と比べて、Goにはどのような特徴があるのでしょうか。次に、Goの大きな特徴について概観してみましょう。

■ネイティブコードへのコンパイル

Goはコンパイル型の言語です。JavaやC#などのように各プラットフォームの差異を吸収するための「仮想マシン（VM）」は備えていません。Goプログラムが動作するCPUとOSに適合したネイティブコードを生成するだけです。

これは、Goプログラムを動かす上で、ランタイムのような何らかの「実行環境」が不要であることを意味します。Goプログラムをビルドした結果の実行ファイルは、とくに何の準備も必要なく、そのまま実行環境上で動作します。

また、ネイティブコードとして実行されるため、仮想マシンやインタープリターなどを要するプログラミング言語に比較して、オーバーヘッドが少なく高速に動作します。

■マルチプラットフォームで動作

「ネイティブコードへコンパイルされる」という利点と「マルチプラットフォームで動作する」という利点を兼ね備えているのが、Goの最も大きな特徴と言えるでしょう。

CやC++などのプログラミング言語でも「マルチプラットフォームで動作する」とは言えるのですが、現実にはプリプロセッサなどを駆使し、OSやCPUの差異を吸収するためのコードを多数追加する必要があり、広範な環境をサポートできるプログラムの作成には、かなりの労力が必要になります。

Goでは、（例外はあるにせよ）OSやCPUによる実行環境の差異をほぼ完全に隠ぺいしています。Goの標準実装のみでプログラムを作成するのであれば、実行されるプラットフォームの差異に気を配る必要はほとんどありません。また、各実行環境で動作するプログラムを、1つのコンパイル環境から生成できるクロスコンパイル機能も備えているため、幅広い環境で動作するプログラムを低コストで開発できます。

■OSへの非依存

これはGoの最も野心的な側面を感じさせる特徴です。Goは各OSにおける、最も標準的な共有ライブラリにすら依存しない実行ファイルを生成します。

はじめに

逆の見方をすれば、さまざまなOSに標準的に備わっているAPIに類する機能についても、「車輪の再発明」をいとわずに自前で実装していることになります。当然のことながら、Goプログラムから生成された実行ファイルは、OSが提供する共有ライブラリに頼ることができないので、相当する機能をすべて保持する必要があり、結果として実行ファイルのサイズが大きくなります。

これは、最近のPC環境における搭載メモリ量などを前提に考えれば、さしたる問題ではないでしょう。共有ライブラリのバージョン変動に伴う動作不良といった問題の芽を、あらかじめ摘み取っているというメリットもあります。また、単独の実行ファイルのみで独立して動作する特性から、サーバー環境へのデプロイ作業が単に実行ファイルのコピーで完結するなど、他のプログラミング言語では実現が難しい利点を備えています。

▌ガベージコレクター

Goは、現代的なプログラミング言語に必須と言っても過言ではない「ガベージコレクター」を備えています。GoはCによく似たところのあるプログラミング言語ですが、より「型（type）」が信頼できるように、よりメモリ操作が安全になるように、設計されています。

Cでプログラムを作成する際にとくに問題となりやすいのが、メモリの解放漏れによるメモリリークと、適切なバッファの確保がなされずに意図しないメモリ領域に書き込みを行ってしまうバッファオーバーフローでしょう。

Goはガベージコレクターをサポートすることで、低レベルなメモリ操作による問題の多くをあらかじめ防止しています。

▌並行処理

近年のプログラミング言語における課題の1つは「効率的で安全な並行処理」のサポートであると言えるでしょう。単体のCPUコアの性能向上に頭打ちが見え始めたことから、最近のCPUは単一のチップ内に複数のコアを含むことが当たり前になりました。複数のCPUやそのコアを効率的に動かすには旧来のプログラミング言語の枠組みだけでは難易度が高く、さらに最大のパフォーマンスを発揮するためには高度な専門知識が必要になります。

さまざまなプログラミング言語のさまざまな取り組みがある中で、Goは「ゴルーチン（goroutine）」という並行処理の枠組みを生み出しました。ゴルーチンはOSが提供するスレッドよりも小さな単位で動作するGo独自の実行単位です。個々

のゴルーチンが安全にデータの共有を行うための「チャネル (channel)」という
データ構造を組み合わせて、シンプルかつ効率的に並行処理を書くことができる
ようにデザインされています。

本書の想定読者

　本書は、他のプログラミング言語ですでに十分な経験を積んだ開発者が、新た
にGoを学ぶという前提で構成されています。とはいえ「何らかのプログラミング
言語の経験」というくくりは、多くのプログラミング言語を大雑把にまとめてし
まっていて何の指針にもなり得ないでしょう。

　以降では、ユーザー数の多い主要なプログラミング言語をピックアップし、そ
れぞれのプログラミング言語経験者がGoをどのように学ぶべきかについて、簡
単な指針を示します。

C ／ C++

　Cの経験者であればGoを身につけることは難しい話ではありません。C++はC
のスーパーセットであるという側面から見る限り、事情は同じであると仮定して
います。

　Goには基本型、構造体型、ポインタ型など、Cで取り扱うプログラムの要素が
ほぼそのまま備わっています。これは、GoがCとの互換性を重視した結果でもあ
るでしょう。

　一方で、Cにおける自由度（言い方を変えれば危険な操作を生む可能性）には多
くの制限がかけられています。たとえば、Goはポインタ型を備えていますがポイ
ンタ演算は備えていません。void*型のような汎用ポインタもありません。プログ
ラムを環境に合わせて書き換えるためにマクロを使うこともできません。「これら
の機能なしにどのようにプログラミングするのか」という疑問が、Goを学ぶ入り
口になるでしょう。

　GoはCの得意領域を完全に代替するものではありませんが、多くの面で「改良
されたC」と見なすことができます。厳密に定義された多数の基本型、パッケー
ジによる名前空間の導入、ガベージコレクターによるメモリ管理といった、Cの
みでは実現が難しい多くの機能が備わっています。

　C経験者はぜひ、Goのデータ型や文法にある程度習熟したところで、豊富な
パッケージを活かした実用的なGoプログラムを書いてみてください。ひとたび

はじめに

Goによる開発効率を味わえば、さまざまな領域に応用できる可能性を感じることができるはずです。

▌Java ／ C#

本書を手にとった読者が実際に使用しているプログラミング言語で最も多いのは、Javaではないでしょうか。ここ10年以上、Javaは企業システムからWebシステムまで幅広い領域に広がり、かつ使用されてきた実績があり、その場に職務として関わる開発者もまた多いはずであると予想できるからです。

また、Windows環境が中心になるという違いはあるにせよ、C#（.NET Framework環境を含む）についても、Javaと同様に「仮想マシン上で実行される汎用プログラミング言語」である特性を活かし、幅広い領域で利用されている結果として、多くの開発者を擁しているでしょう。

と、ここで筆者は困ってしまいました。「Java ／ C#開発者が改めてGoを学ぶメリットはあるのか」という自らの問いかけへの答えが、意外に難しいことに気付いたからです。

機能のレベルで考えると、Java ／ C#とGoの間には大きな違いがあります。しかし、「プログラムの実行速度」や「使用に適したシステムの範囲」、「開発の効率性」など、プログラミング言語を選定するための各要素を並べてみても、そこに大きな差異、採用すべき理由が浮き出てきてくれないのです。せっかく新しいプログラミング言語に挑戦しようとしているのに、「使うところが見つからない」では面白くもありませんし、学習意欲も半減してしまいますね。

これでは本書が役立たずで終わってしまうので、視点と切り口を変えてみましょう。Java ／ C#開発者がGoを学ぶ意義は、ずばりプログラミングについての「パラダイムの転換」です。

Goはオブジェクト指向言語では「ありません」。オブジェクト指向プログラミングの恩恵を当たり前のものとして享受している開発者には、ときには手足を縛られたような不自由さを感じることもあるでしょう。

しかし、オブジェクト指向機能がなくとも実用的なプログラミングは可能なのです。近年、「関数型プログラミング言語」が脚光を浴びる機会が増えてきましたが、こういった状況が出てきたのも、「オブジェクト指向は必ずしもプログラミングの本質ではない」という認識が広まり始めているからでしょう。

「オブジェクト指向」が間違っていたという話ではありません。「オブジェクト指向以外」のパラダイムで構成されたプログラミング言語を選択してもプログラミ

ングは可能であり、場合によっては効率的であり得ると認識することが、今後より重要になっていくと考えられるのです。

　Java ／ C#開発者が、より広いプログラミングパラダイムを学ぶために、たとえば「Haskell」のように徹底した関数型プログラミング言語を選択するのも面白いでしょう。「Scala」のようにJavaを徹底的にカスタマイズしてさまざまな要素を詰め込んだような「マルチパラダイム言語」を学ぶのも魅力的です。

　このように豊富な選択肢が思いつくのですが、筆者はやはりGoを学ぶことを勧めたいと思います。それは、Goが言語機能や文法などの要素を極限まで削ったコンパクトなプログラミング言語だからです。覚えることが少なければ、それだけ早く実践に移ることができます。

　またGoは、EclipseやVisual Studioのような統合開発環境（IDE）がなくても、使い慣れたテキストエディターとGoに付属したツールだけで、効率的にコーディングとビルドができるようデザインされています。重厚なツール群の設定や準備が不要であれば、それだけ開発者が支払う学習コストを最小限に抑えることができます。

　このようにGoは、他のプログラミング言語に比べて学習障壁が非常に小さいという特色があります。これまでとは異なるパラダイムに作り上げられたプログラミング言語を、最小限のコストで学び、実践に活かすことができる。これがGoを学ぶ最大の動機になるのではないでしょうか。

▌PHP ／ JavaScript ／ Ruby ／ Python

　ここ10年以上、Webシステムの隆盛とともに、LL（Lightweight Language）と呼ばれるカテゴリーのプログラミング言語が使用される機会が増大しています。ここで挙げているのは、「PHP」「JavaScript」「Ruby」「Python」の4つですが、細かい差異を無視すれば、動的型付け言語であること、オブジェクト指向機能を有していること、Webシステムで採用される機会が多いこと、など多くの共通点があります。

　そして、これらのプログラミング言語の最大の共通点は、「スクリプト言語」と総称されることからわかるように、事前のコンパイルといった手順を経ずに、インタープリターや仮想マシンなどのランタイムによって直接的に解釈、実行されるところでしょう。変化の激しいWebシステムの世界では、事前コンパイル型の「厳密な」プログラミング言語が必ずしも最適ではない場合もあり、代わって手軽に開発・実行できるスクリプト言語が支持を広げてきたという背景があります。

このようなスクリプト言語を主体にしている開発者が、Goを学ぶことで一体何を得られるでしょうか。

まずは「パフォーマンス」です。Goはネイティブコードにコンパイルされた上で実行されるので、一般的なスクリプト言語の実行性能より（処理の内容にもよりますが）10倍〜100倍という高いパフォーマンスを発揮します。スクリプト言語が適用領域を広げているのは確かな事実ですが、だからといってスクリプト言語ですべての問題が解決できるわけではありません。Goを学ぶことで、スクリプト言語が実用に適さない領域の問題に解決策を得ることができるでしょう。

また、スクリプト言語ではおおむね隠ぺいされている、プログラムの低レベルな処理の内実について理解を深める機会にもなるでしょう。Goを使って最大のパフォーマンスを得るには、スタックやヒープといったメモリ領域についての知識が必要になるからです。

初心者がCを学ぶときの障壁として名高い「ポインタ」についても学ぶ必要があります。スクリプト言語ならある程度大雑把に扱うことができた数値や浮動小数点数、文字列などの基本的なデータ構造についても、より正確な知識が必要になるでしょう。

こう並べてしまうと敷居の高さを感じてしまうかもしれません。しかし、心配は無用です。Goは「Cで得られる実行速度」と「Pythonで得られる開発速度」の両方のメリットを目指したプログラミング言語です。データに厳密な型があるとはいっても、たいていの場合は型の記述を省略することができ、スクリプト言語に近い軽快なコーディングが可能です。

一般にプログラムのコンパイルという作業にはさまざまな設定や準備が必要になりますが、Goであれば、書いたプログラムを気軽に実行したり、複雑な設定が無用なビルド環境を構築することができます。プログラムの低レベルな領域への知識は、プログラムを書き進めるうちに自然と身についていくでしょう。

スクリプト言語は手軽な反面、ランタイムのバージョンやライブラリのバージョンの差異、Linuxであれば動作するがWindowsではそもそも動かないなど、環境の問題に左右されることが多く、ポータビリティに悩まされることがあります。このような問題もGoであればほとんど解決できます。

スクリプト言語とは少し異なる「実用性の高い手軽さ」を身につけて、より多くの課題を解決できる開発者を目指しましょう！

はじめに

■ 本書の構成

　本書は全7章で構成されています。解説する項目がさまざまな章や節に分散しないように気を配って項目を配置しましたので、第1章から順に読み進めてもらえば問題はないかと思います。各章は以下のように分かれています。

■ 第1章「開発環境」

　Goの開発環境のための基本的な構築手順についての解説です。Windows、OS X、LinuxのOSごとに分かれています。使用している環境に合わせて、まずはGoの開発環境を作ってみましょう。

■ 第2章「プログラムの構成と実行」

　詳細な言語仕様の解説に入る前に、まずはシンプルなプログラムについての実行方法や構成の仕方について学びます。第3章以降のコード例などを、実際に動作させる場合に必要になる知識です。

■ 第3章「言語の基本」

　本書でもっとも重厚な章です。Goの演算子や制御構文といった文法要素から、変数や関数の定義、基本的なデータ型についての解説など多岐に渡っています。Goが現代的なプログラミング言語の1つとして、どのようにデザインされているかを実感してもらえるのではないかと思います。

■ 第4章「参照型」

　参照型はGoの特徴的な要素の1つです。一般的なプログラミング言語における「可変長配列」や「連想配列」などのデータ構造を、Goで使用する方法を学びます。また、「チャネル」というGo独自の特殊なデータ構造についても解説しています。

■ 第5章「構造体とインターフェース」

　Goプログラミングの中心になる「構造体」についての解説をまとめています。また、主として構造体型と組み合わせて使用されることが多い「ポインタ」と、構造体型を含むGoのデータ型に柔軟性をもたらす「インターフェース」という仕組みを合わせて学びます。

xi

はじめに

▌第6章「Goのツール」

　Goにはよく練られた有用なツールが備わっています。これらのツールを活用することが、Goプログラミングの生産性を飛躍的に高める鍵になるでしょう。全てのツールが網羅されているわけではありませんが、ビルド作業を中心にした効率的なツールの利用方法について学びます。

▌第7章「Goのパッケージ」

　Goの魅力の1つは「よく設計された優れたパッケージ群」にあるのは間違いありません。この章では、Goに付属する多数の標準パッケージの中から、一般的なプログラミングで使用頻度が高いと思われるものを中心に解説しています。日付や時刻、数学、文字列操作、正規表現、HTTP処理など多岐に渡りますので、目次の項目から逆引き的に参照してもらえるように構成しています。

▌巻末付録「標準ライブラリカタログ」

　Go言語公式Webサイトの「Packages」（https://golang.org/pkg/）に掲載されているStandard Library各パッケージのOverview（概要）を翻訳・再構成したものです。実装したい機能を支援するパッケージを探すときの手がかりなどとしてご利用ください。

　なお、Go言語公式Webサイトの「Packages」はGoogle社によって作成・共有されているものであり、翻訳・再構成はクリエイティブコモンズ　表示 3.0 非移植（the Creative Commons Attribution 3.0 License）の条件の下に行っています。

▌ 対象とするGoのバージョン

　本書は、2016年2月17日にリリースされたGoのバージョン1.6に対応しています。本文中に掲示されたコード例などは、すべてバージョン1.6を前提に検証しています。ここ数年で、Goの言語仕様は安定度を高めたため、多少Goのバージョンが前後したとしても問題は少ないと思いますが、本書を片手にはじめてGoに取り組むのであれば、ぜひGo 1.6以上を使用するようにしてください。

目次

Contents
目次

序 iii
はじめに iv
本書サンプルコードのダウンロード xx

Chapter 1 開発環境   1

1.1 はじめに 2

1.2 公式ページ 2

1.3 Goのダウンロード.. 3

1.4 Windows環境への導入 4
MSIインストーラーを使用する 4／
ZIPファイルからインストールする 6／環境変数の設定 7

1.5 OS X環境への導入 11
パッケージを使用する 11

1.6 Linux環境への導入 14
前提 14／インストール 15／環境変数の設定 16

1.7 SCMとの連携 18

1.8 開発環境について 19
gocode 20／GoClipse 21／Atom 22／
Visual Studio Code 23／Emacs／Vim 23

Chapter 2 プログラムの構成と実行   25

2.1 はじめに 26

2.2 テキストエディターとエンコーディング 26

2.3 Goプログラムの手軽な実行方法と書き方 26
go run 26／パッケージ (package) 27／
インポート (import) 27／エントリーポイント 29

xiii

目次

2.4	プログラムのビルド	29

go build 29／Goの実行ファイル 30

2.5	パッケージと構成	31

プログラムの構造 31／プログラムのビルド 34／
mainパッケージの分割 36／パッケージとディレクトリ 38／
パッケージのテスト 39／テストの実行 40／
mainパッケージのテスト 41

Chapter 3 言語の基本 45

3.1	コメント	46

行コメント 46／コメント 46

3.2	文	47

セミコロンとその省略 47／セミコロンの落とし穴 48

3.3	定義済み識別子	51
3.4	コード例の表記について	51

プログラム全体を含むコード例 52／一部を抽出したコード例 52／
コード例におけるコメント表記 53

3.5	fmtパッケージ	54

fmt.Println 54／fmt.Printf 54／print、println 56

3.6	変数	56

はじめに 56／変数の定義 57／varと暗黙的な定義 60／
変数定義の詳細 61

3.7	基本型	63

Goの基本型 63／論理値型 63／数値型 63／
浮動小数点型 71／複素数型 76／rune型 77／文字列型 80

3.8	配列型	81

配列型の定義 81／要素数の省略 82／要素への代入 83／
配列型の互換性 83／配列の拡張について 84

3.9	interface{}とnil	84
3.10	演算子	86

演算子の種類 86／算術演算子 87／比較演算子 93／
論理演算子 94／数値の単項演算子 95

3.11	関数	96

関数定義の基本 96／関数の引数定義 97／戻り値のない関数 97／
複数の戻り値 98／戻り値の破棄 99／関数とエラー処理 99／
戻り値を表す変数 100／無名関数 102

目次

3.12 定数 108

const 108／値の省略 109／定数値の式 110／定数の型 111／
iota 115／識別子の命名規則 117

3.13 スコープ 119

パッケージのスコープ 119／ファイルのスコープ 123／
関数のスコープ 124

3.14 制御構文 125

if 126／for 132／switch 137／goto 144／
ラベル付き文 146／defer 148／panicとrecover 149／
go 152／init 154

Chapter 4 参照型 157

4.1 参照型とは 158

4.2 組み込み関数make 158

4.3 スライス 158

要素への代入と参照 159／len 160／cap 160／
スライスを生成するリテラル 162／簡易スライス式 162／
append 164／copy 167／完全スライス式 168／
スライスとfor 169／スライスと可変長引数 171／
参照型としてのスライス 172／スライスの落とし穴 174

4.4 マップ 176

マップのリテラル 177／要素の参照 179／マップとfor 181／
len 182／delete 182／要素数に最適化したmake 183

4.5 チャネル 183

チャネルの型 183／チャネルの生成と送受信 184／
チャネルとゴルーチン 186／len 189／cap 189／
close 190／ゴルーチンとcloseの実例 191／
チャネルとfor 193／select 194

Chapter 5 構造体とインターフェース 199

5.1 はじめに 200

5.2 ポインタ 200

ポインタの定義 200／アドレス演算子とデリファレンス 202／
配列へのポインタ型 204／値としてのポインタ型 205／
文字列型とポインタ 206

xv

目次

5.3 構造体 209
構造体とは 209／type 209／エイリアス型の互換性 211／
構造体の定義 211／複合リテラル 212／
フィールド定義の詳細 214／構造体を含む構造体 215／
無名の構造体型 219／構造体とポインタ 220／new 222／
メソッド 223／フィールドとメソッドの可視性 229／
スライスと構造体 230／マップと構造体 231／タグ 232

5.4 インターフェース 235
インターフェースとは 235／
代表的なインターフェース error 235／
インターフェースのメリット 237／fmt.Stringer 238／
インターフェースが定義するメソッドの可視性 239／
インターフェースを含むインターフェース 240／
interface{}の本質 241

Chapter 6 Go のツール 243

6.1 Goのツール群について 244

6.2 go コマンド 244

6.3 go version...245

6.4 go env 245

6.5 go fmt 246
ソースコードの整形 247／オプション 248／gofmt 248

6.6 go doc 249
パッケージのドキュメントを参照する 249／
パッケージのドキュメント作成 250／オプション 253

6.7 go build...253
ファイルやパッケージを指定しないビルド 253／
パッケージのビルド 256／
ファイルを指定したビルド 257／オプション 258

6.8 go install...258

6.9 go get..262
拡張パッケージを利用する 263／オプション 264

6.10 go test..265
テストコードの例 265／カバレッジ率の計測 267／
Goのパッケージのテスト 267／オプション 267

6.11 ベンダリング 268
ベンダリングの実例 268

目次

Chapter 7 Go のパッケージ　271

7.1 はじめに 272

7.2 os 272
プログラムの終了　272／log.Fatal　273／
コマンドライン引数　273／ファイル操作　275／
ディレクトリ操作　279／その他のファイル操作　280／
ホスト名の取得　281／環境変数　281／プロセスの情報　282

7.3 time 282
現在の時刻を取得する　282／指定した時刻を生成する　283／
時刻の間隔を表現する　285／時刻の差分を取得する　285／
時刻を比較する　286／年月日を増減する　286／
文字列から時刻を生成する　287／時刻から文字列を生成する　289／
時刻をUTCに変換する　289／
時刻をローカルタイムに変換する　289／
UNIX時間との相互変換　290／指定時間のスリープ　290／
time.Tick　290／time.After　291

7.4 math 292
数学的な定数　292／数値型に関する定数　292／
絶対値を求める　293／累乗を求める　293／平方根と立方根　293／
最大値と最小値　294／小数点以下の切り捨てと切り上げ　294／
その他の数学関数　294／無限大と非数　295

7.5 math/rand 296
現在の時刻をシードに使った擬似乱数の生成　297／
擬似乱数生成器の生成　297

7.6 flag 298
コマンドラインオプションの処理　298

7.7 fmt 301
整数型の書式指定子　303／
浮動小数点型・複素数型の書式指定子　303／
文字列型の書式指定子　304／その他の書式指定子　304／
%v　305／フォーマットを指定しない出力　306

7.8 log 307
ログの出力先を変更する　307／
ログのフォーマットを指定する　308／ログ出力の詳細　309／
ロガーの生成　309

7.9 strconv 310
真偽値を文字列に変換する　310／整数を文字列に変換する　310／
浮動小数点数を文字列に変換する　310／
文字列を真偽値型に変換する　311／

→ xvii

目次

文字列を整数型に変換する　312／
文字列を浮動小数点型に変換する　313

7.10　unicode 314

Unicodeのカテゴリーを判別する　314

7.11　strings 315

文字列を結合する　315／
文字列に含まれる部分文字列を検索する　315／
文字列を繰り返して結合する　317／文字列の置換　317／
文字列を分割する　317／大文字・小文字の変換　318／
文字列から空白を取り除く　318／
文字列からスペースで区切られたフィールドを取り出す　319

7.12　io..319

入力のための基本インターフェース　319／
出力のための基本インターフェース　320

7.13　bufio 320

標準入力を行単位で読み込む　321／
文字列を行単位で読み込む　321／
スキャナのスキャン方法を切り替える　322／
入出力のバッファ処理　323／
バッファリングされた出力の注意点　324

7.14　io/ioutil 324

入力全体を読み込む　325／ファイル全体を読み込む　325／
テンポラリファイルの作成　326

7.15　regexp..327

Goの正規表現の基本　327／正規表現のフラグ　328／
幅を持たない正規表現のパターン　329／
基本的な正規表現のパターン　329／
繰り返しを表す正規表現のパターン　330／
正規表現の文字クラス　331／
Perl由来の定義済み文字クラス　332／
Unicodeに対応した文字クラス　332／
正規表現のグループ　333／
正規表現にマッチした文字列の取得　333／
正規表現による文字列の分割　334／
正規表現による文字列の置換　334／
正規表現のグループによるサブマッチ　334／
正規表現のグループと置換処理　335

7.16　json 336

構造体型からJSONテキストへの変換　336／
JSONテキストから構造体への変換　337

xviii

7.17 net/url 338

URLをパースする　338／URLを生成する　339

7.18 net/http 339

GETメソッド　339／POSTメソッドによるフォームの送信　341／
ファイルのアップロード　341／HTTPサーバー機能を利用する　342

7.19 sync 344

ミューテックスによる同期処理　344／
ゴルーチンの終了を待ち受ける　347

7.20 crypto/* 349

MD5ハッシュ値を生成　349／
SHA-1、SHA-256、SHA-512などのハッシュ値を生成　350

Appendix 標準ライブラリカタログ 351

Directory archive　352／Package bufio　352／
Package builtin　352／Package bytes　352／
Directory compress　352／Directory container　353／
Package crypto　354／Directory database　356／
Directory debug　356／Package encoding　357／
Package errors　366／Package expvar　366／
Package flag　366／Package fmt　366／
Directory go　366／Package hash　372／
Package html　372／Package image　372／
Directory index　373／Package io　373／
Package log　374／Package math　374／
Package mime　377／Package net　377／
Package os　385／Package path　390／
Package reflect　391／Package regexp　391／
Package runtime　391／Package sort　395／
Package strconv　396／Package strings　396／
Package sync　396／Package syscall　397／
Package testing　398／Directory text　402／
Package time　403／Package unicode　403／
Package unsafe　403

索引 404

本書サンプルコードのダウンロード

　本書に掲載されているサンプルコードを、下記の翔泳社のWebページからダウンロードできます。

「スターティングGo言語 ダウンロード」
https://www.shoeisha.co.jp/book/download/9784798142418

Chapter

1

開発環境
～ Windows・OS X・Linux への
Go のインストール

1.1 はじめに
1.2 公式ページ
1.3 Goのダウンロード
1.4 Windows環境への導入
1.5 OS X環境への導入
1.6 Linux環境への導入
1.7 SCMとの連携
1.8 開発環境について

Chapter 1　開発環境

1.1　はじめに

　本章では、Goの開発環境を構築する方法について解説します。Goは Windows、Linux、OS Xなどの各OSで動作しますが、環境ごとにそれぞれ導入方法が異なります。使用している環境に合わせて方法を選択してください。

　また、OSによっては32ビット版と64ビット版が存在しますが、導入に際して大きな違いはありません。本章ではとくに断りがない限りは64ビット版を前提にします。

1.2　公式ページ

　Goの開発環境を構築する第一歩は、Go本体を手に入れることから始まります。「The Go Programming」（https://golang.org/）がGoの公式ページです（図1.1）。ここではGo本体のダウンロードのほか、Goに関する各種ドキュメントや、Webブラウザ上から任意のGoのコードを入力して実行してみる機能などが提供されています。

図1.1　golang top

1.3 Go のダウンロード

Goのダウンロードページ (https://golang.org/dl/) から、各OS環境向けのバイナリファイルをダウンロードできます (図1.2)。

図1.2　golang downloads

各バイナリファイルの名称は次のようなルールに基づいています。

go[Goのバージョン].[OS]-[CPUアーキテクチャ][-(オプション)OSバージョン].[圧縮形式の拡張子]

使用している環境に合ったバイナリファイルをダウンロードしてください。

なお、Goをインストールするにあたっては、Go本体をソースコードからビルドする、Linuxであればディストリビューションによって提供されているパッケージからインストールするといった、さまざまな方法が考えられます。バージョンの差異を別にすれば、Goの導入方法による動作の違いはほとんどありませんので、好きな方法を選択して問題ないでしょう。本書では、公式に提供されているバイナリファイルを利用した導入方法についてのみ解説を行います。

1.4 Windows環境への導入

MSIインストーラーを使用する

　Windows環境へ手軽にGoを導入できるMSIインストーラーが提供されています。ダウンロードページからgo1.6.windows-amd64.msiのように拡張子が「msi」となっているファイルをダウンロードしてください。

　ダウンロードしたMSIインストーラーを起動します（図1.3）。ここで示すのはWindows 7での画面です。[Next]ボタンをクリックして進めます。

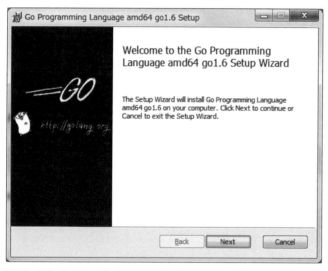

図1.3　MSIインストーラー起動画面

　ライセンスの内容を確認し、同意するなら「I accept the terms in the License Agreement」にチェックを入れ、[Next]ボタンをクリックします（図1.4）。

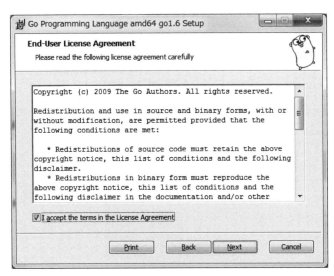

図1.4　エンドユーザー・ライセンス確認画面

　インストール先のフォルダーを指定する画面が提示されます（図1.5）。標準ではC:¥Go¥が指定されています。[Change]ボタンをクリックし、任意のフォルダーに変更することも可能です。[Next]ボタンをクリックします。

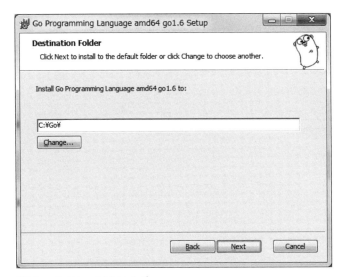

図1.5　インストール先フォルダー

ここまでの設定にとくに問題がなければ、[Install]ボタンをクリックし、インストールを続行してください(図1.6)。

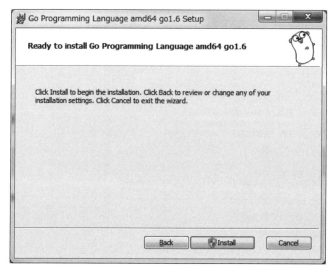

図1.6 インストールの続行

ZIPファイルからインストールする

MSIインストーラーを使用せずに、ZIPファイルに圧縮されたGo本体をインストールすることもできます。この場合はダウンロードページから go1.6.windows-amd64.zip のように拡張子が「zip」のバイナリファイルをダウンロードします。

Windowsは標準でZIP形式に対応しているので、エクスプローラーから簡単にZIPファイルを開くことができます(図1.7)。ファイル内に置かれている「go」フォルダーがGoの本体です。このフォルダーを任意の場所にコピーすれば、Goのインストールは完了です。

1.4 Windows環境への導入

図1.7　GoのZIPファイル

環境変数の設定

Goにはコマンドプロンプト上で実行されることを前提にした各種ツールが含まれています。Windows環境でこれらのツールを実行するためには、はじめに環境変数の設定が必要です。

Path

環境変数Pathの設定を行います[1]。環境変数Pathは、コマンドプロンプトから入力されたコマンドに対応する実行ファイルが格納されたフォルダー群を指定するためのものです。この設定を済ませるまでは、コマンドプロンプトからGoのツールを起動できません。

Windowsのスタートメニューやタスクバーにある検索ボックスなどから「環境変数」で検索すると、該当する機能が表示されます。ここでは「環境変数を編集」を選択してください（図1.8）。

注1　GoのインストールにMSIインストーラーを利用した場合には、すでに設定されている可能性があります。その場合は、環境変数Pathの内容を確認するのみにとどめてください。

Chapter 1 開発環境

図1.8 「環境変数を編集」を検索

　Windowsの環境変数を設定する編集画面が開きます（図1.9）。「ユーザー環境変数」と「システム環境変数」の2つのブロックに分かれています。「ユーザー環境変数」にはログインしているユーザーにのみ適用される環境変数、「システム環境変数」にはWindows環境全体で共有される環境変数が、それぞれ設定されています。Goのツール群をWindows環境全体で共有してもとくに弊害はないと思われるので「システム環境変数」に設定することにします。

　「システム環境変数」の中にすでにPathという環境変数があらかじめ定義されているので、選択してから［編集］ボタンをクリックします（図1.9）。

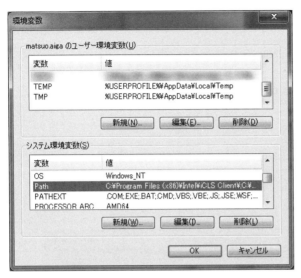

図1.9 環境変数を編集

環境変数Pathには、次のようにセミコロン (;) 区切りで、複数のフォルダーへのパスが登録されています。

```
[フォルダー1];[フォルダー2];[フォルダー3];…
```

Goの本体をC:¥Goにインストールした場合は、Goフォルダーの下に配置されたbinフォルダーの位置を追加する必要があります。

```
C:¥Go¥bin;[フォルダー1];[フォルダー2];[フォルダー3];…
```

わかりやすいように環境変数Pathの先頭位置に追加してみましょう(図1.10)。Go本体をインストールしたフォルダーの位置が異なる場合は、C:¥Go¥binではなく、インストール先のbinフォルダーの位置をフルパスで指定する必要があるので注意してください。編集が完了したら[OK]ボタンを押して設定を保存します。

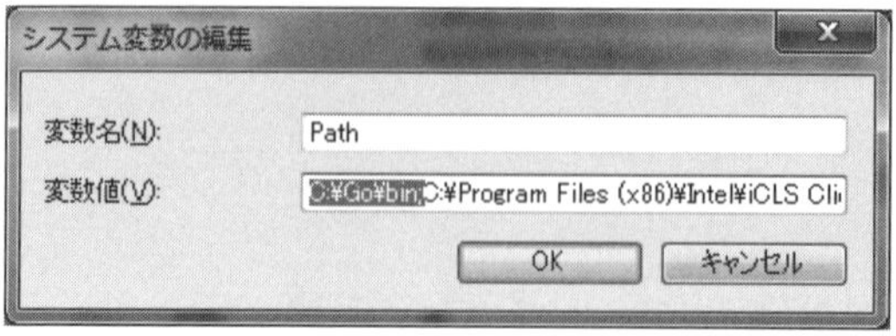

図1.10 環境変数の編集

次に、正しく設定できたかどうかをコマンドプロンプトを起動して確認します。コマンドプロンプトを新しく開き、go versionコマンドを実行してください（図1.11）。

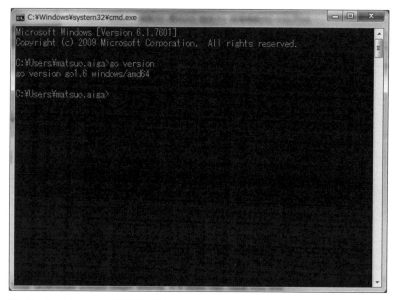

図1.11 Goのバージョン情報を確認する

Goのバージョン情報が表示されれば、環境変数Pathの設定は完了です。うまく動かない場合は、環境変数の設定に何か問題がないか確認してみてください。

GOPATH

Goは外部のライブラリが格納されているフォルダーの場所を知るために環境変数GOPATHを利用します。この環境変数が未設定の場合は、一部のGoのツールが起動しません。とりあえずここでは「空のフォルダーを作ってその場所をGOPATHとして設定する必要がある」ということだけ理解してください。

環境変数GOPATHに設定するフォルダーは任意の場所で構わないのですが、ホームフォルダーの下に作成するのが無難でしょう。まずはログインユーザーのホームフォルダーに新規フォルダーgoを作成してください。そのフォルダーの場所を環境変数GOPATHに設定します（図1.12）。

図1.12　環境変数GOPATHを新規作成

%HOME%はWindows特有の環境変数の埋め込み方で、環境変数HOMEの値（ユーザーのホームフォルダー。たとえばC:¥Users¥matsuo）に展開されます。

Windows環境へのGoのインストール作業は以上で完了です。

1.5　OS X環境への導入

パッケージを使用する

Mac OS X環境にGoを導入する場合も、提供されているパッケージを利用できます。ダウンロードページからgo1.6.darwin-amd64.pkgのように拡張子が「pkg」のファイルをダウンロードします。

ダウンロードしたパッケージファイルをFinderから開くと、インストーラーが起動します（図1.13）。[続ける]ボタンをクリックして先に進みます。

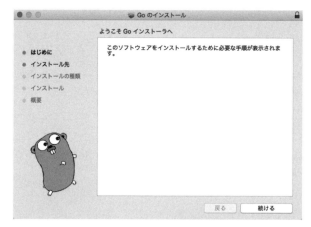

図1.13　Goのインストール

　インストール方法を選択する画面が続きます。とくに選択の余地はないので「このコンピュータのすべてのユーザ用にインストール」を選択し、[続ける]ボタンをクリックします（図1.14）。

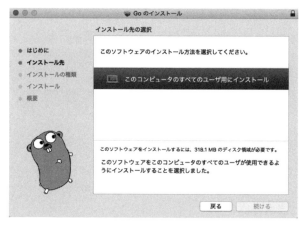

図1.14　インストール方法の選択

　確認画面が表示されるので、[インストール]ボタンをクリックして実行します（図1.15）。

1.5 OS X 環境への導入

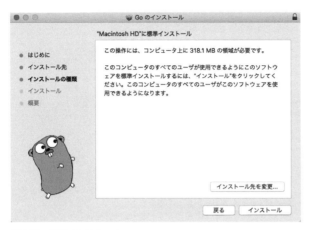

図1.15 標準インストール

ログインユーザーのパスワード入力を求められるので、入力してください（図1.16）。認証を済ませるとインストール処理が開始します。

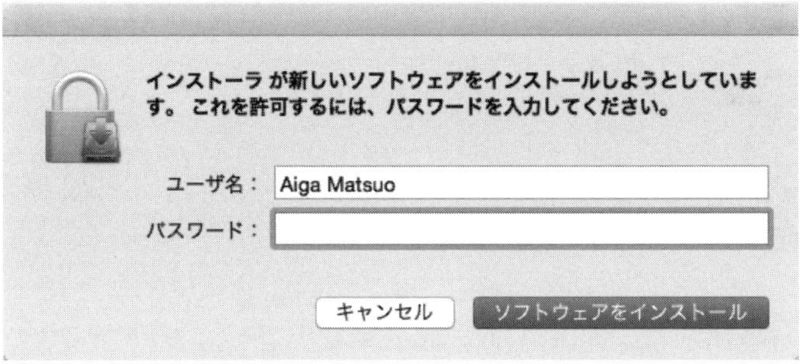

図1.16 パスワードの入力

以上でインストール完了です（図1.17）。パッケージを使用して導入する手順ではとくに注意すべきところはありません。

図1.17 インストールの完了

　さて、インストールは完了したものの、Goの本体は一体どこにインストールされたのでしょうか。パッケージを使用したインストールの場合は、/usr/local/goフォルダーにインストールされます。「ターミナル」アプリケーションを起動して確認してみましょう。

```
$ /usr/local/go/bin/go version
go version go1.6 darwin/amd64
```

　go versionコマンドの実行に成功したので、/usr/local/goに正しくインストールされたことを確認できました。

　パッケージによるインストール以後の設定についてはLinux環境とほぼ同じであるため、これ以後の設定については「1.6　Linux環境への導入」の「環境変数の設定」を参照してください。

1.6　Linux 環境への導入

前提

　Linuxを使用した開発環境の場合は、使用しているディストリビューションによりインストールの方法も異なります。あらゆる環境を本書でカバーすることは不可能なので、「比較的新しいLinuxディストリビューション」へ「一般的で手堅いと思われる手法」を使ってGoをインストールする手順を紹介します。

■ インストール

ダウンロードページからgo1.6.linux-[CPUアーキテクチャ].tar.gzというファイル
を入手してインストールを行います。「CPUアーキテクチャ」は64ビット版であれ
ば「amd64」を、32ビット版であれば「386」を選択してください。

まずはダウンロードしたファイルのディレクトリへ移動して、アーカイブファ
イルを解凍します。完了するとgoというディレクトリが作成されます。これがGo
の本体です。

```
$ tar xf go1.6.linux-amd64.tar.gz
```

Go本体を、/usr/localの下にバージョン名を付加して移動します。Goのバー
ジョンが1.6の場合は/usr/local/go1.6へ配置することになります。さらにインス
トール先のディレクトリを指し示すシンボリックリンクを/usr/local/goへ作成し
ています。いずれの操作もroot権限を一時的に取得するためにsudoコマンドを利
用していますが、使用できない環境では別途root権限が必要になります。

```
$ sudo mv go /usr/local/go1.6
$ sudo ln -s /usr/local/go1.6 /usr/local/go
```

これで、次のように/usr/localディレクトリ以下に配置することになります。

```
usr/
  local/
    go -> /usr/local/go1.6
    go1.6/
        api/
        bin/
        blog/
        doc/
        ......
```

このように配置して、Goが/usr/local/goにインストールされている前提で利
用すれば、別のバージョンのGo（たとえばバージョン1.6と1.5.3）をシステム上に
同居させ、切り替えて使うこともできます。切り替えは/usr/local/goのリンク先
を切り替えるだけです。

Chapter 1 開発環境

```
usr/
  local/
    go -> /usr/local/go1.6    # バージョン1.6を使用している
    go1.6/
      ......
    go1.5.3/
      ......
```

Goが正しくインストールされたか確かめてみましょう。

```
$ /usr/local/go/bin/go version
go version go1.6 linux/amd64
```

/usr/local/go/bin/goをフルパスで指定し、go versionコマンドを実行してい
ます。Goのバージョン情報が出力されれば成功です。

環境変数の設定

PATH

Goのツールを起動するたびに/usr/local/go/bin/goとフルパスで入力するのは
面倒です。これを解決するために、環境変数PATHにディレクトリ/usr/local/go/
binを追加することにしましょう。

ログインシェルの環境変数を編集するには、ホームディレクトリに配置され
ている設定ファイルを編集します。ここでは、多くのLinuxディストリビュー
ションで標準的に採用されているログインシェルであるbashを前提にします。
bashの環境変数の値を編集するには、一般的にはホームディレクトリ下の.bash_
profileというファイルを書き換えます[注2]。

次の設定を.bash_profileの末尾に追加してファイルを保存します。

```
# 既定の環境変数PATHの先頭に/usr/local/go/binを追加した内容を変数PATHに代入
PATH="/usr/local/go/bin:$PATH"
# 変数PATHをエクスポートして環境変数PATHを更新
export PATH
```

.bash_profileはユーザーのログイン時に一度だけ読み込まれるため、ファイル
を書き換えただけでは設定が反映されません。一度ログインシェルやデスクトッ

注2　OS Xの初期状態では.bash_profileは存在しないため、空のテキストファイルとして新規に作成する必要がありま
す。また、Linuxのディストリビューションである Ubuntu では例外的に .profile が同じ役割を担います。

16

プ環境より完全にログアウトして再度ログインすることで、新しい設定が反映されます。少し乱暴なやり方ですが、

```
$ . .bash_profile
```

のように「.」コマンドを実行して強制的に.bash_profileを再読み込みさせることもできます。しかし、必ずしもクリーンなログインを行った場合と同様の動作にならない可能性がありますので、あくまでも軽く試してみる程度での使用にとどめてください。

　設定が正しく完了していれば、次のようにgo versionコマンドを直接実行できるようになります。

```
$ go version
go version gox.x.x linux/amd64
```

▌GOPATH

　Windows向けのインストールで説明したのと同様に、Goは外部のライブラリが格納されているディレクトリの場所を知るために環境変数GOPATHを利用します。この環境変数が未設定の場合は、一部のGoのツールを起動できません。とりあえずここでは「空のディレクトリを作ってその場所をGOPATHとして設定する必要がある」ということだけ理解してください。

　まずはホームディレクトリの下に環境変数GOPATHが使用するディレクトリを作成します。

```
$ mkdir ~/go
```

　環境変数PATHを編集した手順と同様に、次の内容を.bash_profileに追記します。ファイルを編集したらいったんログアウトして再度ログインし、設定を反映させます。

```
GOPATH="$HOME/go"
export GOPATH
```

　次のように環境変数GOPATHが正しく設定されれば、インストール作業は完了です。

Chapter 1 開発環境

```
$ env | grep GOPATH
GOPATH=/home/［ユーザー名］/go
```

COLUMN ▶ GOPATHをどこに設定するべきか

結論から言えば、どこに設定しても問題はありません。本書では$HOME/goを設定の一例としていますが、ログインユーザーによって書き込み可能であるディレクトリであれば任意の場所を指定することができますし、場所の差異によるデメリットなどもありません。ここまでの設定例にとらわれず、管理のしやすさなどを目途にして好みの場所に設定してください。

ただし、ある程度Goに習熟するまでは、環境変数GOPATHには「Go専用の空のディレクトリ」を指定するようにしてください。世の中には環境変数GOPATHに「ホームディレクトリ」そのものを使用する例もあって、これはこれで非常に合理的な設定ではあるのですが、目的が異なるファイルやディレクトリが混在して区別がつきにくくなるため、Goに不慣れなうちは避けたほうがよいでしょう。

1.7 SCMとの連携

近年のソフトウェア開発では、ソースコードの履歴管理に何らかの「SCM（Source Code Management）ツール」の利用を前提とするのは、もはや常識であると言っても過言ではありません。

古典的なCVSやSubversionといったSCMのほか、最近ではGit（https://git-scm.com/）やMercurial（https://mercurial.selenic.com/）のような「分散型バージョン管理システム」と呼ばれるタイプのSCMを利用する現場も増えているようです。また、分散型バージョン管理システムのメカニズムをベースに、開発者のコードレビューやコラボレーションを支援することを目的とした、GitHub（https://github.com/）やBitbucket（https://bitbucket.org/）といったサービスも開発者の支持を集めています。

このような時代背景の下に生まれたGoは、基本機能のレベルでSCMやその機能を活かしたサービスと連携することがはじめから想定されています。プログラミング言語の実装に、複数の外部サービスとの連携方法が組み込まれているというのは、非常に珍しいのではないでしょうか。表1.1に、Goのツールが対応しているサービスとSCMの一覧を示します。

表1.1 GoがサポートするサービスとSCM

サービス	SCM	URL
GitHub	Git	https://github.com/
Bitbucket	Git、Mercurial	https://bitbucket.org/
Google Code	Git、Mercurial, Subversion	https://code.google.com/
Launchpad	Bazaar	https://launchpad.net/
IBM DevOps Services	Git	https://hub.jazz.net/

　Goはこれらのサービスに対応していますが、この中で最も重要なのは、多くの
Goパッケージがホスティングされている GitHubでしょう。GitHubは、最近の有
名なオープンソースソフトウェアなどで採用されることが多い、Gitをベースとし
たコラボレーションサービスです。必然的にGoでソフトウェア開発を行う場合に
は、Gitが必要になる機会が多々あります。

　Gitがなくとも Goのプログラミングを行うことは可能ですが、外部パッケージ
の取り込みなど、一部の作業が不便になってしまいます。本書でも、外部パッ
ケージの導入例などでGitやGitHubの存在を前提にしています。開発環境とあわ
せて、Gitの環境を構築することを推奨します。

1.8　開発環境について

　Go本体のツール群と、プログラムを書くためのテキストエディターさえあれ
ば、最低限の開発環境は整ったと言えます。とはいえ、便利なツールのサポート
なしでプログラムを書くというのは厳しい選択です。

　残念ながらGoは、若いプログラミング言語であるという事情もあって、必ずし
も統合開発環境（IDE）等によるサポートが十分ではありません。Goが今後より
広く利用されるプログラミング言語として成長していけば、有力なツールも増え
てくることでしょう。

　しかし、まったくツールが存在しないというわけではありません。ここでは執
筆時点（2015年12月）で利用できるツールについて紹介していきます。

gocode

gocode（https://github.com/nsf/gocode）は、GitHub上で開発されている、Goプログラミングにオートコンプリート機能を実現するためのコマンドラインツールです（図1.18）。開発者が単独で使用するものではなく、IDEなど外部のアプリケーションがgocodeを利用してオートコンプリート機能を手軽に取り込めるように作られています。

図1.18 gocode - GitHub

Goのインストールおよび環境変数の設定が完了していれば導入は簡単です。

go getコマンドは、外部のGoプログラムを環境変数GOPATHで指定したディレクトリにダウンロードして自動的にビルドしてくれる便利なツールです。環境変数GOPATHに設定しているディレクトリのbinディレクトリの中にgocodeがインストールされたことを確認してみましょう。

```
$ go get github.com/nsf/gocode
```

Windows環境であればファイル名はgocode.exeになります（図1.19）。これでgocodeの導入は完了です。

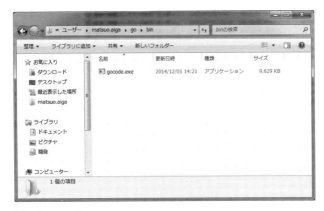

図1.19 gocode.exe

GoClipse

　Javaの開発環境として広く利用されているEclipseですが、プラグインを導入することでさまざまなプログラミング言語に対応することができます。GoClipse（http://goclipse.github.io/）は、Eclipseへのプラグインとして開発されているGoの開発環境です（図1.20）。

図1.20 GoClipse on Eclipse

日常的にEclipseを使っている開発者であれば、有力な選択肢になるかもしれません。gocodeを使ったオートコンプリート機能や、ブレイクポイントによるデバッグ機能など、IDEを使うのであれば最低限必要になる機能が動作します。

Atom

Atom（https://atom.io/）はGitHub社が開発している多機能なテキストエディターです。クロスプラットフォーム対応で、公開されている数多くのパッケージを簡単に導入でき、カスタマイズ性が高いという特徴を備えます（図1.21）。

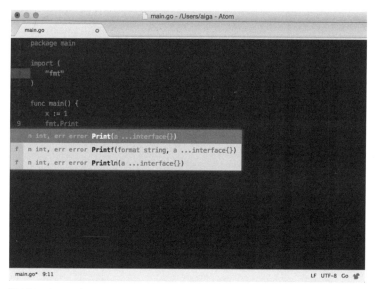

図1.21　Atom Editor

Goのシンタックスハイライトには標準で対応していますし、go-plus（https://github.com/joefitzgerald/go-plus）などのパッケージを導入することで、Goプログラミングの生産性をより高める環境の構築が可能です。

Atomは活発に開発が進められているプロダクトであり、有力な選択肢の1つです。

Visual Studio Code

執筆時点ではベータ版であり、正式なプロダクトではありませんが、Microsoft社の大きな方針転換を象徴しているVisual Studio Code（https://www.visualstudio.com/en-us/products/code-vs.aspx）は、標準で30を超えるプログラミング言語に対応しており、その中の1つとしてGoもサポートされています（図1.22）。

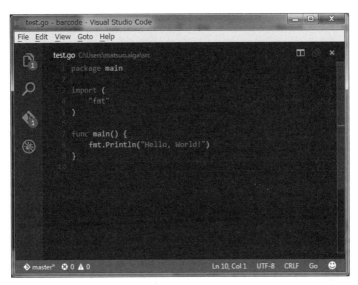

図1.22　Visual Studio Code

Windows、Linux、OS Xのマルチプラットフォームに対応しているため、将来的に普及が進み有力な開発プラットフォームに成長する可能性があります。

Emacs／Vim

現在でも広く開発者に愛されているテキストエディターEmacsとVimも、プラグインなどを導入して、Goプログラミングに対応させることができます。カスタマイズ性の高いこの2つのエディターは、設定が難しいという難点はあるものの、慣れてしまえば極めて生産性の高い開発環境を実現できます。

図1.23はEmacs上でgocodeを使ったオートコンプリート（入力支援）が動作し

Chapter 1 開発環境

ている様子です。筆者自身、Goでプログラムを書く際は、もっぱらEmacsを使
用しています。

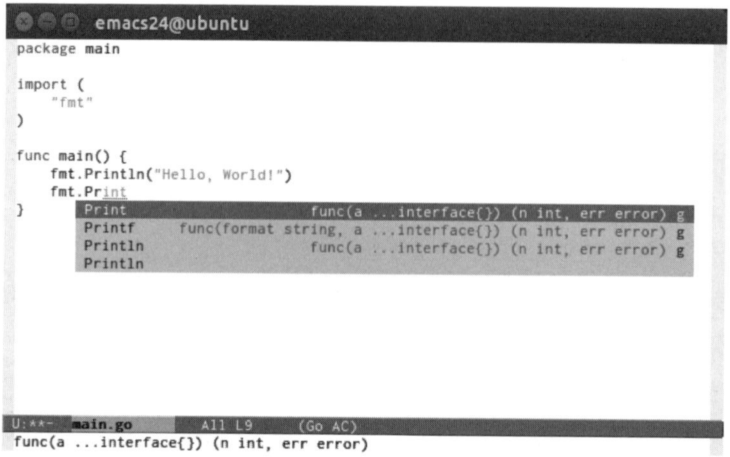

図1.23 gocode and Emacs

Chapter

2

プログラムの構成と実行

～ Go プログラムの書き方と
ビルド・実行・パッケージ作成

2.1 はじめに

2.2 テキストエディターと
エンコーディング

2.3 Go プログラムの
手軽な実行方法と書き方

2.4 プログラムのビルド

2.5 パッケージと構成

Chapter 2 プログラムの構成と実行

2.1 はじめに

本章では、基本的なGoプログラムの書き方と、実行の手段について解説を行います。後続の章で掲示するコード例を実際に動作させる際に必要となる知識です。使用する開発環境には、すでにGoが適切にインストールされており、正しく動作するものとします。

2.2 テキストエディターとエンコーディング

Goプログラムを書くには、最低限、テキストエディターがあれば問題ありません。

ただし、UTF-8エンコーディングでテキストファイルを編集できるものでなければなりません。Goはプログラムで使用できるテキストエンコーディングをUTF-8のみに限定しているからです。ASCII範囲の文字のみを利用する場合はとくに問題にはなりませんが、日本語を含むマルチバイト文字を使用するのであればUTF-8エンコーディングであることが必須となります。

2.3 Goプログラムの手軽な実行方法と書き方

go run

定番の「Hello, World!」プログラムをGoで書くと、次のようになります。

```
package main

import (
    "fmt"
)

func main() {
    fmt.Println("Hello, World!")
}
```

このプログラムをhello.goという名前でファイルに保存し、それから保存したディレクトリでコンソールを開いて実行してみましょう。実行コマンドは次のとおりです。コンソールに「Hello, World!」という出力が得られれば成功です。

26

2.3 Go プログラムの手軽な実行方法と書き方

```
$ go run hello.go
Hello, World!
```

　Goは基本的にコンパイルを前提としたプログラミング言語ですが、ビルドプロセスを隠ぺいしつつ直接プログラムを実行できる、go runというコマンドを備えています。

```
go run [ファイルパス]
```

　Goプログラムを書いたファイルのパスを渡すだけで、簡単にGoプログラムを実行することができます。
　次は「Hello, World!」プログラムから、Goプログラムの書き方を見ていきます。

パッケージ (package)

```
package main
```

　Goでは、変数や関数といったプログラムのすべての要素は、何らかの「パッケージ」に属します。必然的にプログラムはパッケージの宣言から始まります。「package main」という宣言によって、このファイルがmainパッケージに関するプログラムであることを示します。
　また、Goには「1つのファイルに記述できるのは単一のパッケージについてのみ」という原則があります。1つのファイルに複数のpackage宣言があると、コンパイルエラーが発生します。

インポート (import)

```
import (
    "fmt"
)
```

　次に続くのが、ファイル内のプログラムで使用するパッケージを指定するためのimport宣言です。Goに付属する有用なライブラリは、すべて固有の名前を持つパッケージとして提供されています。
　とくに必要なパッケージがなければimport宣言は省略することも可能です。こ

Chapter 2　プログラムの構成と実行

こでは文字列の入出力に便利な機能がまとめられている fmt パッケージをインポートしています。

COLUMN 参照のないパッケージについて

Goは「不要な宣言を許可しない」というポリシーを一貫させていて、たとえば次のようなプログラムを実行しようとするとコンパイルエラーが発生します。

```
package main

import (
    "fmt" // 参照されないパッケージ
)

func main() {
    /* とくに何も行わない */
}
```

go run で実行した場合は次のようなエラーメッセージが出力されます。このコンパイルエラーは、「fmt パッケージがインポートされているものの使用されていない」ことに起因しています。

```
# command-line-arguments
./main.go:4: imported and not used: "fmt"
```

不要なパッケージをインポートさせないこの仕組みは、プログラムの完成度を高めるという意味では有用でしょう。しかし、Goプログラムの学習のために試行錯誤する局面では、たびたびこのコンパイルエラーに遭遇しやすいというのも考えものです。

少し裏技的な回避策ですが、import 文のパッケージ名の左側に「_（アンダーバー）」を補うと、このコンパイルエラーは発生しないようになります。

```
package main

import (
    _ "fmt" // 参照されないパッケージを取り込む書き方
)

func main() {
    /* とくに何も行わない */
}
```

「_」を補ったパッケージについては、使用しているかどうかのチェックは行われな

いので、一時的にコンパイラによるチェックを避けるために使用することができます。
ただしこれは「コンパイラによるチェックを無視する」ために用意された機能ではありません。厳密には「参照されていないパッケージを強制的にプログラム内に組み込む」ための機能です。

エントリーポイント

```
func main() {
    fmt.Println("Hello, World!")
}
```

最後のブロックは、プログラムの本体にあたる関数mainの定義です。Goのプログラムのエントリーポイント（実行が開始される場所）は、mainパッケージの中に定義された関数mainであると定められています。

上記の関数mainの中では、文字列を改行コード付きで標準出力に出力するfmtパッケージの関数Printlnを呼び出して、「Hello, World!」という文字列を渡しています。

2.4 プログラムのビルド

go build

次はhello.goファイルをコンパイルして実行ファイルを作ってみましょう。go buildコマンドは、オプションで与えたGoファイルを実行ファイル形式にコンパイルします。

```
$ go build -o hello hello.go
```

-oオプションを使用して出力する実行ファイルのファイル名を指定できます。Windows環境でビルドする場合は、実行ファイル名に拡張子exeを付けないと実行ファイル形式として扱えないので、次のようにビルドしてください。

```
C:¥Users¥matsuo> go build -o hello.exe hello.go
```

ビルドに成功すると、Goプログラムと同じディレクトリ内に実行ファイル

helloが生成されます（Windows環境ではhello.exeが生成されます）。

ビルドで生成されたファイルを実行すると、go runで実行した場合と同様の出力が得られました。このようにGoでは非常にシンプルな手順で実行ファイルを生成できます。

```
$ ./hello
Hello, World!
```

Goの実行ファイル

Goプログラムを実行ファイルへコンパイルすることに成功したので、次はその実行ファイルを確認してみましょう。図2.1は筆者のLinux環境での画面例です。

図2.1 Goの実行ファイル

ソースコードのhello.goファイルが79バイトであるのに対して、コンパイルした結果の実行ファイルは「2.4MB」と非常に大きなサイズになっています。

前述したように、GoはOSによって提供される標準的なライブラリにすら依存しません。結果として、Goのラインタイム本体と指定したパッケージの機能すべてが実行ファイルの中に組み込まれることになります。

Linux環境であれば、readelfコマンドを利用して実行ファイル内のシンボル情報を覗くことができます。helloプログラムのシンボル情報をreadelfコマンドで確認した出力の抜粋を次に示します。

```
$ readelf -s hello
(中略)
```

2.5　パッケージと構成

```
1720: 0000000000459f50   256 FUNC    GLOBAL DEFAULT    1 fmt.newPrinter
1721: 000000000045a050   144 FUNC    GLOBAL DEFAULT    1 fmt.(*pp).free
1722: 000000000045a0e0    32 FUNC    GLOBAL DEFAULT    1 fmt.(*pp).Width
1723: 000000000045a100    32 FUNC    GLOBAL DEFAULT    1 fmt.(*pp).Precision
1724: 000000000045a120   128 FUNC    GLOBAL DEFAULT    1 fmt.(*pp).Flag
1725: 000000000045a1a0    80 FUNC    GLOBAL DEFAULT    1 fmt.(*pp).add
1726: 000000000045a1f0   480 FUNC    GLOBAL DEFAULT    1 fmt.(*pp).Write
1727: 000000000045a3d0   240 FUNC    GLOBAL DEFAULT    1 fmt.Fprintln
1728: 000000000045a4c0   224 FUNC    GLOBAL DEFAULT    1 fmt.Println
1729: 000000000045a5a0   288 FUNC    GLOBAL DEFAULT    1 fmt.getField
1730: 000000000045a6c0    32 FUNC    GLOBAL DEFAULT    1 fmt.tooLarge
1731: 000000000045a6e0   320 FUNC    GLOBAL DEFAULT    1 fmt.parsenum
1732: 000000000045a820  1536 FUNC    GLOBAL DEFAULT    1 fmt.(*pp).unknownType
1733: 000000000045ae20  2032 FUNC    GLOBAL DEFAULT    1 fmt.(*pp).badVerb
1734: 000000000045b610   112 FUNC    GLOBAL DEFAULT    1 fmt.(*pp).fmtBool
1735: 000000000045b680   288 FUNC    GLOBAL DEFAULT    1 fmt.(*pp).fmtC
1736: 000000000045b7a0   640 FUNC    GLOBAL DEFAULT    1 fmt.(*pp).fmtInt64
1737: 000000000045ba20   160 FUNC    GLOBAL DEFAULT    1 fmt.(*pp).fmt0x64
1738: 000000000045bac0   288 FUNC    GLOBAL DEFAULT    1 fmt.(*pp).fmtUnicode
(以下略)
```

　真ん中のあたりに、fmt.Printlnというシンボルが見えます。また、それ以外の
fmtパッケージに属する関数群がのきなみ取り込まれていることも確認できます。

　Goはこのように、プログラムが必要とするパッケージを、そのまま実行ファイ
ルの中にコピーして組み込みます。Goプログラムの実行ファイルのサイズが大き
くなるのは、このようなコンパイル処理の結果なのです。

2.5　パッケージと構成

　1つのプログラムファイルだけで構成されたシンプルな「Hello, World!」アプリ
ケーションを構築してみましたが、実用的なプログラムを作る場合、より多くの
ソースコードを複数のファイルに分割して管理するのが一般的な手法でしょう。

　Goでは、パッケージを単位としてソースコードをファイルやディレクトリに分
割し、プログラムを作成します。ここでは、Go以外のツールに頼らずに実現でき
る、基本的なアプリケーションの構成例について解説します。

プログラムの構造

　次に示すのは、架空のアプリケーションzooのファイル構成です。

31

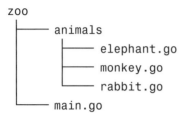

　アプリケーションの名前でもあるzooディレクトリに、mainパッケージ定義用のmain.goと、独自に定義するanimalsパッケージのためのanimalsディレクトリが含まれています。
　animalsディレクトリの下には、動物の種類ごとに分かれたelephant.go、monkey.go、rabbit.goの3つのソースコードファイルが配置されています。内容は次のようになっています。

■ zoo/animals/elephant.go
```
package animals

func ElephantFeed() string {
    return "Grass"
}
```

■ zoo/animals/monkey.go
```
package animals

func MonkeyFeed() string {
    return "Banana"
}
```

■ zoo/animals/rabbit.go
```
package animals

func RabbitFeed() string {
    return "Carrot"
}
```

　3つのファイルに分かれてはいますが、それぞれのpackage宣言からわかるように、すべてanimalsパッケージについて定義しているファイルです。このようにGoでは、1つのパッケージを複数のソースコードを使って定義することができ

2.5 パッケージと構成

ます。

3つに分割されたソースコードを、次のように1つのファイルにまとめたとしても、パッケージの定義としては同等のものです。

```
package animals

func ElephantFeed() string {
    return "Grass"
}

func MonkeyFeed() string {
    return "Banana"
}

func RabbitFeed() string {
    return "Carrot"
}
```

ここでは「動物の種類」という観点で複数のソースコードに分割しましたが、要は「管理しやすく」「見通しの良い」形であれば、ファイル構成は自由に選択して構いません。

animalsパッケージには3つの関数が定義されています（表2.1）。文法などの詳細には立ち入りませんが、それぞれ固定の文字列を返すだけの単純な関数です。表2.1のような関係になっていることだけ確認してください。

表2.1　関数と動物とエサの関係

動物	関数	エサ
ゾウ	ElephantFeed	"Grass"
サル	MonkeyFeed	"Monkey"
ウサギ	RabbitFeed	"Carrot"

main.goの内容は次のとおりです。

■　zoo/main.go

```
package main

import (
    "fmt"

    "./animals"
```

33

Chapter 2 プログラムの構成と実行

```
)

func main() {
    fmt.Println(animals.ElephantFeed())
    fmt.Println(animals.MonkeyFeed())
    fmt.Println(animals.RabbitFeed())
}
```

　「Hello, World!」プログラムでも使用したfmtパッケージと、新たに作成した
animalsパッケージをインポートしています。importに指定するパッケージは、通
常は環境変数GOPATHに指定されたディレクトリ内のパッケージから探索されます
が、「./animals」のように相対パスで記述することで、import文が書かれている
ファイルから相対位置に置かれているディレクトリを指定することもできます。

　また、Goでは通常パッケージ名がそのままディレクトリ名となるようにファイ
ル構成を行います。これらが異なっていても動作しますが、混乱のもとになるだ
けなので避けたほうがよいでしょう。

　関数mainでは、animalsパッケージに定義した関数をすべて呼び出しています。
各々の「動物のエサ」を文字列で取得し、そのまま標準出力に出力しています。

```
fmt.Println(animals.ElephantFeed())
fmt.Println(animals.MonkeyFeed())
fmt.Println(animals.RabbitFeed())
```

　main.goファイルが置かれたディレクトリからgo runを使って実行してみます。
animalsパッケージに定義された関数が正しく動作していることが確認できまし
た。

```
$ go run main.go
Grass
Banana
Carrot
```

■ プログラムのビルド

　go runによる実行に成功したので、次はこのアプリケーション（と言えるほど
の内容ではありませんが）をビルドしてみましょう。main.goファイルのあるディ
レクトリの位置で、とくにオプション等を指定せずにgo buildコマンドを実行し
ます。

```
$ go build
```

ビルドに成功すると、図2.2のように実行ファイルzoo（Windows環境であればzoo.exe）が生成されます。

図2.2　実行ファイルzooが生成された

とくに実行ファイルの名前を指定していないにもかかわらず、自動的に「zoo」という名前が与えられたことに注目してください。

go buildはオプションによる指定が明示的にない場合は、カレントディレクトリの名前を実行ファイルの名前に転用します。また、ビルド対象のGoファイルを指定しなくても、自動的にカレントディレクトリ内の.goという拡張子が与えられたファイルをビルド対象として読み込みます。さらに、animalsパッケージについてもmail.go内のimport文から自動的にビルド対象として読み込まれます。

Goが想定しているビルド構成に従えば、最小限の手間でビルドできるようにデザインされているのです。

一方で、次のようにmainパッケージの関数mainを含むファイルを指定してビルドすることもできます。このパターンの場合、生成される実行ファイルの名前は「main」（Windows環境であればmain.exe）になります。

```
$ go build main.go
```

なお、Goのコマンドに渡す引数で使用するファイルパスの区切り文字には、Windows環境であっても「/（スラッシュ）」を使用できます。bin¥zoo.exeと書いても同様に動作しますが、共通性という観点から避けたほうがよいでしょう。

```
$ go build -o bin/zoo.exe main.go
```

当然のことながら、「Hello, World!」の例と同様に、実行ファイルが生成されるファイルパスを-oオプションで指定することも可能です。上記の例では、実行ファイルを格納するためのbinディレクトリを用意して、その下にzoo.exeというファイル名の実行ファイルを生成しています。

mainパッケージの分割

animalsパッケージが複数のGoファイルによって構成されているように、mainパッケージも分割することができます。

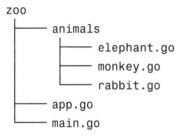

main.goと同じ場所にapp.goというファイルを追加してみましょう。app.goの内容も単純で、アプリケーションの名前を文字列で返す関数AppNameのみを定義しています。

■ zoo/app.go
```
package main

func AppName() string {
    return "Zoo Application"
}
```

main.go内の関数mainに、定義した関数を呼び出す処理を追加します。同じmainパッケージに定義された関数なので、main.AppName()のようなパッケージ指定が不要であることに注意してください。

2.5 パッケージと構成

■ zoo/main.go

```go
package main

import (
    "fmt"

    "./animals"
)

func main() {
    fmt.Println(AppName()) /* 関数AppNameの呼び出しを追加 */

    fmt.Println(animals.ElephantFeed())
    fmt.Println(animals.MonkeyFeed())
    fmt.Println(animals.RabbitFeed())
}
```

さて、Goファイルを追加してgo runコマンドで実行しようとすると、エラーが発生します。

```
$ go run main.go
# command-line-arguments
./main.go:10: undefined: AppName
```

「AppNameという関数が未定義である」と指摘されています。このようにgo runコマンドは、オプションで指定されたmain.goのみを実行対象として選択し、app.goの存在を無視します。

app.goも含めて実行させるには、次のようにmainパッケージを定義しているGoファイルをすべて列挙するか、*.goのようにワイルドカードを使って指定する必要があります。

```
$ go run main.go app.go
  (あるいは)
$ go run *.go
```

少しだけややこしいところですが、go buildコマンドでは事情が異なります。

```
$ go build
```

app.goを追加したあとでも、オプションなしのgo buildコマンドで問題なくビルドを実行することができます。go buildは、とくにビルド対象の指定がない場

Chapter 2 プログラムの構成と実行

合には、カレントディレクトリ内のGoファイルを「すべて」ビルド対象に含める
からです。

試しにビルド対象として明示的にmain.goを指定してみると、go runコマンド
の場合と同様にapp.goが対象に含まれなくなります。go buildはビルド対象の指
定がない場合には、「go build *.go」の動作をすると覚えておくとよいでしょう。

```
$ go build main.go
# command-line-arguments
./main.go:13: undefined: AppName
```

パッケージとディレクトリ

先ほどのapp.goを追加した同じディレクトリに、foo.goのような適当なファイ
ルを追加して、mainパッケージとは異なるパッケージを定義してみます。

■ zoo/foo.go
```
package foo
```

この状態で再度ビルドを実行してみましょう。

```
$ go build
can't load package: package .: found packages app.go (main) and foo.go (foo) in ↙
/home/user/golang/zoo
```
(↙：紙幅の都合で折り返しています。以下同)

エラーが発生してビルドに失敗しました。カレントディレクトリ内のGoファイ
ルから複数のパッケージが検出されたためです。

この例でわかるように、Goには「1つのディレクトリには1つのパッケージ定義
のみ」という原則があります。複数のパッケージ定義を同一のディレクトリ内に
置くことは、原則としてできないと考えたほうがよいでしょう。

Goによるプログラムのビルドが、最小限のコマンド操作で実現できる背景に
は、このように単純明快なルールが隠れています。

パッケージのテスト

現代的なプログラミング言語らしく、Goには標準でパッケージの機能をテストするための機能が組み込まれています。さっそく、作成したanimalsパッケージのテストを作ってみましょう。

animalsパッケージのテストを記述するためにanimals_test.goというファイルを追加します。.goという拡張子が特別に扱われるのと同様に、Goはファイル名が_test.goで終わっているファイルを、パッケージをテストするためのファイルとして特別扱いします。

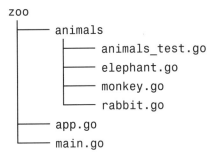

animals_test.goの内容は次のとおりです。

■ zoo/animals/animals_test.go
```go
package animals

import (
    "testing"
)

func TestElephantFeed(t *testing.T) {
    expect := "Grass"
    actual := ElephantFeed()

    if expect != actual {
        t.Errorf("%s != %s", expect, actual)
    }
}

func TestMonkeyFeed(t *testing.T) {
    expect := "Banana"
```

Chapter 2　プログラムの構成と実行

```
    actual := MonkeyFeed()

    if expect != actual {
        t.Errorf("%s != %s", expect, actual)
    }
}

func TestRabbitFeed(t *testing.T) {
    expect := "Carrot"
    actual := RabbitFeed()

    if expect != actual {
        t.Errorf("%s != %s", expect, actual)
    }
}
```

　標準パッケージのtestingをインポートして利用しています。TestElephantFeed
のように、名前がTestで始まる関数がテストの単位を表します。ここでは、
animalsパッケージに定義されている3つの関数に対応したテスト用の関数を定義
しています。コードの詳細には立ち入りませんが、何らかのプログラミング言語
でユニットテストを書いた経験があるのであれば、どのようなテストを行ってい
るのかの雰囲気ぐらいはつかめるのではないでしょうか。

　また、今回のケースではanimals_test.goにすべてのテストを記述しましたが、
テスト用のGoファイルも、通常のGoファイル同様に、管理しやすい単位でファ
イルを分けることができます。

テストの実行

　go testコマンドにanimalsパッケージのディレクトリを指定するだけで、テス
トの実行が開始されます。animalsパッケージのテストがすべて成功すると、次の
ような出力を得られます。

```
$ go test ./animals
ok      _/home/user/golang/zoo/animals 0.002s
```

　go test だけでは少し出力が寂しいので、オプション -vを付けてみましょう。
個々のテストが実行されている詳細を確認できます。

```
$ go test -v ./animals
=== RUN TestElephantFeed
```

40

2.5 パッケージと構成

```
--- PASS: TestElephantFeed (0.00s)
=== RUN TestMonkeyFeed
--- PASS: TestMonkeyFeed (0.00s)
=== RUN TestRabbitFeed
--- PASS: TestRabbitFeed (0.00s)
PASS
ok      _/home/user/golang/zoo/animals 0.002s
```

次は意図的にユニットテストを失敗させてみましょう。関数ElephantFeedが返す文字列を次のように改変します。

```
func ElephantFeed() string {
    return "Noodle"
}
```

再度テストを実行してみます。

```
$ go test -v ./animals
=== RUN TestElephantFeed
--- FAIL: TestElephantFeed (0.00s)
        animals_test.go:12: Grass != Noodle
=== RUN TestMonkeyFeed
--- PASS: TestMonkeyFeed (0.00s)
=== RUN TestRabbitFeed
--- PASS: TestRabbitFeed (0.00s)
FAIL
exit status 1
FAIL    _/home/user/golang/zoo/animals 0.002s
```

関数ElephantFeedに仕掛けた改変がテストによって検出されました。テスト関数TestElephantFeedの実行結果が「FAIL」と表示されていることがわかります。また、1つでもテストが失敗すると、テスト全体が「FAIL」となることが、最下段の出力内容からわかります。

main パッケージのテスト

最後にmainパッケージのテストも用意してみましょう。app.goと同じ場所に、app_test.goを追加します。

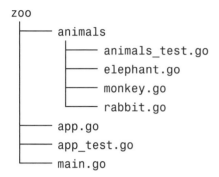

関数AppNameのテスト内容は次のとおりです。

■ zoo/app_test.go
```go
package main

import (
    "testing"
)

func TestAppName(t *testing.T) {
    expect := "Zoo Application"
    actual := AppName()

    if expect != actual {
        t.Errorf("%s != %s", expect, actual)
    }
}
```

さっそくテストを実行してみましょう。

```
$ go test -v
=== RUN TestAppName
--- PASS: TestAppName (0.00s)
PASS
ok      _/home/user/golang/zoo 0.002s
```

カレントディレクトリがパッケージのディレクトリであれば、とくに何も指定せずに go testのみでテストを実行できます。関数AppNameが正しく定義されていることを、テストによって確認できました。

2.5　パッケージと構成

COLUMN Goが認識するファイルタイプ

　Goのプログラム構成やビルド方法などをひととおり眺めてきて、1つ1つの操作が
シンプルにデザインされていることを理解できたのではないでしょうか。「1つのパッ
ケージは1つのディレクトリで定義する」「拡張子『.go』はGoのプログラムファイル」
「ファイル名の終端が_test.goであればテストファイル」などの、やや極端にも感じら
れるルール付けによって、コンソールからのビルド処理などを単純化しています。こ
れは、Goの強みの1つであると言えるでしょう。

　実はGoによって特別扱いされるファイルの拡張子は、「.go」だけではありません。C
やC++といった他のプログラミング言語との連携のために、「.go」以外にも特別に扱
われる拡張子が存在します。表2.2はその一覧です。すぐに必要になる知識ではあり
ませんが、Goでは特定の拡張子が特別な意味を担うという基本は押さえておきましょ
う。

表2.2　Goが認識する拡張子

拡張子	ファイルの内容
.go	Goソースファイル
.c、.h	Cソースファイル
.cc、.cpp、.cxx、.hh、.hpp、.hxx	C++ソースファイル
.m	Objective-Cソースファイル
.s、.S	アセンブラソースファイル
.swig、.swigcxx	SWIG定義ファイル
.syso	システムオブジェクトファイル

Chapter

3

言語の基本
～変数・型・演算子・関数・定数・
スコープ・制御構文・ゴルーチン

3.1 コメント
3.2 文
3.3 定義済み識別子
3.4 コード例の表記について
3.5 fmtパッケージ
3.6 変数
3.7 基本型
3.8 配列型
3.9 interface{}とnil
3.10 演算子
3.11 関数
3.12 定数
3.13 スコープ
3.14 制御構文

Chapter 3 言語の基本

3.1 コメント

行コメント

Goのプログラムにコメントを記述するには2種類の方法があります。1つは行コメントで、//から始まり行末までの範囲をコメントとする書き方です。

```
// 行末までコメントです

var i int // 文の後ろに記述されたコメント
```

コメント

もう1つのコメントの書き方は、文字列「/*」から始まり、文字列「*/」を終了位置とする範囲にコメントを記す方法です。複数行にわたるコメントを含むことができます。

```
/*
  このように
  複数行の
  コメントを
  書くことができます
*/

var i int /* 単行のコメントもOK */
```

CやJavaなどとよく似た文法ですが、「コメントの中にコメントを含む」ことは許されていません。

```
/*
  /* コメントの中に書かれたコメント */
*/
```

上記のようにコメントをネストさせると、Goは文法エラーを発生させます。デバッグなどのために広い範囲をコメントで一時的に無効化した際に、その内側に意図せず既存のコメントも含まれていた、といった場面で発生しやすいので注意してください。

46

3.2 文

セミコロンとその省略

Goでは各々の「文 (Statement) 」は「セミコロン (;) 」によって区切られます。このように説明してみたものの、前章でGoのプログラムに触れたみなさんは違和感を覚えるのではないでしょうか。

前章の「Hello, World!」プログラムを見てみましょう。

```
package main

import (
    "fmt"
)

func main() {
    fmt.Println("Hello, World!")
}
```

「各文がセミコロンで区切られる」はずが、このコードのどこにも「;」は見当たりません。しかし、Goの言語仕様としても「;」は間違いなく存在します。実のところGoはコード上の「すべてのセミコロンが省略可能」になるよう文法が設計されているため、見た目の上では一切セミコロンが見当たらなくても不思議なことではないのです。

元の「Hello, World!」プログラムは、コンパイラによって次のようなコードとして解釈されます。

```
package main;

import (
    "fmt"
);

func main() {
    fmt.Println("Hello, World!");
};
```

各文の末尾にセミコロンが増えていることがわかります。Goのコンパイラは各行の文末を見て「文の終端」であると判断した場合に自動的にセミコロンを挿入します。結果的に、文を区切るセミコロンが「存在するのに見えない」状態になるわ

Chapter 3　言語の基本

けです。

　開発者が自分の手でセミコロンを明示的に付ければ、次のようにすべての文を
1行で書くことも可能です。

```
package main;import ("fmt");func main() {fmt.Println("Hello, World!");};
```

　とはいえ、読みにくさを競う場合を除いて何のメリットもない書き方です。こ
こでは「文がセミコロンで区切られる」という原則だけを理解してください。Go
の流儀に従う限り、明示的にセミコロンを使用する局面はほとんどないと考えて
差し支えありません。

■ セミコロンの落とし穴

　Goを書く上で明示的にセミコロンを使用する必要はありませんが、「文の終端
に自動的にセミコロンを挿入」する動作には、一点だけ大きな注意点があります。

```
// 変数aはint型3要素の配列
a := [3]string{"Yamada Taro", "Sato Hanako", "Suzuki Kenji"}
```

　上記では、文字列を3つ格納できる配列をaという変数名で定義しています。
配列の要素として3つの文字列"Yamada Taro"、"Sato Hanako"、"Suzuki Kenji"を
初期値としていることがわかると思います。

　このように配列の要素をプログラム内で明示的に書く場合、要素を複数行に分
割することで見やすく整形することがしばしばあります。Goでも問題なく配列の
各要素を複数行に分割して整形することができます。

```
// 変数aはint型3要素の配列
a := [3]string{"Yamada Taro",
               "Sato Hanako",
               "Suzuki Kenji"}
```

　さらに行数を追加して広めに整形してみましょう。すると……。

```
// 変数aはint型3要素の配列
a := [3]string{
    "Yamada Taro",
    "Sato Hanako",
    "Suzuki Kenji" // ←ここでコンパイルエラーが発生
}
```

48

ここで突然コンパイルエラーが発生しました。1つ前のプログラムと比較してもスペースや改行が増えた以外の差異はほとんど認められません。なぜ、この書き方ではコンパイルエラーになるのでしょうか。

このエラーは、文字列"Suzuki Kenji"の後ろに自動的に挿入されたセミコロンが引き起こしていたというのが真相です。

```
// 変数aはint型3要素の配列
a := [3]string{
    "Yamada Taro",
    "Sato Hanako",
    "Suzuki Kenji"; // ←文末と判定されてセミコロンが挿入される
}
```

Goのコンパイラは、行末が「{」や「,」で終わるような場合を除いて、単純に「文の終端」であると判断します。結果として思わぬ位置にセミコロンが挿入されてしまい、1つの文が2つに切断されてしまったのです。

Goでは配列の要素などを列挙する局面で、末尾の要素の後ろに行が継続することを示すカンマを置くことができます。これでコンパイルエラーは解消します。

```
// 変数aはint型3要素の配列
a := [3]string{
    "Yamada Taro",
    "Sato Hanako",
    "Suzuki Kenji", // ←最後の要素にもカンマを付加する
}
```

比較的自由度が高そうに見えるGoの文法ですが、このように記法上のセミコロンを省略できる仕様によって開発者の直感を裏切る動作をすることがあります。他の言語ではあまり見当たらない仕様のため、しっかりと理解しておいてください。

Chapter 3　言語の基本

COLUMN　何を優先するか

　世の中にはたくさんのプログラミング言語が存在します。なぜ多くのプログラミング言語が作られる必要があるのでしょうか。

　それは、各々のプログラミング言語の目的がそれぞれ異なるから、ということに尽きるでしょう。

　CはOSやシステムそのものを記述するために生み出されました。型の曖昧さやメモリ管理の煩雑さがたびたび問題視されるCは、現在でも相変わらずWindowsやLinux、OS XなどのOSそのものを記述するための中核になっています。

　なぜ、より現代的なプログラミング言語でOSが書き直されたりしないのでしょうか。それは、Cを完全に代替できるプログラミング言語が存在しないというのが大きな理由でしょう。CはCPUやメモリといった一般的な構成のコンピュータを最も効率的に動作させることができるプログラミング言語です。古典的で弱点も数多いCですが、プログラミングの目的に最も合致している限りは使い続けられるでしょう。

　このように、各々のプログラミング言語にはどのように設計されてどのような目的を果たすのかについて大きな違いがあります。JavaやC#はさまざまなプラットフォーム上で同じ動作を実現するために巨大なライブラリと高速なVMを備えています。PHP・Python・Rubyのようなスクリプト言語は、速度や厳密性といった要素よりも、手軽さや使いやすさといった要素を重視して設計されています。

　それでは、Goはどのような目的を持っているのでしょうか。

　Goは「Cの高速性とスクリプト言語の手軽さ」を両立させるという目的を目指して設計されています。「高速性」については「ネイティブコードへの静的なコンパイル」や「オブジェクト指向機能などのオーバーヘッドを避ける」といった方針で担保しています。また、「手軽さ」については「型推論で変数の型指定を最小限にする」ことや「文法要素を最小限に抑えてコンパイルを高速化する」などの手段で実現されています。

　このようにGoは、一見相反する方向性を独自の言語仕様によって両立させようとしています。そして、その結果としてところどころに「奇妙な動作」が見え隠れします。「セミコロンの省略」による落とし穴はその典型と言えるでしょう。

　他言語で経験を積んだ開発者たちの直感を裏切るような仕様が、なぜ放置されているのでしょうか。

　文の区切り記号を省略しつつ、かつコードの表現力も担保することは技術的にそこまで難しい話ではありません。Goは「コンパイラのパース機能を軽量に保つ」ためにあえてこのような仕様を採用しています。開発者に多少のとまどいを与えても「コンパイル速度を高速に保つ」ことを重視しています。この「奇妙な動作」すらも言語の目的を実現するための要素であるわけです。実際にGoのコンパイル速度は大変高速で、「コードの修正」→「テスト実行」といったサイクルを快適に回すことに貢献しています。つまり、Goは、「コードの表現力を上げる」ことよりも「コンパイル速度を速くする」ことを優先したほうが、最終的には開発者の利益になると判断したと言えるでしょう。

3.4 コード例の表記について

　繰り返しになりますが、プログラミング言語は何らかの目的を目指して作られているので、Goの方向性が「正しい」「間違っている」といった判定は無意味です。Goを学ぶ上で他言語で学んだ知識が活かせない局面や独特の仕様にとまどうことも多いかもしれませんが、「明確な目的を持って設計されている」ことを意識すれば、「なぜこのような仕様になっているか？」といった疑問や疑念も少しずつほぐれて、より効率的にGoのメリットを身につけていけるでしょう。

3

3.3　定義済み識別子

　Goでは表3.1に示す識別子が「定義済み識別子（predeclared identifiers）」として定義されています。

表3.1　Goの定義済み識別子

識別子の種類	識別子
型	bool byte complex64 complex128 error float32 float64 int int8 int16 int32 int64 rune string uint uint8 uint16 uint32 uint64 uintptr
定数	true false iota
ゼロ値	nil
関数	append cap close complex copy delete imag len make new panic print println real recover

　注意してほしいのは、これらの識別子が「定義済み」であっても、ほとんどの場合、自作の関数や変数の名前に使用できるということです。「int」という定義済みの型名を関数名に使用することもできますし、「true」という名前の変数を定義することもできます。

　当然のことながら、定義済み識別子と同じ名前を持つ関数や変数の存在は間違いなく混乱のもとにしかなりませんので、可能な限り避けたほうがよいでしょう。

3.4　コード例の表記について

　本書では本章以降、詳細なコード例を示していきます。コード例は解説する内容に応じて、プログラム全体であったり、小さいコード片であったりします。本書のコード例は次のように見てください。

51

Chapter 3 言語の基本

プログラム全体を含むコード例

コード例の先頭がpackage mainから始まっている場合は、原則的にプログラ
ム全体を含んでいます。つまり、記載されているコードの内容を任意のファイル
（たとえばmain.go）に保存して、go runコマンドで実行することができるように
なっています。

```
package main

import (
    "fmt"
)

func main() {
    /* 単独で実行可能なプログラム */
}
```

ただし、プログラムを実行した際に複数行の出力（標準出力や標準エラー出力）
が得られる場合には、その内容をコード例の下部に「出力結果」としてまとめて示
すこともあります。この場合は、「出力結果」の前の行までがプログラムの本体で
す。

```
package main

import (
    "fmt"
)

func main() {
    /* 何らかの出力を行うプログラム */
}
/* 出力結果 */
1行目の出力
2行目の出力
3行目の出力
```

一部を抽出したコード例

多くのコード例は、単独では動作しない小さいコード片の形式で示していま
す。たとえば、次のようなコードです。

```
n := 1
fmt.Println(n)
```

　このようなコード片は、次のようなプログラムの一部を抽出したものとして考えてください。mainパッケージのmain関数の中に配置することで動作するイメージです。

```
package main

import (
    "fmt"
)

func main() {
    /* 下の2行を抽出している */
    n := 1
    fmt.Println(n)
}
```

　また、コード例の中にfmt.[関数名]という文がある場合は、プログラムにimport "fmt"というfmtパッケージを利用する宣言が含まれていると思ってください。多用するfmt.[関数名]は次節で説明します。コード例の実現に、fmt以外のパッケージが必要である場合は、その旨を解説で補足します。

■ コード例におけるコメント表記

　コード例に含まれるコメントを使って、プログラムの詳細な動作を表現する場合があります。たとえば、次のようなコメントです。

```
n := 1 + 2 + 3 // n == 6
```

　n := 1 + 2 + 3の後に書かれたコメントn == 6の部分が、プログラムの詳細な動作についての補足になります。この場合は、「変数nの値が6」であることを示しています。
　また、次のようなパターンもあります。

```
s := Golang() // s == "Go言語"
Golang()      // == "Go言語"
```

Chapter 3 言語の基本

1行目は関数Golangを呼び出した結果を変数sに代入しているコード例ですが、s == "Go言語" というコメントによって、変数sの値が文字列「Go言語」であることを示しています。2行目の場合は、関数Golangを呼び出した戻り値が文字列「Go言語」であることを表現しています。変数への代入などを経由しない、簡略化した書き方です。

fmt.Println関数のようにコンソールへの出力を伴う場合は、// => [出力内容] といった形式で、出力内容を表す場合があります。下記のコード例は、「Hello, World!」という文字列がコンソール上へ出力されることを表しています。

```
fmt.Println("Hello, World!") // => "Hello, World!"
```

3.5 fmt パッケージ

次節からGo言語の仕様解説に入りますが、その前に、解説用のコード例に頻出するfmtパッケージについて説明します。

fmt.Println

関数fmt.Printlnは、文字列の最後に改行を付加した内容を標準出力に出力します。テキストを単純に1行で出力するために使用します。

```
// 文字列を改行付きで標準出力に出力する
fmt.Println("Hello, Golang!") // => "Hello, Golang!"
```

また、任意の数の引数をとることもできます。各々の文字列はスペースによって区切られ、1行に連結されて出力されます。

```
fmt.Println("My", "name", "is", "Taro") // => "My name is Taro"
```

fmt.Printf

関数fmt.Printfは、書式指定子を含んだフォーマット文字列と、それに続く可変長の引数を与えることで、生成した文字列を標準出力に出力します。次のコード例では、%dが書式と埋め込む位置を表しています。

```
// 10進数の形式で数値5を%dの箇所へ埋め込む
fmt.Printf("数値=%d\n", 5) // => "数値=5"
```

　書式指定子には多くの種類があります。埋め込む場所が複数ある場合は、同じ数のデータを引数として渡します。引数の数に不整合があったとしてもとくに実行時のエラーは発生しません。データが足りない場合は、その書式指定子の位置に「MISSING」と表示され、逆に引数が多すぎる場合は「EXTRA」と表示されるので、誤りを簡単に捕捉できます。

```
// 数値用の書式いろいろ
fmt.Printf("10進数=%d 2進数=%b 8進数=%o 16進数=%x\n", 17, 17, 17, 17)
// => "10進数=17 2進数=10001 8進数=21 16進数=11"

// 埋め込むパラメータが足りない
fmt.Printf("%d年%d月%d日\n", 2015, 12)
// => "2015年12月%!d(MISSING)日"

// 埋め込むパラメータが過剰
fmt.Printf("%d年%d月%d日\n", 2015, 12, 25, 17)
// => "2015年12月25日%!(EXTRA int=17)"
```

　Goのデバッグなどに威力を発揮するのが%v、%#v、%Tといった書式指定子です。Goのさまざまな型を見やすい形式で埋め込んでくれるため、開発の際にとても重宝します。関数 fmt.Printf は、広く知られている「printf系関数」の標準的なフォーマットと互換性が乏しいことで批判されることもあるのですが、Goの開発をサポートしてくれる非常に便利な機能です。

```
// %vはさまざまな型のデータを埋め込む
fmt.Printf("数値=%v 文字列=%v 配列=%v\n", 5, "Golang", [...]int{1, 2, 3})
// => "数値=5 文字列=Golang 配列=[1 2 3]"

// %#vはGoのリテラル表現でデータを埋め込む
fmt.Printf("数値=%#v 文字列=%#v 配列=%#v\n", 5, "Golang", [...]int{1, 2, 3})
// => "数値=5 文字列="Golang" 配列=[3]int{1, 2, 3}"

// %Tはデータの型情報を埋め込む
fmt.Printf("数値=%T 文字列=%T 配列=%T\n", 5, "Golang", [...]int{1, 2, 3})
// => "数値=int 文字列=string 配列=[3]int"
```

Chapter 3　言語の基本

print、println

　プログラムのデバッグなどで役に立つ定義済み関数として、print と println が
用意されています。プログラム実行時の変数の値などを確認したい場合に、手軽
に使うことができる関数です。

　これらの関数は、引数として与えられた文字列を「標準エラー出力」へ出力しま
す。fmt.Println関数は標準出力に対して文字列を出力するので、ここに大きな違
いがあります。

```
func main() {
    print("Hello, World!")    // "Hello, World!"を出力
    println("Hello, World!")  // "Hello, World!"の末尾に改行を付加して出力
}
/* 出力結果 */
Hello, World!Hello, World!
```

　print、println ともに任意の数の引数を渡すことができます。渡された複数の
引数は各々スペースで区切られた形式で出力されるため、複数の値の内容をまと
めて確認する際に役立ちます。

```
println(1, 2, 3) // => "1 2 3"
```

3.6　変数

はじめに

　Goにおけるすべての変数は「型」を備えます。変数の型は、大きく分けると「値
型」「参照型」「ポインタ型」の3種類に分かれます。

　「値型」はCやJavaにおける値型と同様に整数や実数といった「値」そのものを
格納する変数です。

　「参照型」は少し特殊で、Goでは「スライス」「マップ」「チャネル」という3つの
データ構造のいずれかを指し示す変数の型になります。

　最後の「ポインタ型」はCの学習障壁として悪名高い「ポインタ」を表す変数で
す。ポインタとは、値や関数といったメモリ上の実体を、そのアドレス値によっ
て間接的に表現するものです。Cのポインタ型について十分な理解があれば、Go
におけるポインタ型の取り扱いは難しくありませんが、ポインタという概念には

→ 56

3.6　変数

じめて触れるのであれば、しっかりと理解できるまでコード上で試行錯誤してみるのがよいでしょう。

変数の定義

明示的な定義

　Goの変数を定義する方法には、「明示的」な書き方と「暗黙的」な書き方の2種類があります。まずは明示的に変数を定義する書き方を見てみましょう。

```
// int型の変数nを定義する
var n int
```

　予約語であるvarのあとに続けて「変数の名前（識別子）」を指定し、最後に「変数の型」を指定します。このコードはint型の変数nを定義しています。このように、varを使用する場合は、変数の名前と型の両方を明示的に指定して変数を定義する必要があります。

　同じ型の変数であれば次のように複数の変数をまとめて定義することもできます。次の例では、変数の型を1つだけ指定し、個々の変数をまとめて定義しています。

```
// int型の変数x、y、zを定義する
var x, y, z int
```

　次のように、var以下の内容を()で囲うことで、異なる型の変数をまとめて定義することも可能です。変数定義を行うブロックが見やすくなるメリットがあります。

```
// int型の変数x、yとstring型の変数nameを定義する
var (
    x, y int
    name string
)
```

　定義した変数には演算子=を使用して値を代入できます。型が正しい限り、再代入への制限はありません。しかし、異なる型の値を代入しようとするとコンパイルエラーが発生します。

Chapter 3　言語の基本

```
var n int
n = 5
// n == 5
n = "string" // コンパイルエラー
```

　また、Goの代入文では左辺と右辺に複数の変数と値を並べることで、複数の
変数への代入をまとめることができます。左辺と右辺の変数と値は、同じ個数が
必要です。個数が異なる場合はコンパイルエラーが発生します。

```
var x, y int
x, y = 1, 2
// x == 1, y == 2
x, y = 1, 2, 3 // コンパイルエラー
```

▌暗黙的な定義

　明示的な変数の定義に対して、暗黙的な定義は「型指定の必要がない」という
特徴を持ちます。

```
// int型の変数iを定義して1を代入
i := 1
```

　このように、演算子 := を使用することで、変数の型の定義と値の代入をまとめ
て実行できます。型指定はどこにも見当たりませんが、このように整数1を値と
して代入すると、変数iの型は暗黙的にint型であると決定されます。このような
機能は一般に「型推論」と呼ばれます。
　次に示すように、Goには「真偽値」「整数」「実数」「文字列」などを直接コードに
書くためのリテラルが用意されています。演算子 := を利用することで、多くの局
面において型の指定を省略できるのがGoの利点の1つです。

```
// bool型の変数bを定義して真偽値trueを代入
b := true
// int型の変数iを定義して整数1を代入
i := 1
// float64型の変数fを定義して実数3.14を代入
f := 3.14
// string型の変数sを定義して文字列"abc"を代入
s := "abc"
```

　値のリテラル表記ではなく関数の戻り値を利用することで、変数を暗黙的に定

58

義することもできます。次のコードでは「int型の値1を返す関数one」を定義して、その関数の戻り値を変数nに直接代入しています。

この場合は「関数の戻り値の型」がそのまま「変数の型」になります。つまり変数nはint型に定まります。

```
func one() int {
    return 1
}
n := one() // int型の変数nが定義され、値には1が代入される
```

暗黙的な変数の定義には、利用する上での注意点があります。「変数への暗黙的定義を利用した代入」は一度しか許されません。したがって、次のコードはコンパイルエラーを発生させます。

```
i := 1 // int型の変数iを定義して1を代入
i := 2 // コンパイルエラー
```

演算子:=が「変数への代入」を実行しているとイメージしてはいけません。挙動が理解しづらく見えてしまいます。演算子:=はあくまでも「変数を定義」するための機能です。変数の型指定を省略できるメリットや、まとめて初期値を代入できるメリットは副次的なものであると考えてください。

varを利用した明示的な変数定義の場合でも、次のコード例のように変数iが多重定義されたことによるコンパイルエラーが発生します。明示的な変数定義、暗黙的な変数定義にかかわらず、「同じ変数を複数回定義するとエラーが発生する」という原則を押さえておきましょう。

```
var i int // int型の変数iを定義
var i int // コンパイルエラー
```

一方で、演算子=を利用した変数への再代入にはとくに制限はありません。「変数への再代入には演算子=を用いる」と覚えてください。

```
var a int // int型の変数aを定義
a = 1     // 変数aに1を代入
a = 2     // 変数aに2を代入

b := 1    // int型の変数bを定義して1を代入
b = 2     // 変数bに2を代入
```

Chapter 3 言語の基本

varと暗黙的な定義

変則的ですが次のような書き方も許されています。

```
var a = 1 // int型の変数aに1を代入
```

演算子:=を使用する書き方に比べて明らかに冗長ですので、この例であれば間違いなく次の書き方のほうが適切でしょう。

```
a := 1
```

しかし、次のように複数の変数を暗黙的に定義する場合を考えてみましょう。

```
// varで変数定義をまとめる書き方
var (
    n = 1
    s = "string"
    b = true
)

// 暗黙的な定義を並べる書き方
n := 1
s := "string"
b := true
```

varで囲った書き方のほうが変数定義のブロックを目立たせることができるので、好ましい書き方であると言えます。複数の変数を定義する場合は、可能な限りvarにまとめることを意識しましょう。

COLUMN ▶ **変数定義の指針**

Goの変数を定義するには「明示的」な方法と「暗黙的」な方法があることがわかりましたが、はたしてどのように使い分けるのがよいのでしょうか。

結論から先に言うと、可能であればできるだけ型指定を省略する方針がよいでしょう。一般的に静的型付けのプログラミング言語では、「静的型によるプログラムの整合性の保証」というメリットを得る代わりに、「プログラムの全域で煩雑な型指定が必要になる」という代償を払います。

Goは多くの局面で明示的な型指定を省略できるように設計されているため、静的型のメリットを享受しつつそのデメリットを軽減するためにも、積極的に型推論を活用して開発効率の向上を図るのが正しい選択であると言えます。

60

3.6 変数

変数定義の詳細

パッケージ変数

Goの変数は、定義される場所の違いによって2種類に分かれます。任意の関数の中に定義された変数は「ローカル変数」で、関数定義の外部に定義された変数は「パッケージ変数」になります。ローカル変数と異なり、パッケージ変数は文字通りパッケージに所属する変数です。次のプログラムを見てください。

```go
package main

import (
    "fmt"
)

/* nはパッケージ変数 */
var n = 100

func main() {
    /* パッケージ変数nの値を+1して表示 */
    n = n + 1
    fmt.Printf("n=%d\n", n)
}
```

パッケージ変数nは、mainパッケージの中であればどこからでも参照することができます。main関数は中からパッケージ変数nの値を参照してその値に1を加え、その値を標準出力に出力しています。

パッケージ変数は、ローカル変数とは異なり、プログラム全体で1つの値が共有されることに注意してください。Goには言語仕様としての「グローバル変数」はありませんが、パッケージ変数がプログラム上のさまざまな場所から参照可能であるという性質はグローバル変数と同様の危険性をはらんでいます。乱用は避けるべきでしょう。

参照されない変数のチェック

Goは、定義された変数が「参照されているかどうか」を厳密にチェックします。次に示すコードでは、変数a、b、cの3つを定義していますが、実際に参照している変数はaのみです。

61

Chapter 3 言語の基本

```go
func main() {
    a := 1
    b := 2 // 変数bは参照されない
    c := 3 // 変数cは参照されない

    fmt.Println(a) // 変数aの値を出力
}
```

このプログラムを実行しようとするとコンパイルエラーが発生します。

```
$ go run main.go
# command-line-arguments
./main.go:9: b declared and not used
./main.go:10: c declared and not used
```

変数bとcについて、それぞれ「定義されたが使用されていない」という旨のエラーメッセージが表示されました。このようにGoのコンパイラは、変数の定義に対して非常に厳密なチェックを行います。

Goプログラムに習熟しないうちは、たびたび目にしてしまうエラーの1つで、かくいう筆者もGoをはじめたばかりの頃は何度もこのエラーに引っかかりました。しかし、このように厳密な変数のチェックには大きなメリットもあります。

さて、下記のコードをぱっと眺めてみてください。

```go
m, n := 1, 2
fmt.Printf("m=%d,n=%d\n", m, m)
```

変数m、nを定義して、それぞれの値を出力させるプログラムですが、間違っている箇所があります。fmt.Printf関数への引数で、変数nを渡すべきところに変数mを渡してしまっています。

凡ミスといえばそれまでですが、プログラミングの上級者であっても意外とこういうミスは見過ごしやすいものです。プログラミング言語によっては、このようなプログラム上の問題について警告などを出してくれることもありますが、警告が増えるにつれて見過ごされるようになるというのもよくある話でしょう。Goの厳密な変数のチェックには少々慣れが必要ですが、プログラム上で犯しやすいミスを可能な限り防ぐという積極的な意味があります。

62

3.7 基本型

3.7 基本型

Goの基本型

Goは「静的型付け言語」です。すべての変数は何らかの型に属し、異なる型同士の演算といった問題点の多くはコンパイル時に検出されます。基本型を利用しつつ必要に応じて専用のデータ型を定義していくことが、Goを利用したプログラミングにおける作業の中核となります。

ここではGoがあらかじめ備えている基本的な型について見ていきましょう。

論理値型

bool型は論理値を表す型です。真を表す定数true、偽を表す定数falseいずれかの値をとります。

```
var b bool // bool型の変数bを定義
b = true   // 変数bにtrueを代入
```

型推論を利用した変数定義も可能です。

```
b := false // bool型の変数bを定義してfalseを代入
```

数値型

Goには明確に定義された多数の数値型が用意されています。たとえばint64という整数型がありますが、これは「64ビット符号付き整数」を表します。このように明確に定義された基本型を用意することによって、Cにおけるint型が環境によって32ビット整数を表したり64ビット整数を表すような「実装依存」による取り扱いの難しさを軽減させています。

とはいえ、実装に依存する数値型も用意されていて、これはこれで非常に重要な要素であるため、完全に「実装依存」を排除しているわけではありません。

整数型

符号付き整数型は表3.2のように4種類用意されています。

63

Chapter 3 言語の基本

表3.2 符号付き整数型

型	サイズ	符号	最小値	最大値
int8	8ビット	あり	-128	127
int16	16ビット	あり	-32768	32767
int32	32ビット	あり	-2147483648	2147483647
int64	64ビット	あり	-9223372036854775808	9223372036854775807

　符号なし整数も符号付き整数と同様に8ビットから64ビットの4種類が定義されています（表3.3）。型名の頭の「u」は「unsigned（符号なし）」を表しています。また、uint8型の別名としてbyte型が定義されています。「1バイトを単位として処理を行う」という文脈であればbyte型を使用したほうがコードが明快になるでしょう。

表3.3 符号なし整数型

型	サイズ	符号	最小値	最大値
uint8 (byte)	8ビット	なし	0	255
uint16	16ビット	なし	0	65535
uint32	32ビット	なし	0	4294967295
uint64	64ビット	なし	0	18446744073709551615

　さて、ここまでは明確に定義された整数型でしたが、Goには「実装依存」の整数型も用意されています（表3.4）。

表3.4 実装に依存する整数型

型	32ビット実装	64ビット実装	符号
int	32ビット	64ビット	あり
uint	32ビット	64ビット	なし
uintptr	?	?	なし

　intおよびuintは実装に依存した整数型です。2015年現在、Goは「32ビット実装」と「64ビット実装」の2種類が提供されていますが、32ビット実装のGoを使用する上ではこれらの整数型は32ビットの整数を表し、64ビット実装のGoを使う場合は64ビットの整数を表します。

　uintptrは特殊な型で、言語仕様で「ポインタの値をそのまま格納するのに十分

な大きさの符号なし整数」と定義されています。CPUやOSの違いによって、ポインタが保持するメモリ上のアドレスのサイズにさまざまなバリエーションがあり得ることから、このような仕様になっていると推察されます。

さて、このような「実装依存」である整数型を使用する上での注意点がいくつかあります。

次のコードは、変数nを定義して符号付き64ビット整数で表現できる最大の整数を代入しています。

```
n := 9223372036854775807 // 符号付き64ビット整数で表現可能である最大値
```

64ビット実装のGoでは何も問題のないコードですが、これを32ビット実装のGoでコンパイルしようとするとエラーが発生します。32ビット実装のGoにおけるint型では表現できないサイズの整数だからです。

また、64ビット実装のGoでは、int型は64ビットの符号付き整数を表しますが、内容的にはまったく同じ64ビット符号付き整数を表すint64型の変数であっても、直接代入することはできません。整数表現として同一のものであったとしても型が異なるからです。Goは暗黙的な型変換を一切許容しません。

```
var (
    n1 int
    n2 int64
)
n1 = 1
n2 = n1 // コンパイルエラー
```

整数リテラル

Goの整数リテラルは次の例に示すように3種類存在します。

```
// 10進数による整数表現
123
// 8進数による整数表現
0755
// 16進数による整数表現
0x0719BEEF
```

リテラルの先頭が「0」から始まる場合は8進数、「0x」から始まる場合は16進数として解釈されます。16進数の表記に使用する「x」とそれ以降の英字（a～f）は

Chapter 3 言語の基本

大文字、小文字を問いませんし混在していても問題ありません。極端な例ですが「0XdEaDbEeF」と書いても正しい16進数リテラルです。

▌整数の型変換（キャスト）

Goは暗黙的な型変換を機能として備えませんが、明示的な型変換は可能です。まずは整数リテラルを使った単純な変数定義を見てみましょう。

```
n := 17 // int型の変数nを定義して17を代入
```

ここには重要な事実が隠れています。「整数リテラルを使って暗黙的に定義した変数はint型に定まる」という仕様です。整数リテラルだけを使って「符号なし整数」であることは表現できません。これを解決するのが型変換です。

Goの型変換は、型(値)のように書くことができます。

```
n := uint(17) // uint型の変数nを定義して17を代入
```

```
n   := 1         // int型
b   := byte(n)   // byte型へ変換
i64 := int64(n)  // int64型へ変換
u32 := uint32(n) // uint32型へ変換
```

▌整数の型変換による問題とラップアラウンド

byte型はuint8型の別名として定義されているので、uint8型と同様に0から255までの整数を表現できます。

整数リテラルを利用して、任意の整数型が表現できる範囲を超える値を代入しようとすると、コンパイルエラーが発生します。これは、コンパイルの時点で整数型とリテラルによる整数値に不整合が生じていることを検知できるためです。

```
b := byte(256) // コンパイルエラー
```

やり方を少し変えてみましょう。いったんint型の変数nを経由してから、byte型への型変換を行ってみます。

```
n := 256
b := byte(n) // ?
```

66

3.7 基本型

　今度はコンパイルエラーは発生せずに実行できました。変数bの値はどのよう
なものになっているでしょうか。

　正解は「0」です。エラーが発生しないので正常な動作であることはわかります
が、一体どのような理屈で「256」という整数が「0」に変換されてしまったのでしょ
うか。

　これは2進数によるビット列を考えてみるとわかりやすいでしょう。8ビット幅
の整数は8桁の2進数で表すことができます。「符号なし整数」に限れば、10進数
と2進数の対応は表3.5のとおりです。整数255ではすべての桁が「1」になってい
ることがわかります。

表3.5　8ビットで表現される整数の2進数表現

10進数	2進数
0	0000 0000
1	0000 0001
2	0000 0010
3	0000 0011
4	0000 0100
≀	≀
254	1111 1110
255	1111 1111

　整数255に1を加えた256の2進数表現では、9桁目に繰り上がりが起こり、下8
桁がすべて0になってしまいます。私たちに身近な10進数で言えば、9999に1を
加えた10000で5桁目に繰り上がりが起きた結果、下4桁の数字がすべて0になる
のと同じ理屈です。

```
255 = 0 1111 1111
256 = 1 0000 0000
```

　255と256の間で8ビットでは表現できない数値に到達してしまったこのような
状態を、「オーバーフロー（桁あふれ）」と言います。Goではオーバーフローが発
生した場合、その演算結果を「ラップアラウンド」させます[注1]。

　当然のことですが、型変換のタイミングだけではなく、演算によってもラップ

注1　「ラップアラウンド」という動作を表す、成熟した日本語の表現が見当たらないので説明が難しいのですが、筆者は
　　　「循環させる」といったイメージで捉えています。

67

Chapter 3 言語の基本

アラウンドは発生します。byte型の整数255に1を加算すると演算結果が256になり、ラップアラウンドされた整数0という結果が得られます。

```
b := byte(255)
b = b + 1 // b == 0
```

それでは負の整数を符号なし整数型へ変換すると、どのような結果になるでしょうか。

```
n := -1
b := byte(n) // b == 255
```

このように、負の整数−1をbyte型に型変換した結果は255になります。

符号付き整数表現と符号なし整数表現の差異を考えてみれば、この型変換の結果を理解しやすいかもしれません。Goでは負の整数は「2の補数」で表現されています。表3.6から読み取れるように、整数−1は符号なし整数255と同じビット列で表現されます。整数−2であれば符号なし整数254と同一のビット列です。

表3.6 符号付き整数型と符号なし整数型の内部表現の違い

10進数	符号付き	符号なし
-2	1111 1110	···· ····
-1	1111 1111	···· ····
0	0000 0000	0000 0000
1	0000 0001	0000 0001
⁊	⁊	⁊
127	0111 1111	0111 1111
128	···· ····	1000 0000
⁊	⁊	⁊
254	···· ····	1111 1110
255	···· ····	1111 1111

このように見れば、符号付き整数から符号なし整数への型変換は、もとのビット列をそのまま符号なし整数として取り扱っているだけだという、単純な話であることがわかります。

byte型の任意の整数に対して、255を加算する演算と、−1を加算する演算はまったく同じ結果になります。このように8ビット幅の数値表現では、「符号付き

－1」と「符号なし255」のように、それぞれの絶対値を足し合わせて「256」（2の8乗）になる組み合わせが補数の関係になります。

```
b1 := byte(255)
b2 := b1 + byte(255) // b2 == 254
```

ラップアラウンドへの対策

Goでは、整数型の演算によってオーバーフローする可能性を考慮しつつプログラミングを行う必要があります。x < x + 1が常に真であるとは仮定できないことに気を付けてください。

ちょっと極端な例を挙げてみましょう。uint32型が表現できる整数の最大値はざっくり43億弱なので、4億＋40億という演算を行って結果を表示しています。ラップアラウンドされた結果として「1億ちょっと」の回答が得られたことがわかります。このようなバグの原因になりかねない動作を防ぐには、どのような対策が考えられるでしょうか。

```
ui_1 := uint32(400000000)
ui_2 := uint32(4000000000)
sum  := ui_1 + ui_2
fmt.Printf("%d + %d = %d\n", ui_1, ui_2, sum)
// => "400000000 + 4000000000 == 105032704"
```

mathパッケージは主に数学関連の機能を含んでおり、非実装依存である各整数型の最小値や最大値といった定数が定義されています。importに追加することでこれらの定数を参照できます。

```
package main

import (
    "fmt"
    "math"
)

func main() {
    fmt.Printf("uint32 max value = %d\n", math.MaxUint32)
}
/* 出力結果 */
unit32 max value = 4294967295
```

Chapter 3 言語の基本

コードを実行すると、uint32型の最大値が「4294967295」であると確認できます。

```
MaxInt8   = 1<<7 - 1
MinInt8   = -1 << 7
MaxInt16  = 1<<15 - 1
MinInt16  = -1 << 15
MaxInt32  = 1<<31 - 1
MinInt32  = -1 << 31
MaxInt64  = 1<<63 - 1
MinInt64  = -1 << 63
MaxUint8  = 1<<8 - 1
MaxUint16 = 1<<16 - 1
MaxUint32 = 1<<32 - 1
MaxUint64 = 1<<64 - 1
```

mathパッケージで定義済みのこれらの定数を利用して、整数のオーバーフローに対応した防御的なプログラミングを行うことが最適な対策となるでしょう。

次のコードのように、整数の演算を行う前にオーバーフローが発生する可能性をチェックし回避すれば、ラップアラウンドが引き起こす問題を防ぎつつ、安全にプログラミングを行うことができます。

```
func doSomething(a, b uint32) bool {
    if (math.MaxUint32 - a) < b {
        // オーバーフローするのでfalse
        return false
    } else {
    // チェック済みのため問題なし
        sum := a + b
        (中略)
        return true
    }
}
```

> ### COLUMN ▶ 実装に依存した整数型の意義
>
> Goの整数型をひととおり見てみて、「なぜ実装に依存した整数型を用意しているのだろう?」と疑問を持った方もいるのではないでしょうか。
>
> 非実装依存の整数型を豊富に定義している前提を裏切るように、「i := 1」のような単純なイディオムで定義した変数は、問答無用でint型として取り扱われます。Javaであれば「int型は32ビット符号付き整数」「long型は64ビット符号付き整数」のように言語仕様が基本型の隅々まで規定しているため、実装に依存した基本型といった要素は存在しません。なぜ、Goではこのような実装に依存した基本型と非依存の基本型を

70

混在させたのでしょうか。

　最も大きな理由として考えられるのは「実行性能の向上」です。32ビットCPUを使って最も効率的に計算できるのは32ビット幅までの整数に限られ、64ビット幅の整数演算では一般に性能が劣化します。64ビットCPUであれば64ビット幅までの整数であれば演算の速度は落ちません。このように使用しているCPUやOSなどの環境によって、最も効率的に演算可能である整数のサイズは異なります。プログラムが実行されるプラットフォームで、最も効率的に計算できる実装依存のint型が、自然に多用されるようにすることで、各プラットフォームのポテンシャルを引き出すように設計されているのではないでしょうか。

　当然のことながら、実装に依存した整数型の多用はしばしば問題の原因になります。整数のオーバーフローが発生し得る処理では、明確に定義された整数型を使用して、意図とは異なる不正な動作を防止することが重要です。実装に依存した整数型のメリットとデメリットをしっかりと把握することで、効率的で安全性の高いGoプログラミングが実現できるでしょう。

浮動小数点型

Goにはサイズの異なる2種類の浮動小数点型が定義されています。

表3.7　Goの浮動小数点型

型	内容	Java／C#で対応する基本型
float32	IEEE-754 32ビット浮動小数点	float
float64	IEEE-754 64ビット浮動小数点	double

　float32とfloat64はそれぞれ「単精度浮動小数点数」「倍精度浮動小数点数」と表現される、浮動小数点数を格納するための基本型です。JavaやC#といったプログラミング言語と同様に、「IEEE-754」という広く採用されている標準規格への適合が定められています。

　浮動小数点型についても、mathパッケージの中に表現可能である数値範囲を表す定数が用意されています。

```
MaxFloat32            = 3.40282346638528859811704183484516925440e+38
                        // 2**127 * (2**24 - 1) / 2**23
SmallestNonzeroFloat32 = 1.401298464324817070923729583289916131280e-45
                        // 1 / 2**(127 - 1 + 23)

MaxFloat64            = 1.797693134862315708145274237317043567981e+308
```

Chapter 3 言語の基本

```
                   // 2**1023 * (2**53 - 1) / 2**52
SmallestNonzeroFloat64 = 4.9406564584124654417656879286822137236651e-324
                   // 1 / 2**(1023 - 1 + 52)
```

整数リテラルの値を暗黙的な変数定義に利用するとint型になることはすでに見ましたが、次のように浮動小数点リテラルを使用した暗黙的な変数定義ではfloat64型に定まります。整数型の場合とは異なり、これはGoが32ビット実装でも64ビット実装であっても変わりません。浮動小数点リテラルを使ってfloat32型の値を得る場合は明示的な型変換が必要になります。

```
i   := 1             // int型
f64 := 1.0           // float64型
f32 := float32(1.0)  // float32型
```

浮動小数点型の変数は任意の実数を格納する型ですが、演算が不能になる特殊な値を保持する場合があります。次のコード例にあるとおり、1.0を0.0で割った場合は+Inf（正の無限大）に、−1.0を0.0で割った場合は-Inf（負の無限大）に、0.0を0.0で割るとそもそも数学的な表現が不能であるNaN（非数）という値が得られます。

```
zero := 0.0
pinf := 1.0 / zero   // +Inf 正の無限大
ninf := -1.0 / zero  // -Inf 負の無限大
nan  := zero / zero  // NaN 非数
```

▌浮動小数点数リテラル

次に示すのは、Goの言語仕様より抜粋した浮動小数点数リテラルの記述例です。小数点を含む数値を記述すると浮動小数点数のリテラルになります。任意で数値の後ろをe（Eも可）で区切り、指数を加えて書くことができます。

```
0.
72.40
072.40   // == 72.40
2.71828
1.e+0
6.67428e-11
1E6
.25
.12345E+5
```

72

eのあとに続く整数は基数が10の指数を表しています。指数が2であれば「10の2乗」という意味になり、「1.0×100」から100になります。指数が－2の場合は「10のマイナス2乗」と読みます。

```
1.0e2  // == 100
1.0e+2 // == 100
1.0e-2 // == 0.01
```

浮動小数点型の精度

浮動小数点型は、幅広い数値範囲を取り扱うことができる便利な基本型ですが、表現できる数値の精度には注意が必要です。

小数点以下の幅が大きい浮動小数点数「1.0000000000000000」を、「0.0000000000000001」刻みで値を増やしつつ表示するだけの単純なプログラムを次に示します。

```
package main

import "fmt"

func main() {
    fmt.Printf("value = %v\n", 1.0000000000000000)
    fmt.Printf("value = %v\n", 1.0000000000000001)
    fmt.Printf("value = %v\n", 1.0000000000000002)
    fmt.Printf("value = %v\n", 1.0000000000000003)
    fmt.Printf("value = %v\n", 1.0000000000000004)
    fmt.Printf("value = %v\n", 1.0000000000000005)
    fmt.Printf("value = %v\n", 1.0000000000000006)
    fmt.Printf("value = %v\n", 1.0000000000000007)
    fmt.Printf("value = %v\n", 1.0000000000000008)
    fmt.Printf("value = %v\n", 1.0000000000000009)
}
```

出力結果は次のようになります。

```
value = 1
value = 1
value = 1.0000000000000002
value = 1.0000000000000002
value = 1.0000000000000004
value = 1.0000000000000004
value = 1.0000000000000007
value = 1.0000000000000007
```

Chapter 3　言語の基本

```
value = 1.0000000000000009
value = 1.0000000000000009
```

　1.0000000000000001が消えて1に、1.0000000000000003は1.0000000000000002
に置き換わっていることが確認できました。

　浮動小数点型では、型の精度の限界を超える数値を格納しようとすると、精度
の内側に収まるように「丸め」られることがあります。float64であれば、64ビッ
ト幅で表現できる浮動小数点数に自動的に置き換えられてしまいます。

　前のコードを修正して、同じ数値をすべてfloat32型に型変換するとどのよう
な結果が得られるでしょうか。

```
fmt.Printf("value = %v\n", float32(1.0000000000000000))
fmt.Printf("value = %v\n", float32(1.0000000000000001))
fmt.Printf("value = %v\n", float32(1.0000000000000002))
fmt.Printf("value = %v\n", float32(1.0000000000000003))
fmt.Printf("value = %v\n", float32(1.0000000000000004))
fmt.Printf("value = %v\n", float32(1.0000000000000005))
fmt.Printf("value = %v\n", float32(1.0000000000000006))
fmt.Printf("value = %v\n", float32(1.0000000000000007))
fmt.Printf("value = %v\n", float32(1.0000000000000008))
fmt.Printf("value = %v\n", float32(1.0000000000000009))
```

```
value = 1
value = 1
value = 1
value = 1
value = 1
value = 1
value = 1
value = 1
value = 1
value = 1
```

　もともとがfloat64で一部精度が不足していた数値を、より表現の幅が小さい
float32で表そうとしたわけですから当然といえば当然なのですが、すべて1とい
う数値に置き換わってしまいました。浮動小数点型が提供する精度について考慮
を怠ると、このように意図しない結果をもたらすことがあります。

　次のように確認してみると、float32型の精度はfloat64型のざっと半分程度で
あることがわかります。浮動小数点型を使い分ける場合は、表現できる数値の範
囲を意識する必要があります。

74

3.7 基本型

```
float32(1.0) / float32(3.0) // == 0.33333334
float64(1.0) / float64(3.0) // == 0.3333333333333333
```

浮動小数点型から整数型への型変換

浮動小数点型から任意の整数型へ型変換が可能です。浮動小数点数の小数部はゼロの方向に切り捨てられます。

```
f := 3.14
n := int(f) // n == 3
```

負の浮動小数点数を型変換した場合も、ゼロに向けて小数部が切り捨てられます。

```
f := -3.14
n := int(f) // n == -3
```

COLUMN float32とfloat64の使い分け

Goで使用できる浮動小数点型には「単精度浮動小数点 (float32)」と「倍精度浮動小数点 (float64)」が定義されていることがわかりました。さて、この2つの型をどのように使い分けるべきでしょうか。

筆者は「float32は使用しない」を原則とするのがよいと考えています。浮動小数点数リテラルを使用した暗黙的に定義した変数の型がfloat64に定まることからわかるように、Goでは自然にfloat64が選択されるようにデザインされています。

一昔前であれば、演算コストが高い倍精度浮動小数点の使用を避けて、単精度浮動小数点を優先的に選択することが常識だった時代もありますが、現代のCPUにおける進化の中ではあまり意味のない考え方かもしれません。あえて精度の低いfloat32を選択したからといってプログラムが高速になるというわけでもありません。明確な意図がない限りは、できるだけ精度の高い浮動小数点型を使用するべきでしょう。

ただし、メモリの使用効率といった観点からならfloat32を選択する局面も考えられます。float32とfloat64では、その型名が示すとおりメモリ上に占めるサイズに2倍の開きがあります。「精度が低くてもよい浮動小数点数を大量にかつ省メモリで計算する」といった条件のプログラムを書く場合であれば、float32の選択が最適であることもあるでしょう。

75

Chapter 3 言語の基本

複素数型

Goは基本型に複素数を表す「複素数型」を備えています。複素数は数学的に虚数単位「i」を使用して、a + biというリテラルで表現されます。aとbには任意の実数が入り、aを「実部」、bを「虚部」と表現します。

複素数型はcomplex64型とcomplex128型の2つに分かれています（表3.8）。これらは複素数の実部と虚部における浮動小数点数の精度の際に対応しています。

表3.8 Goの複素数型

型	実部	虚部
complex64	float32	float32
complex128	float64	float64

複素数型の暗黙的な変数定義のコード例を示します。複素数リテラルを使用していますが、記号「+」はあくまでリテラルの一部であって演算子ではないことに注意してください。

```
c := 1.0 + 3i // complex128型の変数cを定義して1.0+3iを代入
```

また、定義済み関数complexを使って複素数型の値を生成することもできます。浮動小数点型の引数を2つとり、それぞれが実部と虚部に対応した複素数型の値を返します。

```
c := complex(1.0, 3) // c == 1.0 + 3i
```

複素数リテラル

Goの言語仕様より抜粋した複素数リテラルの記述例を示します。複素数の実部、虚部のいずれも浮動小数点数リテラルと同じ形式で書くことができます。

```
0i
011i  // == 11i
0.i
2.71828i
1.e+0i
6.67428e-11i
1E6i
.25i
```

```
.12345E+5i
```

複素数の実部と虚部

複素数型の値から実部の値を取り出すための定義済み関数realと、虚部の値を取り出すための定義済み関数imagが用意されています。それぞれの関数は複素数型を引数にとり、複素数値の実部や虚部を浮動小数点型で返します。

```
c := 1.3 + 4.2i

real(c) // == 1.3
imag(c) // == 4.2
```

rune型

Goには「ルーン（rune）」という、耳慣れない基本型が定義されています。型名はruneです。この型はGoにおける「文字」を表す型です。いえ、これは少し不正確な説明かもしれません。正確には「Unicodeコードポイントを表す特殊な整数型」です。int32の別名として定義されているため、rune型の値は32ビット符号付き整数と何ら異なるところはありません。

```
r := '松'
fmt.Printf("%v", r) // => "26494"
```

ルーンリテラルは'　'（シングルクォート）で囲われたUnicode文字で構成されます。このように出力させてみると、内容が単なる整数であることがわかります。漢字の「松」はUnicodeコードポイントで表現すると26494（16進数で677E）になるので、その値が整数で得られたというわけです。

Goの言語仕様より抜粋したルーンリテラルの記述例を示します。

```
'a'
'ä'
'本'
'\t'
'\000'
'\007'
'\377'
'\x07'
'\xff'
```

Chapter 3　言語の基本

```
'\u12e4'
'\U00101234'
'aa'           // 不正：文字が多すぎる
'\xa'          // 不正：16進数の桁が不足
'\0'           // 不正：8進数の桁が不足
'\uDFFF'       // 不正：サロゲートペアの欠落
'\U00110000'   // 不正：正しいUnicodeコードポイントではない
```

　「\（バックスラッシュ）」から始まるプリフィックスを付加することで、Unicode
文字をキャラクターそのものではないコードで表現できます（表3.9）。「小さい
Unicodeコードポイント」と「大きいUnicodeコードポイント」は、それぞれ16
ビット以内で表現できるUnicodeコードポイントと17ビット以上で表現できる
Unicodeコードポイントに対応しています。すべてのUnicodeコードポイントを
16進数8桁で表現すれば1つの記法で統一できるのでしょうが、さすがに煩雑な
ため分けられていると推察できます。

表3.9　ルーンリテラルのプリフィックス

プリフィックス	書式	例
\	8進数3桁	'A' == '\101'
\x	16進数2桁	'A' == '\x41'
\u	16進数4桁（小さいUnicodeコードポイント）	'松' == '\u677E'
\U	16進数8桁（大きいUnicodeコードポイント）	'𩣆' == '\U000298C6'

　また、これ以外にもプログラムの文字列表現でお馴染みの、バックスラッシュ
によるエスケープシーケンスが用意されています。

```
\a    U+0007  ベル
\b    U+0008  バックスペース
\f    U+000C  フィード
\n    U+000A  改行（LF）
\r    U+000D  改行（CR）
\t    U+0009  水平タブ
\v    U+000b  垂直タブ
\\    U+005c  バックスラッシュ
\'    U+0027  シングルクォート（ルーンリテラル内のみ）
\"    U+0022  ダブルクォート（文字列リテラル内のみ）
```

　「\'」はルーンリテラル専用で、「\"」は文字列リテラルでのみ機能します。それ
以外はすべてルーンリテラル、文字列リテラル共通で使用できます。

78

3.7 基本型

█ COLUMN ▶ Unicodeとサロゲートペアについて

Unicodeの当初の構想は「16ビットで表現できる0～65535の範囲にすべての文字種を収録する」というものでした。しかし、この構想は時代が進むとともに破綻をきたし、最終的にはUnicode文字集合の範囲を16ビットから広げる結果になりました。Goに用意されたrune型が32ビット幅の整数で表されるのは、拡張を続けるUnicode収録の文字種をどのようにプログラム上で取り扱うべきかという、現代的な問題への1つの解答になっています。

近年において最も広く利用されているプログラミング言語の1つであるJavaは、1995年に登場しました。仮想マシンによるマルチプラットフォーム、ガベージコレクターなどの機能を備えたJavaは、当時の先進的なプログラミング環境でした。筆者はとくに、JavaプログラムがUnicodeをベースとして記述される必要があり、文字の内部表現としてUTF-16が使われるという言語仕様には驚いた記憶があります。多言語環境が当たり前のことになった現代であれば驚くようなことではありませんが、文字列型のベースとなるchar型のサイズを16ビットと定義したJavaの判断は、当時のPCの処理性能を基準にすると簡単に首肯し得るものではなかったように思います。このように多言語環境や国際化対応の重要性を見据えていたJavaが、とりわけWebサービスや企業システムといった分野で広く普及したのは偶然ではないでしょう。

しかし、時代が進むにしたがって、ほころびも出てきます。2015年現在、Javaの最新バージョンは8でUnicode 6.2をサポートしています。Unicode 6.2に収録されている文字種は約11万文字となっており、Javaのchar型で表現できるサイズを大きく超えてしまっています。このような問題を解決するための手法が「サロゲートペア」と呼ばれる、16ビットを超えるコードポイントの表現方法です。結果としてJavaのchar型は「文字」を表す単位としては中途半端な存在になってしまいました。ルーンリテラルの例で使用した「鷗」という文字をJavaで扱おうとすると、旧来の文字列操作に頻出するString#length()メソッドが「2」という結果を返します。単純にchar型の配列の数を数えれば正しい「文字数」が得られたJavaのデザインによる恩恵は、Unicodeの拡張に追随した結果、失われることになってしまいました。

これはJavaのデザインに欠陥があったなどという話ではありません。20年という長きにわたって使われ続けるプログラミング言語の宿命でしょうし、そもそも1995年の時代背景のもとで、新しいプログラミング言語の文字型に32ビットのサイズを割り当てるといった設計は、まずあり得ない話でしょう。2009年に発表された年若い言語であるGoは（おそらくcharという歴史的名称を意図的に避けて）32ビットのサイズを持つrune型を定義しました。

もちろん、すべてのUnicodeコードポイントを単一の型で表現できるというデザインがメリットばかりを生み出すわけではありません。「文字」という単位を取り扱うためのメモリサイズは増大しますし、必ずしもすべてのプログラムが、11万種のコードポイントを正確に取り扱う必要があるわけではないのです。Goのこのデザインがデメ

Chapter 3　言語の基本

> リットよりも多くのメリットを生み出すかどうか、これは今後のGoの成長とともに次
> 第に明らかになっていくことでしょう。

文字列型

Goの文字列はstring型として定義されています。他の言語でもよく目にする
" "（ダブルクォート）で囲った文字列リテラルが用意されています。

```
s := "Goの文字列"
fmt.Printf("%v", s) // => "Goの文字列"
```

Goの言語仕様より抜粋した文字列リテラルの記述例を示します。バックスラッ
シュを使用した特殊な文字の表現については、ほぼrune型と同様になっているの
で、詳細についてはそちらを参照してください。

```
"\n"
""
"Hello, world!\n"
"日本語"
"\u65e5本\U00008a9e"
"\xff\u00FF"
"\uD800"        // 不正：サロゲートペアの欠落
"\U00110000"    // 不正：正しいUnicodeコードポイントではない
```

RAW文字列リテラル

Goの文字列リテラルにはもう1つの形式があります。次のように、` `（バック
クォート）で囲まれた範囲を文字列リテラルとする書き方で、言語仕様の中では
「RAW文字列リテラル」と表現されています。特徴は、複数行に渡る文字列を書
けることです。見た目どおりに改行を保持します。

```
s := `
Goの
RAW文字列リテラルによる
複数行に渡る
文字列
`
fmt.Printf("%v", s)
```

それだけではありません。次に示すのは、Goの言語仕様より抜粋したRAW文

80

字列リテラルの記述例です。通常の文字列リテラル内であれば「\n」は改行コード
を表しますが、RAW文字列リテラルではそのまま「\」と「n」という2つの文字と
して処理されます。含まれる文字に対して何ら後処理を行わないという性質を指
して「raw（生）」である、というわけですね。

```
`abc`   // "abc"と同じ
`\n
\n`     // "\\n\n\\n"と同じ
```

3.8 配列型

Goの基本型をひととおり確認してきましたが、ここからは基本型の応用である
配列型について解説します。

配列型の定義

次のコードでは、要素のサイズが5であるint型の配列を定義しています。

```
a := [5]int{1, 2, 3, 4, 5}
fmt.Printf("%v", a) // => "[1, 2, 3, 4, 5]"
```

他のプログラミング言語の配列型に慣れていると少し奇妙に感じられるかもし
れませんが、型名は[5]intになります。型名に続けて{ }で囲ったブロックに要
素の初期値を指定することができます。

配列型の要素を参照するには、[n]の形式で要素のインデックスを整数で指定
します。インデックスは0から始まるので、5要素の配列であればインデックスは
0〜4の範囲で指定します。また、インデックスに負の整数を与えるとエラーに
なります。

```
a := [5]int{1, 2, 3, 4, 5}
a[0]  // 1
a[1]  // 2
a[2]  // 3
a[3]  // 4
a[4]  // 5
a[5]  // エラー：インデックスが範囲を超過している
a[-1] // エラー：インデックスに負の数を指定した
```

81

Chapter 3 言語の基本

　{ }で囲ったブロックには、配列型の要素数と同数の初期値を必要とはしません。次のコードのように初期値の数を少なめに与えた場合は、残りの要素の値は0になります。ただし、配列型の要素数を超える初期値を与えた場合はコンパイルエラーが発生します。

```
a := [5]int{}              // a == [0, 0, 0, 0, 0]
a := [5]int{1, 2, 3}       // a == [1, 2, 3, 0, 0]
a := [5]int{1, 2, 3, 4, 5, 6} // エラー：要素数を超過
```

　intの配列型は、初期値の指定がない場合には0を値とします。明示的に配列型の変数を定義した場合と、初期値を与えずに暗黙的に配列型を定義した場合とで、結果は同じ意味を持っていることに注意してください。

```
var a [5]int  // a == [0, 0, 0, 0, 0]
a := [5]int{} // a == [0, 0, 0, 0, 0]
```

　Goでは定義された型すべての配列型を定義できます。また、明示的な初期値が与えられない場合は型にとってゼロの意味を表す値で初期化されます。bool型の初期値はfalse、string型の初期値は""（空文字列）になります。

```
ia := [3]int{}        // ia == [0, 0, 0]
ua := [3]uint{}       // ua == [0, 0, 0]
ba := [3]bool{}       // ba == [false, false, false]
fa := [3]float64{}    // fa == [0, 0, 0]
ca := [3]complex128{} // ca == [(0+0i), (0+0i), (0+0i)]
ra := [3]rune{}       // ra == [0, 0, 0]
sa := [3]string{}     // sa == ["", "", ""]
```

　また、定義することに意味があるとはあまり思えませんが、次のように要素数が0の配列型の定義も可能です。

```
a := [0]int{}
```

■ 要素数の省略

　型名の要素数と初期値の両方を記述する煩雑さを減らすため、次のように要素数を「...」を使って省略することができます。この場合、与えた初期値の数が要素数となります。型名が[...]intになるわけではないことに注意してください。

```
a1 := [...]int{1, 2, 3}        // a1 == [3]int{1, 2, 3}
a2 := [...]int{1, 2, 3, 4, 5}  // a2 == [5]int{1, 2, 3, 4, 5}
a3 := [...]int{}               // a3 == [0]int{}
```

要素への代入

a[n] = vの形式で配列型の指定した要素に値を代入することができます。

```
a := [...]int{1, 2, 3} // a == [1, 2, 3]
a[0] = 0
a[2] = 0
fmt.Printf("%v", a) // => "[0, 2, 0]"
```

要素の型と互換性のない整数の代入は、コンパイル時に検出されてエラーになります。

```
a := [...]int8{1, 2, 3}
a[0] = 256 // エラー：int8と互換性のない整数
```

配列型の互換性

次のように、要素の型が同じでも要素数が異なる変数同士の代入はエラーになります。要素数の違いだけでもまったく異なる型であると見なされます。

```
var (
    a1 [3]int
    a2 [5]int
)
a1 = a2 // エラー：型が異なる代入
```

当然のことながら、要素数が同じでも要素の型が異なれば、同様にまったく異なる型になるので代入は成立しません。

```
var (
    a1 [5]int
    a2 [5]uint
)
a1 = a2 // エラー：型が異なる代入
```

要素数と要素の型が同一の変数同士であれば相互に代入が可能です。

Chapter 3　言語の基本

　ただし、配列型の代入では注意すべき点があります。配列型の代入ではすべて
の要素のコピーが発生します。次のコードでわかるように、変数a1とa2が指すそ
れぞれの配列はメモリ上では別の領域に分かれたままです。a1の要素を書き換え
てもa2の要素には影響がないことを確認してください。

```
a1 := [3]int{1, 2, 3}
a2 := [3]int{4, 5, 6}

a1 = a2 // a1にa2を代入

fmt.Printf("%v\n", a1) // => "[4, 5, 6]"   a1とa2は同一の内容

a1[0] = 0
a1[2] = 0

fmt.Printf("%v\n", a1) // => "[0, 5, 0]"
fmt.Printf("%v\n", a2) // => "[4, 5, 6]"
```

■ 配列の拡張について

　さて、ここまで配列型の詳細を眺めてみて1つ疑問が湧いてこないでしょうか。
「配列の領域が足りなくなって拡張するにはどうすればいいのか？」。Goの配列
型は要素数まで型名に含める厳密なデータ型です。仮に[5]intの配列を拡張する
ことが可能であったとすると、プログラムの途上で[5]intだった変数が突然[10]
intに変わることになり、これではせっかくの型システムも台無しになってしまい
ます。

　結論から言えば、Goの配列型の拡張や縮小は不可能で、サイズは常に固定で
す。それでは、可変長配列のように柔軟なデータ構造を使うにはどうすればよい
でしょうか。

　Goでは「スライス（Slice）」というデータ構造が、いわゆる「可変長配列」に該
当します。スライスについては第4章で解説しますが、配列型と共通点の多い特
殊なデータ構造です。配列型とスライスの違いを明確に区別できるように、配列
型の性質についてしっかりと把握してください。

3.9　interface{} と nil

　基本型の解説の最後にinterface{}型について説明します。奇妙に感じられる

→ 84

かもしれませんが、interface{}は{}の部分も含めて1つの型の名前です。

　interface{}型はGoにおけるあらゆる型と互換性のある特殊な型です。ここまでに解説した、基本型に含まれるint型、float64型、string型などもすべてinterface{}型と互換性があります。正確な説明ではありませんが、Cであれば汎用ポインタ、JavaやC#であればObjectクラスのようなものを想像してもらえばイメージしやすいかもしれません。

　interface{}型は通常の変数の型と同様に定義できます。varを使用した変数定義では、たとえばint型の変数であれば初期値には0がセットされますが、interface{}型の場合はどうなるのでしょうか。

```
var x interface{}
fmt.Printf("%#v", x) // => "<nil>"
```

　出力させてみると<nil>という内容が得られました。nilはGoにおいて「具体的な値を持っていない」状態を表す特殊な値です。JavaやC#におけるnullのようなものであると考えてもよいでしょう[注2]。

　「すべての型と互換」であるinterface{}型の変数であれば、次のようにありとあらゆる型の値を代入することができます。

```
var x interface{}
x = 1
x = 3.14
x = '山'
x = "文字列"
x = [...]uint8{1, 2, 3, 4, 5}
```

　さまざまな型を代入できるinterface{}ですが、いったんinterface{}型の変数に格納されてしまうと、次の例のように、整数同士の加算といったデータ型特有の演算もできなくなってしまいます。interface{}はあくまでもすべての型の値を汎用的に表す手段であり、何らかの演算の対象としては利用できないことに注意が必要です。

```
var x, y interface{}
x, y = 1, 2
z := x + y // 演算できないためエラー
```

注2　「nil」という名前はLispに由来し、本来は「偽の値」を意味しています。Rubyでは「nil」は偽を表す特殊なオブジェクトとして定義されていたりします。

Chapter 3　言語の基本

　この段階では何のために存在するのかが理解しづらいかもしれませんが、interface{}型はGoの柔軟性を担保するための重要な機能です。より具体的な内容についてはあとで取り上げていきますので、ここでは、

- すべての型と互換性を持つ
- 初期値としてnilという特殊な値を持つ

という2つの性質について押さえておいてください。

3.10　演算子

演算子の種類

　Goに使用できる演算子は表3.10のとおりです。

表3.10　Goの演算子

種類	演算子
算術	+ - * / % & | ^ &^ << >>
比較	== != < <= > >=
論理	|| &&
単項	+ - ! ^ * & <-

　演算子の優先順位は表3.11のとおりです。優先度の数字が大きいほど優先度が高くなります。

表3.11　Goの演算子の優先順位

優先度	演算子
5	* / % << >> & &^
4	+ - | ^
3	== != < <= > >=
2	&&
1	||

→ 86

3.10 演算子

算術演算子

算術演算子は + - * / の四則演算子のみ整数、浮動小数点数、複素数を対象にします（表3.12）。それ以外の演算子はすべて整数が対象です。

表3.12 Goの算術演算子

算術演算子	意味	対象の型
+	和	整数、浮動小数点数、複素数、文字列
-	差	整数、浮動小数点数、複素数
*	積	整数、浮動小数点数、複素数
/	商	整数、浮動小数点数、複素数
%	剰余	整数
&	論理積	整数
|	論理和	整数
^	排他的論理和	整数
&^	ビットクリア	整数
<<	左シフト	整数
>>	右シフト	整数

「算術」演算子と分類していますが、特別に「+」だけは文字列型の結合に使用できます。

```
s := "Taro" + " " + "Yamada"
fmt.Printf("%v", s) // => "Taro Yamada"
```

次のように一般的なプログラミング言語同様に算術を行うことができますが、商と剰余については表3.13のようなルールがあります。

```
4 + 2  // 和:6
14 - 7 // 差:7
3 * 7  // 積:21
12 / 4 // 商:3
5 % 2  // 剰余:3
```

87

Chapter 3　言語の基本

表3.13　Goの商と剰余

x	y	x / y	x % y
5	3	1	2
-5	3	-1	-2
5	-3	-1	2
-5	-3	1	-2

商がゼロの方向に切り捨て／切り上げられることに注意してください。

▌論理積（AND）

「論理積（&）」は整数のビット演算を行う演算子です。「AND」と表現され、整数同士の各ビットを比較して、双方が1である場合には1に、それ以外は0になるビット演算を行います（図3.1）。

```
n := 165 & 155 // n == 129
```

	10 進数	2 進数
	165	1010 0101
AND	155	1001 1011
	129	**1000 0001**

図3.1　論理積の例

各ビット間では、表3.14のような関係が成り立っていることがわかります。

表3.14　論理積によるビット演算

x	y	x AND y
0	0	0
1	0	0
0	1	0
1	1	1

▌論理和（OR）

「論理和（|）」は整数のビット演算を行う演算子です。「OR」と表現され、整数同士の各ビットを比較して、どちらかが1であれば1に、双方が0である場合のみ

88

0になるビット演算を行います（図3.2）。

```
n := 197 | 169 // n == 237
```

	10 進数	2 進数
	197	1100 0101
OR	169	1010 1001
	237	**1110 1101**

図3.2　論理和の例

各ビット間では、表3.15のような関係が成り立っていることがわかります。

表3.15　論理和によるビット演算

x	y	x OR y
0	0	0
1	0	1
0	1	1
1	1	1

▌排他的論理和（XOR）

「排他的論理和（^）」は整数のビット演算を行う演算子です。「XOR」と表現され、整数同士の各ビットを比較して、どちらか片側のみ1である場合に1になり、それ以外は0になるビット演算を行います（図3.3）。

```
n := 92 ^ 137 // n == 213
```

	10 進数	2 進数
	92	0101 1100
XOR	137	1000 1001
	213	**1101 0101**

図3.3　排他的論理和の例

各ビット間では、表3.16のような関係が成り立っていることがわかります。

Chapter 3 言語の基本

表3.16 排他的論理和によるビット演算

x	y	x XOR y
0	0	0
1	0	1
0	1	1
1	1	0

┃ ビットクリア (AND NOT)

「ビットクリア (&^)」は整数のビット演算を行う演算子です (図3.4)。ここまでの論理積、論理和、排他的論理和は、演算子の左右の整数を入れ替えても同じ結果が成立する「可換」な演算子でしたが、ビットクリアに関しては成立しません。

```
n := 108 &^ 13 // n == 96
```

```
             10 進数        2 進数
             108          0110 1100
AND NOT      13           0000 1101
             96           0110 0000
```

図3.4 ビットクリアの例

X &^ Yは、X AND (NOT Y)という2つのビット演算をまとめた短縮形に該当します。「NOT」は図3.5のように整数値の各ビットを反転させる操作です。符号付き整数型か符号なし整数型かによって結果が2つに分かれますが、ビット値の並びは同一のものです。

```
             10 進数        2 進数
NOT          13           0000 1101
             242(-14)     1111 0010
```

図3.5 NOT 13の演算結果

NOT 13は符号なし整数型であれば242という値になり、最終的には108 & 242のビット演算が行われ96という結果が得られたことがわかります (図3.6)。

→ 90

	10進数	2進数
	108	0110 1100
AND	242	1111 0010
	96	**0110 0000**

図3.6 108 AND 242（=NOT 13）の演算結果

この演算子は、X &^ X のように同じ整数間でビット演算を行うと結果が0になるという性質があります。

```
1 &^ 1    // == 0
99 &^ 99   // == 0
255 &^ 255 // == 0
```

NOTは単項演算子「^」で表現できます（「数値の単項演算子」項で詳述）。

```
n := ^uint8(13) // n == 242
n := ^int8(13)  // n == -14
```

左シフト

左シフトは整数のビット値の並びを左へ指定した整数分ずらすビット演算です。

```
n := 1 << 1 // n == 2
```

表3.17は、8ビット符号なし整数における左シフトによるビット演算がどのように振る舞うかを表しています。

表3.17 左シフトの例①

左シフトの記述	10進数	2進数
（もとの数）	1	0000 0001
<<1	2	0000 0010
<<2	4	0000 0100
<<3	8	0000 1000
<<7	128	1000 0000
<<8	0	0000 0000

Chapter 3 言語の基本

　左シフトすることであふれた桁は切り捨てられます。また、1ビット左シフトする操作が、整数を2倍にする演算と同じ結果になっていることを確認してください。

　8ビット符号なし整数42を基準にすると、表3.18のような動きになります。

表3.18　左シフトの例②

左シフトの記述	10進数	2進数
（もとの数）	42	0010 1010
<<1	84	0101 0100
<<2	168	1010 1000
<<3	80	0101 0000
<<4	160	1010 0000
<<5	64	0100 0000
<<6	128	1000 0000
<<7	0	0000 0000

▌右シフト

　右シフトは、左シフトの反対に整数のビット値の並びを右へ指定した整数分ずらすビット演算です。

```
n := 1 >> 1 // n == 0
```

　表3.19は、8ビット符号なし整数における右シフトによるビット演算がどのように振る舞うかを表しています。

表3.19　右シフトの例①

右シフトの記述	10進数	2進数
（もとの数）	128	1000 0000
>>1	64	0100 0000
>>2	32	0010 0000
>>3	16	0001 0000
>>7	1	0000 0001
>>8	0	0000 0000

　右シフトすることで下位の桁は切り捨てられます。また、1ビット右シフトする操作が、整数を2で割る演算と同じ結果になっていることを確認してください。

92

8ビット符号なし整数218を基準にすると、表3.20のような動きになります。

表3.20 右シフトの例②

右シフトの記述	10進数	2進数
（もとの数）	218	1101 1010
>>1	109	0110 1101
>>2	54	0011 0110
>>3	27	0001 1011
>>4	13	0000 1101
>>5	6	0000 0110
>>6	3	0000 0011
>>7	1	0000 0001

算術演算子と代入

X = X [算術演算子] Y という代入文は、X [算術演算子]= Y の形式で短縮して書くことができます。

```
n += 5        // n = n + 5
s += "の解説"  // s = s + "の解説"
n *= 10       // n = n * 10
n &= x        // n = n & x
n <<= 3       // n = n << 3
```

比較演算子

比較演算子は左右に2つのオペランドをとり、論理値を返す式を構成します。

```
1 == 1        // == true
5 >= 7        // == false
6 != 2        // == true
true != false // == true
```

比較演算子の意味は表3.21のとおりです。比較演算子を使用できる対象は「比較可能」であるものと「順序あり」であるものの2種類に分かれています。

Chapter 3 言語の基本

表3.21 Goの比較演算子

比較演算子	意味	対象
==	等しい	比較可能
!=	等しくない	比較可能
<	小さい	順序あり
<=	小さいか等しい	順序あり
>	大きい	順序あり
>=	大きいか等しい	順序あり

これまでに見てきた基本型では表3.22のようになります。

表3.22 基本型の値と比較演算子の適用可否

型	比較可能	順序あり
論理値	○	―
整数値	○	○
浮動小数点数	○	○
複素数	○	―
文字列	○	○

論理演算子

論理演算子は左右に論理値（定数trueあるいはfalse）および論理値を返す式を
オペランドとしてとり、論理値を返す式を構成します（表3.23）。

表3.23 Goの論理演算子

論理演算子	意味
&&	AND
||	OR

右側のオペランドが評価されるかどうかは、左側のオペランドの評価結果に
よって決まります。X || YでXがtrueを返す場合は、Yの評価は実行されません。
X && YでXがfalseを返す場合は、Yの評価は実行されません。
表3.24は論理演算子を適用した式のパターンです。Yの評価が実行されるパ
ターンとそうでないパターンがあることに注意してください。

94

3.10 演算子

表3.24 論理演算子のパターン

論理式	X	Y	結果	Yの評価
X && Y	true	true	true	
X && Y	true	false	false	○
X && Y	false	true	false	
X && Y	false	false	false	
X || Y	true	true	true	
X || Y	true	false	true	
X || Y	false	true	true	○
X || Y	false	false	false	○

! (NOT)

論理値を反転させる単項演算子に「!」があります。次のように論理値のtrueを falseへ、falseをtrueへ反転させます。

```
!true    // == false
!false   // == true
!(1 == 1) // == false
```

数値の単項演算子

数値型に適用できる単項演算子には表3.25のものがあります。表中の「演算」にある演算が行われます。

表3.25 数値型の単項演算子

単項演算子	意味	演算	補足
+x	とくになし	0 + x	
-x	符号反転	0 - x	
^x	ビットの補数	m ^ x	xが符号付き整数の場合はmの全ビットは1、xが符号なし整数の場合は-1

なお、単項演算子「^」は整数型にのみ適用できます。

```
^int8(16)  // == -17
^uint8(16) // == 239
```

整数型の符号のありなしによって演算結果が異なることに注意してください。

→ 95

Chapter 3 言語の基本

3.11 関数

近年のプログラミング言語はその多くが「オブジェクト指向」機能を備えています。とくにクラスベースのオブジェクト指向機能を強く主張しているJavaやC#でプログラミングを行うということは、極端に言えば「クラスを定義する」ことと同義です。

オブジェクト指向機能を有さないGoでは、「関数を定義」することと「構造体型を定義」することがプログラミングにおける中心的な作業になります。また、Goには「構造体」と「関数」の関係を明確にするための「メソッド」と呼ばれる特殊な関数の形式がありますが、これはオブジェクト指向プログラミング言語における「メソッド」とは意味合いが異なるので注意してください。

ここではGoの関数について解説していきます。

関数定義の基本

2つのint型の値を足し合わせるだけの単純な関数を定義してみます。

```
// int型のパラメータa、bを受け取り、足し合わせた数値をint型で返す
func plus(x, y int) int {
    return x + y
}
```

関数は予約語funcを使用して定義します。funcの後ろが「関数名」で、ここではplusという名称を指定しています。

後続の( )で囲まれたブロックが「引数の定義」です。int型の引数xとyの2つが定義されています。

引数の定義の後ろにポツンと置かれたintの部分が、関数の戻り値の型を表します。それ以降の{ }で囲まれたブロックに関数の本体を記述します。関数の本体から呼び出し元へ値を戻すには、returnを使用します。

関数定義の書き方にもバリエーションがいろいろとあるのですが、基本形は次のとおりです。

```
func [関数名] ([引数の定義]) [戻り値型] {
    [関数の本体]
}
```

96

3.11 関数

関数plusの内容は単純です。引数として受け取った2つの変数を足し合わせた値をreturnを使用して呼び出し元に返しています。

```
plus(1, 2) // == 3
```

このように関数を呼び出すことができます。関数名のあとの( )内に引数を列挙するよくある形式です。

関数の引数定義

次のコードは前掲のコードからの引用です。引数の定義に注目してください。

```
func plus(x, y int) int
```

xとyという2つの引数が定義されていますが、型指定のためのintは1つだけ指定されています。このように、連続する同じ型の引数を定義する場合には型指定を末尾の1箇所で済ませることができます。

以下は、変数を明示的に定義する場合と同様の書き方です。

```
var x, y int
```

もちろん、次のように引数ごとに型を指定しても問題ありませんが、見た目が冗長でわかりにくくなります。Goでは可能な限り型をまとめるようにしたほうがよいでしょう。

```
func plus(x int, y int) int
```

戻り値のない関数

Goでは戻り値を持たない関数を定義することができます。次のコードのように、単に戻り値の型定義を省略するだけです。

```
func hello() {
    fmt.Println("Hello, World!")
    return
}
```

97

Chapter 3 言語の基本

CやJavaなどのプログラミング言語には、関数やメソッドが戻り値がないことを示すvoidという特殊な型が定義されていますが、Goには存在しません。

複数の戻り値

Goの関数は複数の戻り値を返すことができます。次のプログラムを見てください。

```go
package main

import "fmt"

func div(a, b int) (int, int) {
    q := a / b // aをbで割った商
    r := a % b // aをbで割った剰余
    return q, r
}

func main() {
    q, r := div(19, 7)
    fmt.Printf("商=%d 剰余=%d\n", q, r)
}
```

中央部分で定義されている関数divの戻り値の型に注目してください。int型の値を2つ返すように定義されています。複数の戻り値を返す関数では、1つ1つの戻り値の型を(int, int)のように( )で囲って、すべて列挙します。また、関数の本体では「aをbで割った商」と「aをbで割った剰余」を個別に計算して変数に代入し、returnを使って複数の値を返しています。

なお、次のように( )を省略すると、コンパイルエラーが発生します。

```go
func div(a, b int) (int, int) // コンパイルエラー
```

関数が複数の戻り値を返すのであれば、当然のことながら関数の呼び出し元は複数の戻り値を受け取る必要があります。次のように代入先の変数をカンマで区切って並べ、関数が返す複数の戻り値を、それぞれの変数に割り振って代入することができます。

```go
q, r := div(19, 7)
```

98

戻り値の破棄

関数が複数の戻り値を返すからといって、そのすべてを律儀に変数に割り当てる必要はありません。次のように、「_」を使って戻り値の一部を破棄することができます。

```
q, _ := div(19, 7)
_, r := div(19, 7)
```

すべての戻り値を破棄することはできるでしょうか。次のように「:=」演算子を使用すると、暗黙的に定義する変数が存在しないため、コンパイルエラーになってしまいます。

```
_, _ := div(19, 7) // コンパイルエラー
```

あまり意味のない書き方ですが、「=」による代入の構文であればとくにエラーとはなりません。これは関数の呼び出しのみを書くのと変わらないため、単に冗長な書き方だというだけですね。

```
_, _ = div(19, 7) // すべての戻り値を破棄する
div(19, 7)         // 関数呼び出しのみ書くのと同じ
```

関数とエラー処理

Goには例外機構がありません。つまり、任意の関数を呼び出した場合に、その処理が成功したかどうかを何らかのかたちで検知する必要があります。Goでは関数が複数の戻り値を返すことができるという特性を利用して、エラーが発生したかどうかを戻り値の一部で示します。

```
result, err := doSomething()
if (err != nil) {
    // エラー処理
}
```

関数doSomethingは2つの戻り値を返し、変数errで受け取っている2番目の戻り値はエラーの発生の有無を表しています。このような書き方は、Goにおける一種のイディオムであり、頻出する表現です。

Chapter 3 言語の基本

エラー内容を割り当てる変数名がerrであるのも慣例的な「決まりごと」なので、Goのエラー処理を書く場合は、できるだけこの形式に従うべきでしょう。

戻り値を表す変数

一般的なプログラミング言語ではあまり見かけない言語仕様ですが、Goでは戻り値に変数を割り当てることができます。次のプログラムを見てください。

```
package main

import (
    "fmt"
)

func doSomething() (a int) {
    return
}

func main() {
    fmt.Println(doSomething()) // => "0"
}
```

関数doSomethingは引数がなく、int型の戻り値を返す関数であることはわかるでしょう。しかし、奇妙なことに戻り値の型に「a」という変数名が付随しています。また、int型の戻り値が必要であるにもかかわらず、return文が何も返していないようにも見えます。コンパイルエラーが発生しそうなこのプログラムは問題なく動作します。

奇妙に見える関数doSomethingは、次のコードの短縮形と考えることができます。var a intによって割り当てられた変数aを整数0で初期化し、関数の戻り値にするという一連の処理を、関数の戻り値の型に変数名を書くだけで済ませているのです。

```
func doSomething() int {
    var a int
    return a
}
```

次は戻り値が2つ必要になる関数を見てみましょう。次のコードはreturn文に何も指定していませんが、変数x、yの値を戻り値として正しく返します。

100

```
func doSomething() (x, y int) {
    y = 5
    return // x == 0, y == 5
}
```

　この関数は、つまるところ次のコードの短縮形と考えるのがよいでしょう。慣れないうちは違和感があるかもしれませんが、関数内のローカル変数定義を短縮できるメリットのある書き方です。

```
func doSomething() (int, int) {
    var x, y int
    y = 5
    return x, y
}
```

COLUMN　引数の無視

　戻り値を「_」を使って破棄できるのと同様に、関数の引数も「_」を使って無視することができます。

```
func ignoreArgs(_, _ int) int {
    return 1
}

ignoreArgs(1, 2) // == 1
```

　この関数ignoreArgsは2つのint型の引数をとりますが、その双方に名前を与えず無視しています。一見すると何の意味もなさない書き方のように感じられるかもしれませんが、この言語仕様にも実は意味があります。

　Goには「インターフェース」という機能があり、特定のインターフェースに属する型は、そのインターフェースで定義されているプロトタイプを満たす関数群（メソッドセット）をすべて実装しなければなりません。しかし、定義の上では引数が要求されるものの、実装上では一部の引数が不要である場合があります。不要な引数を渡されたからといって明白な実害が発生するわけではありませんが、不要な引数に変数名を割り当てないことで、実装上で必要としていないことを明示できるという効果があります。

```
// 型Tの定義
type T struct {
    Value int
}
```

Chapter 3　言語の基本

```
// インターフェース型I
type I interface {
    // 引数が2つ必要であると定義
    RequiredFunction(a, b int) int
}
// T型のインターフェースIを満たす関数（メソッド）
func (*T) RequiredFunction(a, _ int) int {
    // 実装に2番目の引数は不要
    return a
}
```

無名関数

　ここまでは明示的に名前を与えられた関数の定義について確認してきましたが、それとは別にGoには「無名関数」という機能が用意されています。これは関数というものをある種の「値」として表現したものと見なせます。関数を値として表現できるのであれば、ある関数が関数を引数にとることも、関数を返す関数を書くことも自在にできます。

　慣れないと少し奇妙な構文に見えるかもしれませんが、次のコードでは、変数fに「int型の引数x, yをとりint型を返す無名関数」を代入しています。右辺は「関数リテラル」です。変数fは名前付きで定義された通常の関数と同様のもので、f(2, 3)のように引数を渡して呼び出すことができます。

```
f := func(x, y int) int { return x + y }
f(2, 3) // == 5
```

　関数リテラルは次のように記述します。関数名が与えられないところを除けば、名前付き関数の定義方法と同様の書き方です。

```
func( [引数リスト] ) [戻り値型] { [無名関数の本体] }
```

　さて、関数リテラルを使用して生成した無名関数はどのような型を持つのでしょうか。先ほどと同じ無名関数の本体を、fmt.Printfの書式指定子%Tを使って型を調べてみましょう。

```
fmt.Printf("%T\n", func(x, y int) int { return x + y })
// => "func(int, int) int"
```

上記のコードから得られた出力は「func(int, int) int」というものでした。これが「int型の引数を2つとりint型の戻り値を返す関数」の型を表します。

「int型の引数を2つとりint型の戻り値を返す関数」の型を使って、明示的に変数を定義することもできます。Goには型推論があるので、わざわざこのような書き方を選ぶメリットはないのですが、暗黙的な変数定義によって隠ぺいされた構造が、このような形式をとることを理解してください。

```
var f func(int, int) int
f = func(x, y int) int { return x + y }
```

関数リテラルを使って無名関数を定義し、そのまま引数を与えて無名関数を呼び出すこともできます。少々込み入った書き方ですが、次のコードでは無名関数の定義そのものと、無名関数を呼び出した結果を、それぞれ出力させています。

```
package main

import (
    "fmt"
)

func main() {
    fmt.Printf("%#v\n", func(x, y int) int { return x + y })
    fmt.Printf("%#v\n", func(x, y int) int { return x + y }(2, 3))
}
```

出力結果を確認してみましょう。

```
(func(int, int) int)(0x400dc0)
5
```

1行目は無名関数の型とその値であるメモリ上のアドレスが出力されています。また、2行目では無名関数による演算結果である整数5が出力されています。

名前付き関数と無名関数

明示的に名前を付けて定義された関数と無名関数とでは定義の仕方に大きな違いがありますが、本質的には同じものと言えます。

次のコードでは、plusという名前で定義された関数を、変数plusAliasに直接代入しています。

Chapter 3　言語の基本

```go
func plus(x, y int) int {
    return x + y
}

var plusAlias = plus

func main() {
    plusAlias(10, 5) // == 15
}
```

　まるで定義済みの関数に別名を付けているかのように見えるのではないでしょうか。このようにGoでは関数をある種の「値」として柔軟に使用することができます。

関数を返す関数

　次のようにして、「関数を返す関数」を定義することができます。

```go
package main

import (
    "fmt"
)

func returnFunc() func() {
    return func() {
        fmt.Println("I'm a function")
    }
}

func main() {
    f := returnFunc()
    f() // => "I'm a function"
}
```

　関数returnFuncは、引数をとらず「引数も戻り値もない関数」を戻り値として返す関数として定義されています。

```go
func returnFunc() func()
```

　関数returnFuncが返す関数を変数fへ暗黙的に代入して、そのまま関数を呼び出しています。定義済みの関数を経由している以外は、無名関数を直接変数に代入するパターンと大きな違いはありません。

```
f := returnFunc()
f() // => "I'm a function"
```

　変数を経由せずに、returnFuncの戻り値である関数を、そのまま直接呼び出す
こともできます。Goではよくある書き方ですので押さえておきましょう。

```
returnFunc()() // => "I'm a function"
```

関数を引数にとる関数

　「関数を返す関数」を定義できるので、当然のことながら「関数を引数にとる関
数」も定義できます。

　関数callFunctionは引数に「引数をとらず戻り値のない関数」をとる関数です。
関数callFunctionは、単に引数で渡された関数を呼び出すだけの単純なもので
す。

```
package main

import (
    "fmt"
)

func callFunction(f func()) {
    f()
}

func main() {
    callFunction(func() {
        fmt.Println("I'm a function")
    }) // => "I'm a function"
}
```

　無名関数を引数として渡すことで、その関数が関数callFunction内で呼び出さ
れていることを確認できます。

クロージャとしての無名関数

　Goの無名関数は「クロージャ」です。クロージャは日本語では「関数閉包」と呼
ばれ、関数と関数の処理に関係する「関数外」の環境をセットにして「閉じ込めた
（閉包）」ものです。

　このように言葉で説明してもなかなかイメージしづらいものですから、論より

Chapter 3 言語の基本

証拠、実際に動作するプログラムを触ってみましょう。

```go
package main

import (
    "fmt"
)

func later() func(string) string {
    // 1つ前に与えられた文字列を保存するための変数
    var store string
    // 引数に文字列をとり文字列を返す関数を返す
    return func(next string) string {
        s := store
        store = next
        return s
    }
}

func main() {
    f := later()

    fmt.Println(f("Golang"))   // => ""
    fmt.Println(f("is"))       // => "Golang"
    fmt.Println(f("awesome!")) // => "is"
}
```

　関数laterは、「引数に文字列をとり戻り値に文字列を返す関数」を戻り値とする関数です。関数laterが返す関数を実行してみればわかりますが、上記のように引数として渡した文字列が「次の」関数呼び出しのタイミングで戻り値として返ってきます。これは一体どういう仕組みなのでしょうか。

　上記の関数mainの中で変数fに代入されているのは、関数laterが返した関数にすぎません。このプログラムの動作を見る限り、前回の関数呼び出し時に引数として渡した文字列を、どこかに保存しておく必要があることがわかるでしょう。

　関数laterの中で定義されている変数storeは、関数の中で定義されているのでローカル変数です。通常、関数のローカル変数は関数の実行が完了したあとに破棄されます。

```go
var store string // 関数laterのローカル変数
```

　しかし、次のようにクロージャが絡む場合は事情が異なります。Goのコンパイラはクロージャ内からのローカル変数への参照を検出すると、それを他のローカ

ル変数とは別にクロージャと結び付いた変数として処理します。

```
var store string // クロージャ内から参照されている
return func(next string) string {
    s := store     // 変数storeの参照
    store = next   // 変数storeへの代入
    return s
}
```

　結果として上記の変数storeは、見かけ上は関数内のローカル変数ですが、内部的にはクロージャに属する変数として機能します。また、このようにクロージャによって捕捉された変数の領域は、クロージャが何らかの形で参照され続ける限り、破棄されることはありません。このように「環境とセットになった関数」としてのクロージャの性質は非常に重要な機能なので、しっかりと理解してください。

　注意してほしいのですが、関数のローカル変数のすべてがクロージャによって捕捉されるわけではありません。次のように変数a、b、cが定義されていても、クロージャ内で参照している変数はbのみなので、この場合は変数bだけがクロージャによって捕捉されます。

```
a := 1
b := 2 // クロージャに捕捉される変数
c := 3
return func() int {
    return b
}
```

▌クロージャによるジェネレータの実装

　PythonやPHPなどのプログラミング言語には「ジェネレータ」と呼ばれる機能が備わっています[注3]。Goには機能としてのジェネレータは備わっていませんが、クロージャを応用することでジェネレータのように振る舞う機能を実現できます。

　次に示すのは、Goで実装したジェネレータのコード例です。関数integersを呼び出すと「整数を1ずつ増分して返すクロージャ」を生成します。関数main内の変数intsに代入されたクロージャは、呼び出されるたびに前回より1大きい整数を返しています。これだけのコードで単純なジェネレータが実現できました。

注3　ジェネレータとは幅広い概念なのですが、ここでは「何らかのルールに従って連続した値を返し続ける」仕組みとして考えてください。

Chapter 3 言語の基本

```go
package main

import (
    "fmt"
)

func integers() func() int {
    i := 0
    return func() int {
        i += 1
        return i
    }
}

func main() {
    ints := integers()

    fmt.Println(ints()) // => "1"
    fmt.Println(ints()) // => "2"
    fmt.Println(ints()) // => "3"

    otherInts := integers()
    fmt.Println(otherInts()) // => "1"
}
```

　また、関数integersで定義されている変数iがジェネレータの「現在の値」を保
持しているのですが、上記の末尾2～3行目でわかるように、クロージャを別に
新しく生成すると変数iに割り当てる領域も新しく生成されます。クロージャ間
で共有されるわけではないということに気を付けてください。

3.12 定数

const

　Goでは予約語constを使用して定数を定義できます。

```go
const X = 1 // 定数Xの値は整数1
```

　varによる変数の定義と同様に ( ) で囲むことで、複数の定数をまとめて定義す
ることもできます。

108

```
const (
    X = 1
    Y = 2
    Z = 3
)
```

　次のように関数の中でも定数を定義できます。使用頻度が多いとは思えません
が、特定の関数に限り必要になる定数の定義に利用できるでしょう。

```
package main

import (
    "fmt"
)

const ONE = 1 // パッケージに定義された定数

func one() (int, int) {
    const TWO = 2 // 関数内に定義された定数
    return ONE, TWO
}

func main() {
    x, y := one()
    fmt.Printf("x=%d, y=%d\n", x, y) // => "x=1, y=2"
}
```

値の省略

　次のコードでは定数Y、Zの値が省略されていますが、コンパイルエラーにはな
りません。はじめに定義されている定数Xの値が、そのまま以降の定数に割り当
てられます。

```
const (
    X = 1 // X == 1
    Y     // Y == 1
    Z     // Z == 1
)
```

　定数の値を省略しつつ、途中で別の値を持つ定数を定義した場合は、その新し
い値が以後の定数の暗黙的な値に切り替わります。

Chapter 3　言語の基本

```
const (
    X  = 1     // X == 1
    Y          // Y == 1
    Z          // Z == 1
    S1 = "あ"  // S1 == "あ"
    S2         // S2 == "あ"
)
```

　「定数の値を省略できる」とは言うものの、すべての値を省略できるわけではありません。次のようなコードではコンパイルエラーが発生します。

```
// コンパイルエラー
const (
    X
    Y
    Z
)
```

定数値の式

　定数の値には、固定的な値だけではなく任意の式を埋め込むことができます。式の中には他で定義されている定数を含めることも可能です。

```
const (
    X = 2
    Y = 7
    Z = X + Y // Z == 9

    S1 = "今日"
    S2 = "晴れ"
    S  = S1 + "は" + S2 // S == "今日は晴れ"
)
```

　あまり好ましい書き方ではありませんが、定数と値の式に含まれる定数の定義順序が前後していても、コンパイルエラーにはなりません。

```
const (
    Z = X + Y // Z == 9
    X = 2
    Y = 7
)
```

定数の型

Goの定数では、「論理値」「整数」「浮動小数点数」「複素数」「ルーン」「文字列」のいずれかの値を定義できます。

注意しておきたい点としては、次の整数1を値に持つ定数Nは、あくまで「整数値を持つ定数」であり、「int型の値を持つ定数」ではないということです。

```
const N = 1
```

整数型を表すint、uint、uint64、……などの基本型の値と、定数の整数値は本質的に異なるものです。厳密に言えばGoの定数は「型なし定数(untyped)」と「型あり定数(typed)」の2つに分かれています。

定数の値に型を与える場合は、定数名のあとに型を書くことで明示的に型あり定数を定義できます。

```
const (
    I64 int64   = -1 // I64はint64型
    F64 float64 = 1.2 // F64はfloat64型
)
```

また、次のように型変換の記法を使って型あり定数を定義することもできます。どちらを使っても問題はありませんが、値に近い位置に型名を置く、後者の書き方のほうがより好まれる傾向があるようです。

```
const (
    I64 = int64(-1)   // I64はint64型
    F64 = float64(1.2) // F64はfloat64型
)
```

論理値の定数

論理値を表す定数はtrueかfalseのいずれかの値をとり、bool型が取り得る値と完全に一致しているため、とり立てて注意すべき点はありません。

```
const B = true
b := B // bool型
```

Chapter 3 言語の基本

　また、定数の値には式を書くことができるので、次のような論理値を返す式を使うこともできます。

```
const B = 5 < 2 // B == false
```

整数値の定数

　整数値の定数には原則として最大値がありません。Goの言語仕様では、最低でも「256ビットで表現できる整数」を定義できるように定められています。結果として次のような巨大な整数値を定数の値として定義することができます。

```
const (
    N = 99999999999999999999999999999999999999999999999999999999
)
```

　整数値の定数に最大値はありませんが、通常の変数に代入しようとするとコンパイルエラーが発生します。次のコードを実行しようとすると「int型をオーバーフローした」旨のエラーメッセージが表示されます。これは、int型の変数iで表現可能な範囲をはるかに超える整数の代入をコンパイラが検知するからです。

```
const (
    N = 99999999999999999999999999999999999999999999999999999999
)
i := N // コンパイルエラー
```

　このように「整数値の定数」と「基本型の整数値」は根本的に別のものです。64ビットで表現可能な整数値をはるかに超える値を定数として定義はできるものの、具体的な変数への代入ができるというわけではありません。
　明示的に型を指定した定数を定義すれば、型が異なる代入をコンパイラが検知してくれるため、意図しない動作を防ぐことができます。

```
const (
    UI64 = uint64(12345)
)

var i64 int64
i64 = UI64 // コンパイルエラー
```

定数UI64はuint64型であると定義されているため、次のように暗黙的な変数定義を使用すると、代入先の変数の型は定数と同じ型であると型推論されます。

```
const (
    UI64 = uint64(12345)
)

i := UI64 // 変数iはuint64型
```

また、数値定数同士の演算はコンパイル時に処理されるという性質があります。次のコードでは、uint64型で表現できる最大値である「18446744073709551615」に1を加えた整数を定数Nの値として定義しています。N - 1という整数の値をuint64型に型変換しているのですが、このコードは何の問題もなく動作します。

```
const (
    // uint64型の最大値に1を加えた整数定数
    N = 18446744073709551615 + 1
)

n := uint64(N - 1) // n == 18446744073709551615
```

Goのコンパイラは、定数のみを含む式の演算をコンパイル時にすべて演算結果に置き換えます。結果として上記のコードは次のようなコードとして解釈されたのです。定数同士の演算は、あくまでコンパイル時に処理されます。プログラムの実行時に処理されることはないという原則を押さえてください。

```
const (
    N = 18446744073709551616
)

n := uint64(18446744073709551615)
```

▌浮動小数点数の定数

浮動小数点数についても定数を定義できます。また、整数定数と同様に、float32型やfloat64型より大きな精度の浮動小数点数を定義することができます。具体的には「仮数部が最低256ビット」かつ「指数部が最低32ビット」までの浮動小数点数を表現できます。

Chapter 3　言語の基本

```
const (
    Pi = 3.14
)
```

この高い精度を表現できる定数は、Goの実装にも活かされています。次に示す
のはmathパッケージで定義されている定数の抜粋です。定数Eはネイピア数、定
数Piは円周率を表しています。

```
const (
    E   = 2.71828182845904523536028747135266249775724709369995957496696763
    Pi  = 3.14159265358979323846264338327950288419716939937510582097494459
)
```

浮動小数点数の定数が高い精度を持つことはわかりましたが、実際にプログラ
ム内で演算を行う場合は、float32型かfloat64型のどちらかに変換した型の許容
できる精度まで落ちることに注意してください。

定数で処理できる精度と、実際にプログラム内の演算で利用できる変数型の精
度にこのような開きがあるのは、一見して無駄な仕様のように思えますが、たと
えばfloat128型といったより精度の高い基本型が追加された将来を想像してみ
れば、定数値の精度を気にせずに演算対象の型だけを差し換えることができると
いった利点が考えられるでしょう。

```
f32 := float32(math.Pi)
f64 := float64(math.Pi)
fmt.Printf("%v", f32) // => "3.1415927"
fmt.Printf("%v", f64) // => "3.141592653589793"
```

また、定数間の演算であればコンパイル時に高い精度で処理されるという利点
があります。

```
const F = 1.0000000000001

float64(F) * 10000 // == 10000.000000000999
F * 10000          // == 10000.000000001
```

上記の例でわかるように、float64型などの基本型を介さず、定数間で演算を
行うことで浮動小数点の丸めによる誤差を抑えることが可能です。

114

複素数の定数

複素数リテラルを使用して複素数値を定数として定義することができます。複素数の実部・虚部ともに浮動小数点定数と同様の精度を備えています。

```
const (
    C = 4.7 + 1.3i
)
```

ルーン、文字列の定数

ルーンリテラル、文字列リテラルを使用して、rune型、文字列型の定数を定義できます。文字列定数の定義ではRAW文字列リテラルも問題なく利用できます。

```
const (
    R  = 'あ'
    S  = "Go言語"
    RS = `秋の田のかりほの庵の苫をあらみ
わが衣手は露にぬれつつ`
)
```

iota

GoにはCやJavaにおける「列挙型（enum）」のような機能はありません。しかし、定義済み識別子iotaを定数定義と組み合わせて使うことで、Cにおける列挙型に近い振る舞いを実現できます。

次のコードでは定数A、B、Cの値をすべてiotaを使用して定義しています。

```
const (
    A = iota // A == 0
    B = iota // B == 1
    C = iota // C == 2
)
```

定数A、B、Cにはそれぞれ整数0、1、2が割り当てられたことから、iotaは0から始まり、式として使用されるたびに1ずつ増分していくという性質を持つことがわかります。

iotaを使用したあとで定数の値を省略すると、暗黙的にiotaが繰り返されます。

Chapter 3 言語の基本

```
const (
    A = iota // A == 0
    B        // B == 1
    C        // C == 2
)
```

iotaが生成する値を0からではなく1から始めたいのであれば、次のような書き方もできます。

```
const (
    A = 1 + iota // A == 1
    B            // B == 2
    C            // C == 3
)
```

注意したいのは、「1 + iota」という式がiotaの値を増分させているわけではないということです。定数B、Cでは、暗黙的に1 + iotaという式が、値として繰り返されているのです。省略せずに書けば次のようなコードになるでしょう。定数Nの値が3になることから、iotaの値はあくまで「0、1、2、……」と続いていることがわかります。

```
const (
    A = 1 + iota // A == 1
    B = 1 + iota // B == 2
    C = 1 + iota // C == 3

    N = iota     // N == 3
)
```

iotaを使った定数定義を途中で切断した場合は、どのような挙動になるでしょうか。

```
const (
    A = iota // A == 0
    B        // B == 1
    C        // C == 2
    D = 17   // D == 17
    E = iota // E == 4
    F        // F == 5
)
```

定数Dの定義ではiotaを参照していませんが、それでもiotaが返す値は1だけ

→ 116

増えています。つまり、iotaは参照の有無によらずconstブロックの中で定数が定義されるたびに1ずつ増分します。カウンターのようなイメージではなく、定数群に付与されたインデックスとしてイメージするほうがより適切かもしれません。

定数定義の途中からiotaを参照した場合も同様です。そもそもiotaの使用・不使用が混在する定数定義は、好ましい書き方ではありません。このような挙動を示すということだけ押さえておくようにしてください。

```
const (
    X = 999  // X == 999
    Y = iota // Y == 1
    Z        // Z == 2
)
```

iotaを参照して得られる値はconstが構成するブロックごとに0にリセットされます。定数を定義する場合は、1つのconstブロックに無理に詰め込むようなことはせず、関連性を持つ定数をグルーピングしたほうがよいでしょう。

```
const A = iota // A == 0

const B = iota // B == 0

const (
    X = iota // X == 0
    Y        // Y == 1
    Z        // Z == 2
)

const N = iota // N == 0
```

識別子の命名規則

ここまでGoの変数、関数、定数について見てきましたが、これらに名前を付与したもの、具体的には「変数名」「関数名」「定数名」はすべてGoでは「識別子」になります。

これら識別子の命名規則は1つに定まっていて、変数でも定数でも異なるところはありません。Goの識別子に利用できる文字種は、いわゆる「半角英数字」などの範囲に限定されず、「Unicodeにおいて『文字』と定義されたもの」(Unicode

Chapter 3　言語の基本

Letter）と、「Unicodeにおいて『数字』と定義されたもの」（Unicode Digit）の全体
に「_」（アンダースコア）を加えたものが許容されています。

　関数や定数の識別子に日本語を使用したコード例を次に示します。日本語を
使って識別子を定義することのメリットは考えにくいのですが、言語仕様上は許
されています。

```go
package main

import (
    "fmt"
)

const (
    朝の挨拶 = "おはよう"
    昼の挨拶 = "こんにちは"
    夜の挨拶 = "こんばんは"
)

func あいさつ(m string) {
    fmt.Println(m)
}

func main() {
    あいさつ(昼の挨拶) // => "こんにちは"
}
```

　また、識別子に日本語が使えるからといって、いわゆる「全角文字」のすべて
が使用できるわけではありません。たとえば「〒」はUnicode上では「記号」とし
て定義されており、Unicodeにおける「文字」には含まれないため、識別子として
は利用できません。

```go
// 識別子に許可されない文字「〒」が使用されているのでコンパイルエラー
const 〒 = "郵便番号"
```

　このように、Goでは識別子にASCIIを超える範囲の文字を利用できますが、積
極的にこのような文字種を使うことを推奨しているわけではありません。Unicode
に含まれる数学的な意味を持つ文字、たとえば「Σ（シグマ）」のような文字であ
れば有効に利用できる局面もあり得るのかもしれませんが、プログラムの汎用性
という観点からはやはり「ASCIIの英数字とアンダースコア」の範囲の文字種をも
とに識別子を定義するのが、最も良い選択でしょう。

118

3.13 スコープ

Goのプログラムコードの任意の場所で、どのような定数や関数が参照可能であるのかどうかは、すべて「スコープ」によって決定されます。Goにおけるスコープは、大きい単位から順に「パッケージ」「ファイル」「関数」「ブロック」「制御構文（if、forなど）」によって決定されます。

とくに、定義済み識別子を除いた、関数・変数・定数・型といったプログラムの構成要素のすべてはパッケージに属するため、パッケージのスコープを理解することは「要素の可視性」のコントロールのためにも重要です。以降では、Goのスコープについて確認してみましょう。

パッケージのスコープ

Goのプログラムは複数のパッケージを組み合わせて構成されます。各々のパッケージ間で定数や関数を共有するために、パッケージ下に定義された識別子を他のパッケージからも参照できるようにしたり、逆にパッケージの内部のみで利用する識別子であれば他のパッケージから隠ぺいしたりなど、それぞれの識別子の可視範囲をコントロールする必要があります。

識別子の命名規則による可視範囲

パッケージに定義された定数、変数、関数などが他のパッケージから参照可能であるかは、「識別子の1文字目が大文字」であるかどうかで決定されます。

次のコードにおいて、定数abcは識別子の1文字目が小文字の「a」なので、他のパッケージからは参照できない定数です。関数DoSomethingは識別子の1文字目が大文字の「D」なので、公開された他のパッケージから参照可能な関数になります。識別子の2文字目以降は大文字、小文字のどちらであっても識別子の状態には影響を与えません。

```
package foo

/* 定数 */
const (
  A   = 1     // 公開される定数
  abc = "abc" // パッケージ内のみ参照できる定数
)
```

Chapter 3　言語の基本

```
/* パッケージ変数 */
var (
  m = 256 // パッケージ内のみで参照できる変数
  N = 512 // 公開される変数
)

/* 公開される関数 */
func DoSomething() {
    (中略)
}

/* パッケージ内のみで参照できる関数 */
func doSomething() {
    (中略)
}
```

　なお、識別子の1文字目が日本語など大文字、小文字のない文字である場合には、小文字と同様に他のパッケージから参照できません。

　Goのパッケージに定義できる要素は、ここで挙げた定数、変数、関数以外にも、型、インターフェースといったものがありますが、その要素が公開されたものかどうかはすべて識別子の命名規則より決定されるのが原則になります。

　パッケージで定義されている識別子を参照するには、次のfoo.MAXのようにパッケージ名と識別子を「.」(ドット)でつなぎます。

　次のプログラムfoo.goとmain.goを見てください。1文字目が小文字で始まる識別子がパッケージ外からは参照できないことがわかります。

■　foo.go

```
package foo

const (
    MAX           = 100
    internal_const = 1
)

func FooFunc(n int) int {
    return internalFunc(n)
}

func internalFunc(n int) int {
    return n + 1
}
```

3.13 スコープ

■ main.go

```
package main

import "foo"

foo.MAX              // fooパッケージの定数MAXを参照
foo.internal_const   // コンパイルエラー

foo.FooFunc(5)       // fooパッケージの関数FooFuncを参照
foo.internalFunc(5)  // コンパイルエラー
```

このようにGoではパッケージ下の識別子の公開範囲を極めてシンプルなルールでコントロールできます。ある関数や定数が公開されているものか隠ぺいされているものなのかを、識別子を構成する文字だけで判別することができるという仕組みは、既存のコードを読み解く場合などに大きなメリットをもたらします。

importの詳細

importで他のパッケージを参照する方法には、いくつかのバリエーションが存在します。次のコードでは、fmtパッケージをインポートしつつ、パッケージ名に「f」を指定しています。このようにファイルに取り込んだパッケージに対して、任意のパッケージ名を付与することができます。このパッケージ名「f」はパッケージ名の「別名 (alias)」ではないことに注意してください。このプログラム内では「fmt」という本来のパッケージ名は「f」というパッケージ名で上書きされている状態であるため、「fmt」というパッケージ名を参照することはできません。

```
package main

import (
    f "fmt" // fmtパッケージにパッケージ名fを指定
)

func main() {
    f.Println("Hello, World!") // パッケージ名がfになる
}
```

このようにパッケージ名を上書きできる機能は、どのような局面で役に立つのでしょうか。

最も考えられる局面はパッケージ名の短縮化でしょう。Goのプログラムは多数のパッケージで構成されるため、必然的にコード中にパッケージ名が頻出します。

121

Chapter 3　言語の基本

もとより短いパッケージ名であれば問題ありませんが、次の例のように比較的長めのパッケージ名を繰り返し記述するのは骨が折れます。このような長めのパッケージ名を短縮名で上書きすることで、コードが肥大化することを防ぎつつ、読みやすさを向上させることができるでしょう。

```
import (
    au "australia" // 「オーストラリア」をインポート
)

// オーストラリアの人口
au.Population // == 21293000
```

　プログラム内でパッケージ名を省略するためのインポートの書き方を次に示します。import文のパッケージ名の部分に、名前の代わりに「.」(ドット)を置きます。このようにパッケージをインポートすると、そのパッケージ下の識別子を参照する際にパッケージ名の指定が不要になります。

```
import (
    . "math" // mathパッケージをパッケージ名なしでインポート
)

fmt.Println(Pi) // => "3.141592653589793"
```

　上記のコードでは、mathパッケージのパッケージ名を省略してインポートしていますが、通常math.Piのように書かないと参照できなかった定数が、Piとむき出しのまま参照できるようになっています。

　このインポート方法をあえて選択する局面は少ないかもしれませんが、たとえばmathパッケージに定義されている数学的な関数群を数多く使用する局面などでは威力を発揮するでしょう。

　パッケージ名を省略する場合は、識別子の重複に注意する必要があります。次のように、mathパッケージをパッケージ名を省略した形でインポートした状態で、mathパッケージ下で定義済みの識別子と重複する識別子をさらに定義することはできません。パッケージ名を省略するインポートを使う上では、識別子の衝突という問題に対して注意する必要があります。

```
import (
    . "math" // mathパッケージをパッケージ名なしでインポート
)
```

122

3.13 スコープ

```
const (
    Pi = 3.14 // math.Piと重複するのでコンパイルエラーになる
)
```

ファイルのスコープ

Goでは1つのパッケージを定義するために、複数のGoファイルを使用できます。パッケージ定義が複数のファイルによって構成されている場合、import宣言は各々のファイル内でのみ有効になります。

次に示すapp.goとmain.goのように、mainパッケージの定義が2つのファイルに分割されている場合は、各々のimport定義は独立したスコープを構成しています。main.go側からはapp.goで定義されている識別子fによるfmtパッケージの参照は行えません。

■ app.go

```
package main

import (
    f "fmt"
)

const (
    AppVersion = "1.0"
)

func printMessage(s string) {
    f.Println(s)
}
```

■ main.go

```
package main

import (
    "fmt"
)

func main() {
    fmt.Println("AppVersion:", AppVersion)
    printMessage("Hello!")
}
```

Chapter 3 言語の基本

ファイルが分割されていても、定数や変数といった要素については相互に参照可能ですが、インポート宣言のみ独立していることに注意してください。

関数のスコープ

Goの関数はスコープを構成します。関数の中で定義された変数や定数は、定義された関数の中でのみ参照可能です。

```go
func appName() string {
    const AppName = "Go Application"
    var Version = "1.0"
    return AppName + " " + Version
}

func main() {
    fmt.Println(appName())
    fmt.Println(AppName + " " + Version) // コンパイルエラー
}
```

関数のスコープには、引数の変数と戻り値の変数も含まれています。よって、次のように同名の識別子を関数内で改めて定義しようとすると、コンパイルエラーが発生します。

```go
func doSomething(a int) (b string) {
    var a int          // 識別子aは定義済み
    const b = "string" // 識別子bは定義済み
    return b
}
```

関数の中では、{ }を使って、明示的に別のブロックを定義できます。このようにブロックを分けることで、関数スコープにある識別子と重複する識別子を使うことができます。

当然のことながら、次の例で定義されている変数a、定数bは{ }のブロック内でのみ参照可能です。関数末尾のreturn bで参照されている識別子bは、あくまで戻り値として定義されている変数を指します。

```go
func doSomething(a int) (b string) {
    {
        /* 関数より深いブロック */
        var a int
```

124

```
        const b = "string"
        (中略)
    }
    return b
}
```

　深いブロックで識別子を重複させる場合には注意が必要です。戻り値の変数
bをブロック内で再定義した上で暗黙的なreturn文を書くと、コンパイルエラー
が発生します。

```
func AorB() (b string) {
    b = "A"
    {
        b := "B"
        return // 元の変数bが再定義されている!
    }
    return
}
```

　仕組みを考えてみれば納得できる動作ですが、そもそも識別子をあえて重複さ
せるこのような書き方は避けるべきでしょう。

3.14 制御構文

　Goに用意されている制御構文は、他のプログラミング言語と比較すると非常に
シンプルに構成されています。たとえば、ループを記述するために用意されてい
る構文はforのみです。

```
for {
    /* 無限ループ */
}
```

　このように、とくに条件文を指定しないforは無限ループを構成します。よく
ある他言語のforに慣れていると少し奇妙に感じてしまうかもしれません。
　forに初期値や条件式を指定することもできます。CやJavaなどで馴染み深い
forとほぼ同様の書き方ですね。

```
for i := 0; i < 10; i++ {
    /* 変数iの値が0から9までの間で繰り返し */
}
```

Chapter 3　言語の基本

　このように、Goの制御構文は最低限の予約語で記述できるように工夫されています。使用する予約語を少なく抑えている代償として、各制御構文の記述方法には複数のバリエーションが存在します。Goの制御構文を使いこなすには、各構文の書き方のバリエーションを正確に把握する必要があるでしょう。

if

ifの基本形

　ifは条件文を構成します。次に示すのは最も単純なifの使用例です。変数xの値が1である場合に与えたブロックが実行されます。他のプログラミング言語と大きく変わるところもないので、理解は容易でしょう。

```
if x == 1 {
    /* 変数xの値が1である場合に実行されるブロック */
}
```

　多くのプログラミング言語と同様に、ifのあとに次の候補の条件式を与えるelse ifと、与えた条件式がすべて成立しなかった場合に処理されるelseを組み合わせることで、複雑な条件文を構成できます。else ifは任意でいくつでも並べることができます。

```
if ［条件式A］ {
    ［条件式Aが成立した場合の処理内容］
} else if ［条件式B］ {
    ［条件式Bが成立した場合の処理内容］
} else if ［条件式C］ {
    ［条件式Cが成立した場合の処理内容］
} else {
    ［すべての条件式が不成立である場合の処理内容］
}
```

　CやJavaにおけるifではブロック内の文が1つだけの場合に{ }を省略することができますが、Goではこのような省略記法は一切サポートされません。ifやelseが構成するブロックは、常に{ }で囲む必要があります。

```
/* Javaプログラムにおける{}の省略例 */
/* Goではサポートされていない */
if (debug)
    System.out.println("debug message");
```

126

3.14 制御構文

ifの条件式は論理値 (bool型の値) を返す式である必要があります。Cでは0を偽の値、0以外を真の値として利用することができますが、Goの条件式は必ず論理値を返さなければいけません。

```
/* ifの条件式にはbool型を返す式が必要 */
if (true) {
    ……
}

/* 条件式がbool型ではないためエラーとなる */
if (1) {
    ……
}
```

▌ 簡易文付きif

ifの書き方にはもう1つのバリエーションがあります。「簡易文 (Simple Statement)」を伴う条件文です。簡易文とは「式」や「代入文」、「暗黙の変数定義」などの複雑な構造を持たない単一の文のことです。

簡易文は条件式の前に置かれ、その終端は「;」で区切られます。

```
if [簡易文]; [条件式] {
    ……
}
```

簡易文に変数の暗黙的な定義を置いた例を示します。

```
if x, y := 1, 2; x < y {
    fmt.Printf("x(%d) is less than y(%d)\n", x, y)
}
```

簡易文は条件式に先立って評価されます。変数x、yがまず定義されます。その後、条件式が評価され、その結果が真であればブロック内の処理が実行されます。上記の例では明らかに条件式x < yが成立しているため、実行すると「x(1) is less than y(2)」という出力が得られます。

ただ、この簡易文の例は実用性に乏しいものです。どのような局面であれば有効に利用できるのでしょうか。

Goでは、ifに類する各制御構文は暗黙的なブロックを構成します。次のように、ifの外側で定義された変数xと、内側で定義された変数xとではスコープが異な

127

Chapter 3 言語の基本

ることから、名称は同一でも別々の変数になります。見方を変えれば、ifに与え
たブロック内では外側の変数xには一切アクセスできません。

```
x := 5
if x := 2; true {
    // x == 2
}
// x == 5
```

　次のように、演算結果を一時的に格納するために使用する変数nを簡易文の中
に定義することで、ifが構成するブロック内のみで有効な変数を作り出すことが
できます。慣れないうちは少しわかりにくいところもありますが、変数の局所性
をコントロールするためのGoの重要な機能です。

```
x, y := 3, 5
if n := x * y; n%2 == 0 {
    fmt.Printf("n(%d) is even\n", n)
} else {
    fmt.Printf("n(%d) is odd\n", n)
}
/* ifの外側では変数nは未定義 */
```

　また、ifに与えた簡易文はエラー処理にも威力を発揮します。次のコード例は、
関数doSomethingの実行結果がエラーだった場合に処理を行うif文です。関数
doSomethingを、2番目の戻り値がエラーの有無を返すように定義しておき、if文
で捕捉します。エラーを格納する変数errはifブロック内でのみ有効になるため、
外側のスコープに対して影響を及ぼすことがありません。

```
if _, err := doSomething(); err != nil {
    /* 関数doSomething()がエラーありと返した場合の処理 */
}
```

　このような書き方は、Goのプログラムに頻出する一種のイディオムなので、
しっかりと理解することが重要です。

128

3.14 制御構文

COLUMN go fmt

ここで少しだけ横道に逸れてみます。Goにはソースコードを標準のフォーマットに
整形することができる go fmt というコマンドが付属しています。

```
$ go fmt
```

何らかのGoファイルが存在するディレクトリ内で単純に go fmt コマンドを実行する
のが最も単純な利用方法です。ツールを実行したあとに何らかのファイル名が出力さ
れれば、そのファイルはGoの標準的なフォーマットに書き換えられたことを示してい
ます。

```
package main;import ("fmt");func main() {fmt.Println("Hello, World!")};
```

上記は、本章のはじめのほうで紹介したセミコロンを駆使して1行にまとめたGoプ
ログラムですが、このファイルに対して go fmt コマンドを実行すると、次のように変
換されます。

```
package main

import (
    "fmt"
)

func main() { fmt.Println("Hello, World!") }
```

パッケージ宣言、インポート宣言、および関数定義が空行を挟んで分離され、読み
やすい形式に変換されました。
それでは文法エラーはないにせよ、次のように各行のインデントが乱れてたり、余
計な空白や空行を含んでいたりするプログラムは、どのように整形されるのでしょう
か。

```
func main() {
    a    := 1


if (a == 1) {
fmt.Println("a is 1")
}

        fmt.Println("done")
}
```

129

Chapter 3 言語の基本

```go
func main() {
    a := 1

    if a == 1 {
        fmt.Println("a is 1")
    }

    fmt.Println("done")
}
```

　変数定義における余分な空白は取り除かれ、2行分の空行は1行に詰められています。また、乱れたインデントも適切な形式に置き換えられています。

　このようにgo fmtコマンドは、Goプログラムを一定の形式に揃えるための強力な機能を有しています。何らかのプログラミング言語を使用する際に、どのようなフォーマットでプログラムを記述するのかというルールは、議論になりがちな上、必ずしも完全にコントロールできるものではありません。Goは、ソースコード整形のための標準的なツールを提供することで、この難しい問題をあらかじめ排除しているのです。

　原則としてGoでプログラミングを行う場合は、go fmtコマンドが推奨するフォーマットに準拠するべきでしょう。IDEやエディターの拡張機能を使って、プログラムの保存時に自動でgo fmtが実行されるように設定すれば、ソースコード整形のための手間もかかりませんし、複数のプログラマーによる共同作業を行っていてもソースコードの品質を一定に保つことができるという大きな利点があります。

　ここで例に挙げたgo fmtコマンドの実行結果に、もう一点だけ注目してほしい箇所があります。整形前のソースコードの「if (a == 1)」という部分が、go fmtコマンド実行後に「if a == 1」というコードに置き換わっているところです。

```go
if (a == b && x == y) {
    (中略)
}
```

　Goのifに与えた条件式の全体を( )で囲む書き方は、文法上は問題なくコンパイルできます。しかし、このようなプログラムにgo fmtを適用すると、

```go
if a == b && x == y {
    (中略)
}
```

条件式の全体を囲んでいた( )が跡形もなく消えてしまいました。go fmtは条件式全体を強調するために付加した( )すらも、「冗長なもの」として消去してしまいます。

　もちろん、次のように演算子の優先順位を考慮したプログラム上で意味のある( )が消えてなくなるようなことはありません。あくまでもプログラムの意味が変質しない

限りにおいて、go fmtコマンドは不要な( )などを排除します。

```
if (a == b && (x == 1 || y == 2)) {
    (中略)
}

/* go fmt実行後 */

if a == b && (x == 1 || y == 2) {
    (中略)
}
```

　視覚的に「目立たせたい」と思って付加した( )などが、標準的なツールによって消されてしまうという事態は、感覚的に受け入れにくいという感想もあるでしょう。筆者自身もGoを触り出した当初に「え、そこまでやっちゃうんだ」と驚いた記憶があります。

　しかし、段々とGoに慣れるに従って、「プログラマーの自由が侵害されるデメリット」よりも、go fmtコマンドを適用することで得られるメリットのほうがはるかに上回ることに気付くことになりました。

　何といっても一番のメリットは、「コーディングルールにおける宗教戦争」のようなややこしい議論の芽があらかじめ摘まれていることです。go fmtはすべてのインデントをタブ文字に置き換えるため、「インデントにはスペースかタブか」という問題も発生しません。すべて「ソースコードにはgo fmtコマンドを適用する」というルールだけで完結します。

　さらに、go fmtは「他人のコードにおける可読性の向上」というメリットをもたらします。「他人」といっても同じプロジェクトで働く同僚プログラマーのことではなく、それ以上に広い範囲の「他人」のことです。

　GitHubなどでホスティングされているオープンソースプロジェクトのGoプログラムなどを眺めてみればわかりやすいのですが、Goで書かれたプロダクトの多くはgo fmtに準拠したフォーマットで記述されています。結果として、異なるプロダクトであったとしてもGoのソースコードはおおむね一様に可読性が高いという特徴を備えることになります。筆者自身、いくつかのプロダクトのソースコードを読んでみて、この可読性の高さを実感しました。

　他のプログラミング言語で書かれたソースコードであれば、まず手始めに「ソースコードのルール」や「開発者の癖」といった構造から解読していくことが多いのですが、go fmtコマンドに準拠したGoプログラムであれば、いきなりコードの本質的なところからサクサクと読み始めることができてしまいます。

　当然のことながら、go fmtコマンドはソースコードの構造や形式については統一してくれるものの、変数名や関数名などの識別子については関知しません。識別子をどのように定義するか、パッケージをどのような構成にするかといった問題については

Chapter 3 言語の基本

> 各々のプロダクトにおいて個別に解決していく必要があります。
>
> それにしても、ルール付けの範囲を大きく絞れるという一点だけ見ても、go fmtに
> は大きな利点があります。強力すぎる整形機能を毛嫌いすることなく、開発者に活用
> してほしい重要な機能の1つです。

for

裸のfor

本節の冒頭でも説明したとおり、何も指定のない裸のforは無限ループを構成
します。

```
for {
    fmt.Println("I'm in infinite loop")
}
```

break

ループ処理を中断させるための機能として、break文が用意されています。
for文が複数ネストしている場合は、最も近い位置のforループを中断させます。

```
i := 0
for {
    fmt.Println(i)
    i++
    if i == 100 {
        /* 変数iの値が100に到達したらforループを抜ける */
        break
    }
}
```

このbreak文は、for文の内側と、後述するswitch、select文の内側でのみ使用
できます。

条件式付きfor

次に示すのは、条件式を与えるforのバリエーションの1つです。条件式が
真の値を返す範囲で、ブロック内の処理を繰り返します。CやJavaにおける
whileと同等のものであると考えてよいでしょう。

132

```
i := 0
/* 変数iが100に到達するまで繰り返すループ処理 */
for i < 100 {
    fmt.Println(i)
    i++
}
```

古典的for

古典的なforの書き方も用意されています。

```
/* 変数iが100に到達するまで繰り返すループ処理 */
for i := 0; i < 100; i++ {
    fmt.Println(i)
    i++
}
```

古典的なforでは、「初期化文」「条件式」「後処理文」の3つの要素をセミコロンで区切って並べます。ループの開始時に、一度だけ「初期化文」が実行され、ブロック内の処理が完了するタイミングで「後処理文」が毎回実行されます。「後処理文」が実行されたあと、「条件式」が真の値を返せばループ処理が継続され、偽の値が返されればループ処理は終了します。

```
for [初期化文]; [条件式]; [後処理文] {
    [処理内容]
}
```

「初期化文」「条件式」「後処理文」の3つの要素はいずれも省略可能です。3つの要素をすべて省略してセミコロンだけが残った場合は、実質的に「裸のfor」と同等の無限ループになります。

```
for ;; {
    /* 何も指定されていないので実質的な無限ループ */
}
```

条件式のみを与える書き方も可能です。この場合は、「条件式付きfor」と同等のループ処理になりますが、あえてこのような書き方を選択する必要はないでしょう。

Chapter 3　言語の基本

```
i := 0
for ; i < 100; {
    fmt.Println(i)
    i++
}
```

continue

ループ内で、ブロックの残処理をスキップして次のループ処理へ継続するための機能としてcontinue文が用意されています。forが複数ネストしている場合は、最も近い位置のforループを継続させます。

```
for i := 0; i < 100; i++ {
    if (i % 2 == 1) {
        /* 奇数の場合はブロックの残処理をスキップ */
        continue
    }
    fmt.Println(i)
    i++
}
```

このcontinue文はforの内側でのみ使用することができます。

範囲節によるfor

最後のforのバリエーションは、範囲節 (Range Clause) を使用するパターンです。

範囲式は、予約語rangeと任意の式を組み合わせて定義します。次のコードは、3要素の文字列配列型である変数fruitsの各要素について繰り返すループ処理です。

```
fruits := [3]string{"Apple", "Banana", "Cherry"}
/* rangeを伴うfor */
for i, s := range fruits {
    // i：文字列配列のインデックス (0, 1, 2, ……)
    // s：インデックスに対応した文字列の値
    fmt.Printf("fruits[%d]=%s\n", i, s)
}
/* 出力結果 */
fruits[0]=Apple
fruits[1]=Banana
fruits[2]=Cherry
```

範囲式と組み合わせたforは、配列型専用というわけではなく、複数の要素を保持する性質を備えるデータ型についてさまざまに作用します。

範囲式を使ってループ処理ができる各データ型を表3.26にまとめます。まだ説明していないデータ型も含まれていますが、この段階では気にする必要はありません。このような各種のデータ型に対して適用できるということだけ確認してください。

表3.26 rangeに適用できる型とその反復値

データ型	型	反復値(1番目)	反復値の型(1番目)	反復値(2番目)	反復値の型(2番目)
配列型	[n]E	インデックス	int	配列の要素	E
配列へのポインタ	*[n]E	インデックス	int	配列の要素	E
スライス	[]E	インデックス	int	スライスの要素	E
文字列	string	インデックス	int	ルーン	rune
マップ	map[K]V	マップのキー	K	マップの値	V
チャネル	chan E、<-chan E	チャネルの値	E	(なし)	

▌配列型とrange

配列型に範囲式によるforを使用する場合の基本形は次のとおりです。

```
for [配列のインデックス], [配列の要素] := range [配列型] {
    ……
}
```

1番目の反復値に「配列のインデックス」が代入され、2番目の反復値に「配列の要素」が代入されます。配列のインデックスは0から始まり、ループ処理ごとに1ずつ増分し、「配列の要素数-1」まで繰り返されます。要は、配列型の先頭から末尾までのインデックスと要素に対して繰り返すループ処理になるわけです。

配列のインデックスはint型に固定されますが、配列の要素の型は配列の要素型によって定まります。[3]uint型であれば、配列の要素はuint型ですね。

▌文字列型とrange

配列型におけるrangeが配列の要素に対して繰り返すように、文字列型に対してのrangeは文字列に含まれる各「文字」に対して繰り返されます。したがって、2番目の反復値はrune型であることに注意してください。

Chapter 3 言語の基本

```
for ［文字列のインデックス］, ［文字（ルーン）］ := range ［文字列型］ {
    ……
}
```

文字列 "ABC" に対して range を適用するコード例を示します。

```
for i, r := range "ABC" {
    fmt.Printf("[%d] -> %d\n", i, r)
}
/* 出力結果 */
[0] -> 65
[1] -> 66
[2] -> 67
```

　文字列の先頭から順に1文字ずつループ処理されることがわかります。変数 r は rune 型なので、Unicode における文字コードが出力されていることになります。
　文字列への range 適用では、1つだけ気を付けるべき点があります。1番目の反復値である「文字列のインデックス」は「n 番目の文字」という意味ではないということです。次の例でもわかるとおり、文字列 "あいうえお" では文字列のインデックスは、文字ごとに3ずつ増分しています。

```
for i, r := range "あいうえお" {
    fmt.Printf("[%d] -> %d\n", i, r)
}
/* 出力結果 */
[0] -> 12354
[3] -> 12356
[6] -> 12358
[9] -> 12360
[12] -> 12362
```

　文字列に対する range は、UTF-8 でエンコードされた文字列のコードポイントごとに反復されます。文字列のインデックスとして渡される値は、このコードポイントが開始されるバイト列のインデックスなのです。つまり、文字のコードポイントに応じて文字列のインデックスの増分量は異なります。非常に間違いやすい仕様ですので注意してください。

136

3.14 制御構文

switch

　Goのswitch文は、一見するとCやJavaのswitch文に似ていますが、機能としては大きく異なります。forと同様に記述のバリエーションが広いところも特徴的です。

　予約語switchで構成される文は、文法によって2つの意味に分かれています。「式によるswitch」と「型によるswitch」の2つの処理です。便利な反面、ややこしい仕様でもあるので、2つの処理の違いについては注意してください。

式によるswitch

　まずは式を評価して分岐処理を行うswitchのパターンです。ifと同様に式の前に任意で簡易文を置くことができます。switch文に与えるブロックの内部には、任意個のcase節を書くことができ、また、すべてのcase節に分岐しなかった場合に実行されるdefault節を任意で1つだけ書くことができます。

```
switch [簡易文;] [式] {
    ......
}
```

　case節には複数の値をカンマで区切って並べることができます。switch文に与えられた式の値と、case節に列挙された値が演算子 == によって真になる関係の場合に、case節の処理が実行されます。

```
n := 3
switch n {
case 1, 2:
    fmt.Println("1 or 2")
case 3, 4:
    fmt.Println("3 or 4")
default:
    fmt.Println("unknown")
}
/* 出力結果 */
3 or 4
```

　上記の例では、変数nの値に3が代入されているため、2番目のcase節の内容が実行されます。もし変数nの値がcase節で列挙されていない値5であれば、default節の内容が実行されることになります。

137

Chapter 3 言語の基本

　CやJavaにおけるswitch文では、各々のcase節の処理へ明示的にbreakが置かれない限り次のcase節へ処理が継続される、フォールスルー（fall through）という動作が基本になっており、breakを書き忘れて意図しない挙動になるなど何かとミスを犯しやすい仕様でした。

　Goのswitch文では、case節の実行が終了すると同時に、switch文の処理が完了します。

```
case 1, 2:
    fmt.Println("1 or 2")
    /* 次のcase節へフォールスルーしない */
case 3, 4:
    fmt.Println("3 or 4")
```

　しかし、フォールスルーする処理が必要になる場合もあるかもしれません。そのような用途のために、予約語fallthroughが用意されています。次のコードでは、先頭のcase節に分岐しますが、すべてのcase節がfallthroughで完了しているため、default節も含めた処理がすべて実行されることになります。間違いやすいcase節におけるフォールスルーの問題点を解消しつつ、必要であれば明示的に処理を記述できるように設計されています。

```
s := "A"
switch s {
case "A":
    s += "B"
    fallthrough
case "B":
    s += "C"
    fallthrough
case "C":
    s += "D"
    fallthrough
default:
    s += "E"
}
fmt.Println(s) // => "ABCDE"
```

　各々のcase節に与えられた定数に、switch文に与えられた式の型と互換性がないものを含めることはできません。次の例ではコンパイルエラーが発生します。

138

3.14 制御構文

```
n := 1
switch n {
case 1:
    fmt.Println("one")
case "2": // 互換性のない型によるエラー
    fmt.Println("two")
case 3:
    fmt.Println("three")
}
```

　型なし定数を使用してcase節を書くと、switch文に与えられた式の型に合わせて、case節の定数と互換性があるかどうかがチェックされます。

```
n := 1
switch n {
case 1:
    fmt.Println("one")
case 2.0: /* 浮動小数点定数だが整数2と互換 */
    fmt.Println("two")
case 3+0i: /* 複素数定数だが整数3と互換 */
    fmt.Println("three")
}
```

　上記のコードはかなり極端な例ですが、浮動小数点定数「2.0」は整数2と互換であり、複素数定数「3+0i」は整数3と互換であるためエラーにはなりません。仮に2番目のcase節に与えられた定数が「2.5」であれば、これは整数と互換ではないため、コンパイルエラーが発生します。

　Goにおける型なし定数と実行時の型の関係は、便利ではあるものの混乱しやすいところですので注意してください。

　簡易文を定義して、if文と同様に事前処理を加えることもできます。次のように、簡易文n := 2によって変数nはswitch文の中でのみ有効な変数になります。Goのif文とswitch文で使える簡易文は、変数の局所性を高めるための重要な機能です。積極的に活用するようにしましょう。

```
/* 変数nはswitch文の中のみ有効 */
switch n := 2; n {
case 1, 3, 5, 7, 9:
    fmt.Printf("%d is odd\n", n)
case 2, 4, 6, 8, 10:
    fmt.Printf("%d is even\n", n)
}
```

Chapter 3 言語の基本

式を伴う case

式を使って case 節を記述できます。ほとんど if 文の置き換えのような文法になっており、bool 型を返す任意の式を書くことができます。

```
n := 4
switch {
case n > 0 && n < 3:
    fmt.Println("0 < n < 3")
case n > 3 && n < 6:
    fmt.Println("3 < n < 6")
}
/* 出力結果 */
3 < n < 6
```

このように case 節に任意の式を書く場合は、switch 文に与える式は省略できることに注意してください。これはむしろ、省略「すべき」ものです。それぞれの case 節の式が bool 型を返すので、あえて switch 文に式を与える場合は当然のことながらその式も bool 型である必要がありますし、どのような bool 型の式を与えたとしても処理的には一切意味がありません。

Go の言語仕様では、省略された switch 文の式は内部的に true が置かれていると見なします。明示的に true と書いても問題はありませんが、式を伴う case を使用する場合は、素直に省略しておくのがよいでしょう。

```
switch true {
    ……
}
```

定数を列挙する case 節と、式による case 節の混在は、原則的にエラーになると考えてください。次の例では、1番目の case 節が int 型、2番目の case 節が bool 型になり、「型の不一致」という旨のコンパイルエラーが発生します。正確には、定数の列挙と式が混在するからエラーになるのではなく、型が異なるという原因でエラーが発生します。

```
/* caseに定数と式が混在するswitch文はコンパイルエラー */
switch x := 1; x {
case 1, 2, 3:
    fmt.Println(x)
case x > 3:
    fmt.Println(x * x)
}
```

140

3.14 制御構文

　文法的には許容されているので、無理やり書くなら次のようなコードがあり得ます。しかし、見てのとおり意味をなさないコードなので、実質的には使えないものと考えるべきでしょう。

```
switch b := true; b {
case true, false:
    fmt.Println("true or false")
case b != false:
    fmt.Println("is not false")
}
```

▌型アサーション

　「型によるswitch」の解説の前に、「型アサーション」について説明します。「型アサーション」とは動的に変数の型をチェックするGoの重要な機能の1つです。

```
func anything(a interface{}) {
    fmt.Println(a)
}
/* interface{}にはすべての型を指定できる */
anything(1)
anything(3.14)
anything(4 + 5i)
anything('海')
anything("日本語")
anything([...]int{1, 2, 3, 4, 5})
```

　すべての型と互換性のあるinterface{}型を使用すると、このようにさまざまな型を引数としてとることができる関数を記述できます。

　関数anythingはinterface{}型の引数を1つだけとりますが、この引数で渡された値の元の型についての情報は関数の中では失われています。このような局面で、interface{}型の変数について、実態の型がどのようなものかを動的にチェックするための構文が用意されています。

```
x.(T)
```

　型アサーションはこのような式で構成されます。変数xはinterface{}型の変数です。また、「T」には任意の型名を指定します。

　次に示すのは、型アサーションの一番シンプルな使い方です。

Chapter 3　言語の基本

```
var x interface{} = 3
i := x.(int) // 変数iはint型で値は3
f := x.(float64) // エラーが発生
```

　interface{}型の変数xにはint型の整数3が代入されています。int型への型ア
サーションによって変数iはint型に定まり、整数3が代入されます。このように
型アサーションが成功すると、interface{}型によって隠ぺいされていた元の型を
復元することができます。

　しかし、型アサーションが失敗してしまうとエラー[注4]が発生し、プログラムの
実行は停止します。このような動作をしてしまうため、明確にinterface{}型の値
の中身が推測できる場合を除けば、使用できる局面は限られるでしょう。

　次はもう1つの型アサーションの書き方です。

```
var x interface{} = 3.14

i, isInt := x.(int)        // i == 0, isInt == false
f, isFloat64 := x.(float64) // f == 3.14, isFloat64 == true
s, isString := x.(string)  // s == "", isString == false
```

　2つの変数へ代入するような形式で記述します。型アサーションが成功した場
合は、1番目の変数にはその値が、2番目の変数にはtrueが代入されます。型ア
サーションが失敗したとしてもエラーは発生せず、2番目の変数にfalseが代入さ
れ、型アサーションの失敗を検知することができます。失敗した場合の1番目の
変数の値は、その型の初期値のままになります。とくに値が必要ない場合は、「_,
isInt := x.(int)」のように、変数を省略して書くことができます。

　2つの変数を使った型アサーションと分岐処理を組み合わせることで、次のよ
うに型に応じて処理内容を分けることができます。Goにおいて、さまざまな型に
対応した柔軟な処理を記述する場合には、interface{}型と型アサーションを組み
合わせる処理が有効です。

```
/* 変数xはinterface{}型 */
if x == nil {
    fmt.Println("x is nil")
} else if i, isInt := x.(int); isInt {
    fmt.Printf("x is integer : %d\n", i)
} else if s, isString := x.(string); isString {
```

注4　Goではこのような実行時に発生させるエラー（ランタイムエラー）のことを「ランタイムパニック」といいます。

3.14 制御構文

```
    fmt.Println(s)
} else {
    fmt.Println("unsupported type!")
}
```

型によるswitch

「型によるswitch」を使うと、型アサーションと分岐を組み合わせた処理を手軽に書くことができます。

基本的な書き方は次のような形式になります。

```
/* 変数xはinterface{}型 */
switch x.(type) {
case bool:
    fmt.Println("bool")
case int, uint:
    fmt.Println("integer or unsigned integer")
case string:
    fmt.Println("string")
default:
    fmt.Println("don't know")
}
```

x.(type) という記述方法が独特です。switch本体のcase節には定数ではなく型名をカンマで区切って任意の数を指定できます。if文による型の分岐処理と比べて簡潔に記述できることがわかります。

型情報以外に値も必要であれば、「v := x.(type)」のように書くことで、値を変数に代入できます。case節の中で型そのものが必要になる場合は、このような書き方が有効です。

```
switch v := x.(type) {
case bool:
    fmt.Println("bool:", v)
case int:
    fmt.Println(v * v)
case string:
    fmt.Println(v)
default:
    fmt.Printf("%#v\n", v)
}
```

型によるswitchで一点だけ注意すべきなのは、case節に型名を1つだけ指定し

143

Chapter 3　言語の基本

た場合と、複数の型名を列挙した場合とで動作が異なる点です。次のコードは、
case int:のようにint型のみを指定していますが、とくに問題なくv * vの結果
である49が出力されます。

```
var x interface{} = 7

switch v := x.(type) {
case int:
    fmt.Println(v * v) // => "49"
}
```

　次のように、元のcase節にuint型を追加してみると、途端にコンパイルエラー
が発生してしまいます。

```
var x interface{} = 7

switch v := x.(type) {
case int, uint:
    fmt.Println(v * v) // コンパイルエラー
}
```

```
invalid operation: v * v (operator * not defined on interface)
```

　このエラーは、case節の内部で型が明確に定まるかどうかの違いによって発生
しています。型が明確に定まる場合は、変数vを「その型そのものの変数」として
扱うことができるのですが、複数の型を列挙したパターンでは変数vの型が1つ
に定まりません。結果的に、変数vはinterface{}型の変数としてcase節の中で
振る舞います。合理的な仕様ではあるものの、少々わかりにくい動作でもありま
す。型アサーションによって得られた値を利用する場合には、case節への型名の
列挙は避けたほうがよいでしょう。

goto

　Goには関数内の任意の位置へジャンプするためのgoto文が用意されていま
す。一般的なプログラミングの作法ではできるだけ使用を避けるべきと言われる、
gotoの強力な機能ですが、ある種の最適化処理などにおいては有効に機能しま
す。
　Cと同様に、Goのgoto文は「ラベル」と組み合わせて使用します。ラベルは

「[ラベル名]:」の形式で任意の位置に定義できます。ラベル名に使用できる文字は
変数や関数などの識別子と同じルールになっています。

次のコードでは、goto LによってラベルLの位置まで処理がスキップされ、結
果的にfmt.Println("B")の部分は処理されません。

```
func main() {
    fmt.Println("A")
    goto L
    fmt.Println("B") // 処理されない
L: /* ラベル */
    fmt.Println("C")
}
```

ラベルとgoto文の組み合わせは、あくまで「関数内」に閉じたものです。次の
ように、関数の間をジャンプすることは当然のことながら不可能です。

```
func otherFunc() {
A: // ラベルAは未使用
    fmt.Println("A")
}

func main() {
    goto A // ラベルAは定義されていない
}
```

また、goto文によってfor文などが構成するブロックの「内側」にジャンプする
ことはできません。

```
goto L // ブロック内部へのgotoはエラー
for {
L:
    fmt.Println("Hello")
}
```

次のように、何らかの変数定義を飛び越えるgoto文もコンパイルエラーになり
ます。条件によって変数が定義される場合と定義されない場合が発生してしまう
処理は、Goでは書くことができません。

```
    goto L
    n := 1 // 変数定義をまたぐgotoはエラー
L:
    fmt.Println("n = ", n)
```

Chapter 3 言語の基本

　あえて有効にgoto文が活かせる局面を考えてみると、次のように深くネストしたループの内部から、一気に脱出するような処理が考えられます。

```
    /* 深くネストしたforループ */
    for {
        for {
            for {
                fmt.Println("start")
                goto DONE
            }
        }
    }
DONE:
    fmt.Println("done")
```

　しかし、次に説明する「ラベル付き文」とラベル指定によるbreak、continueを使用すれば、goto文を使用せずとも同様の処理を記述できます。Goプログラミングのほとんどの局面では、goto文は不要であると考えて差し支えはないでしょう。

■ ラベル付き文

　Goのラベルをforループなどの構造を持った文と組み合わせて使用することで、複雑な処理フローをわかりやすく記述できます。
　前述のgoto文を使った深いループからの脱出は、ラベルとラベル指定のbreak文を組み合わせることで簡単に実現できます。ラベル指定を行わない裸のbreak文は、自身が属するブロックを一階層だけ中断させますが、ラベルと組み合わせることで任意の階層までジャンプすることができます。

```
LOOP:
    for {
        for {
            for {
                fmt.Println("開始")
                break LOOP
            }
            fmt.Println("ここは通らない")
        }
        fmt.Println("ここは通らない")
    }
    fmt.Println("完了")
```

146

3.14 制御構文

次は、ラベルとcontinue文を組み合わせるパターンを見てみましょう。2重に
ネストしたforループがあり、それぞれ3回ずつのループ処理になっています。

```go
for i := 1; i <= 3; i++ {
    for j := 1; j <= 3; j++ {
        fmt.Printf("%d * %d = %d\n", i, j, i*j)
    }
}
/* 出力結果 */
1 * 1 = 1
1 * 2 = 2
1 * 3 = 3
2 * 1 = 2
2 * 2 = 4
2 * 3 = 6
3 * 1 = 3
3 * 2 = 6
3 * 3 = 9
```

次の例では、元のコードにラベルLを付加して、内側のループ処理にラベルを
指定したcontinue文を追加します。j > 1という条件によって、内側のループが1
回しか実行されないことがわかります。continue文によって内側のループが中断
されますが、fmt.Println("ここは処理されない!")の位置に処理が移るわけではない
ことに注意してください。continue Lは、ラベルLで示されているループ処理の、
次の繰り返し処理の先頭へジャンプします。

```go
L:
    for i := 1; i <= 3; i++ {
        for j := 1; j <= 3; j++ {
            if j > 1 {
                continue L
            }
            fmt.Printf("%d * %d = %d\n", i, j, i*j)
        }
        fmt.Println("ここは処理されない!")
    }
/* 出力結果 */
1 * 1 = 1
2 * 1 = 2
3 * 1 = 3
```

147

Chapter 3　言語の基本

defer

予約語deferを使って、関数の終了時に実行される式を登録できます。

```
func runDefer() {
    /* deferに登録された式は関数の終了時に評価される */
    defer fmt.Println("defer")
    fmt.Println("done")
}
runDefer()

/* 出力結果 */
done
defer
```

　上記の例では、関数runDeferの最後で実行される文字列の出力処理よりあと
に、defer文に登録された式が評価されていることがわかります。defer文に登録
できる式は、callFunc()のように「関数呼び出し」形式の式に限られます。
　関数において、defer文による式の登録はいくつでも可能です。注意してほし
いのが、deferで登録された式は、関数の終了時に「あとで登録された式」から順
に評価されることです。この評価順序を誤解すると思わぬ不具合を起こしてしま
うでしょう。

```
func runDefer() {
    defer fmt.Println("1")
    defer fmt.Println("2")
    defer fmt.Println("3")
    fmt.Println("done")
}
runDefer()

/* 出力結果 */
done
3
2
1
```

　関数の終了時に自動的に実行される式を登録できることには、どのようなメ
リットが考えられるでしょうか。defer文が最も活躍する局面は「リソースの解放
処理」でしょう。
　次のコードは、os.Openという関数を使ったファイルのオープン処理です。問

148

題なくファイルをオープンできたら、関数の実行終了時に確実にそのファイルがクローズされるようにdefer文を利用しています。このように、ファイルなどのリソースの解放処理漏れを防ぐといった局面で有効に活用できます。

```
file, err := os.Open("/path/to/file")
if err != nil {
    /* ファイルのオープンに失敗したらreturn */
    return
}
/* ファイルのクローズ処理を登録 */
defer file.Close()
```

defer文に複数の処理を登録したい場合は、次のように無名関数を利用できます。defer文に登録できる式は「関数呼び出し」形式のものに限られるため、無名関数の定義だけではなく、その呼び出しのための( )も必要です。

```
defer func() {
    fmt.Println("A")
    fmt.Println("B")
    fmt.Println("C")
}() // ←関数呼び出しの形式であることに注意
```

panicとrecover

ここで説明する、panicとrecoverは正確には「構文」ではありません。それぞれ定義済み関数として提供されている機能です。いわゆる「例外処理」に類するものと考えてよいのですが、Goのランタイムを強制的に停止させる機能を持つため、決して多用すべきものではありません。

panic

panicは、定義済み関数として次のような形式で定義されています。

```
func panic(v interface{})
```

panicを実行すると、即座に「ランタイムパニック（run-time panic）」が発生し、実行中の関数は中断されます。ランタイムパニックは、他言語でいうところのランタイムエラーです。Goではこう呼びます。

Chapter 3 言語の基本

```go
package main

import (
    "fmt"
)

func main() {
    panic("runtime error!") // ここでエラー終了
    fmt.Println("Hello, World!")
}
```

panicはプログラムにおいて「これ以上処理を継続しようがない」状態を表すために使用されます。決して、アプリケーション上の一般的なエラー処理などで使用するものではありません。Cにおける「セグメンテーションフォールト」や、Javaの「OutOfMemoryError」のように回復不能な事態を表すものです。

panicに渡した引数は、ランタイムの停止時に次のような形式で表示されます。panicを使用する場合は、どのような原因でランタイムが停止したのかについての詳しい情報を付加すべきでしょう。

```
panic: runtime error!

goroutine 1 [running]:
panic(0x9dc00, 0xc82000a2d0)
        /usr/local/go/src/runtime/panic.go:464 +0x3e6
main.main()
        /path/to/go-file.go:8 +0x65
exit status 2
```

panicはランタイムをエラー終了させますが、中断時までに登録されたdefer文はすべて残らず実行されます。

```go
func main() {
    /* panic時でもdeferは実行される */
    defer fmt.Println("on defer")

    panic("runtime error!")
    fmt.Println("Hello, World!")
}
```

recover

panicによって発生したランタイムパニックによるプログラムの中断を回復するための機能が、定義済み関数recoverです。

recoverはdefer文と組み合わせて使うのが原則です。panicは関数の実行を中断して、defer文に登録された式の評価に移行するので、実質的にdefer文の中でしか動作しません。recoverはinterface{}型の値を戻し、その値がnilでなければpanicが実行されたと判断することができます。

```go
func main() {
    defer func() {
        if x := recover(); x != nil {
            /* 変数xはpanicに渡されたinterface{} */
            fmt.Println(x)
        }
    }()
    panic("panic!")
    /* これは実行されない */
    fmt.Println("Hello, World!")
}
/* 出力結果 */
panic!
```

次に示すのは、少し長いですがpanicとrecoverを組み合わせた使用例です。

```go
func testRecover(src interface{}) {
    defer func() {
        if x := recover(); x != nil {
            /* panicによるinterface{}型の値に応じて処理を分岐 */
            switch v := x.(type) {
            case int:
                fmt.Printf("panic: int=%v\n", v)
            case string:
                fmt.Printf("panic: string=%v\n", v)
            default:
                fmt.Println("panic: unknown")
            }
        }
    }()
    panic(src)
    return
}

func main() {
    testRecover(128)
```

Chapter 3　言語の基本

```
    testRecover("hogehoge")
    testRecover([...]int{1, 2, 3})
}
/* 出力結果 */
panic: int=128
panic: string=hogehoge
panic: unknown
```

　recoverを使うことで、ランタイムパニックから復帰できることがわかります。また、panicに渡したinterface{}型の値によって、recover処理を分岐させることができることもわかりました。

　panicとrecoverを組み合わせることによって、ある種の「例外処理」が実現できます。しかし、この機能は「関数をまたぐgoto」のように動作する強力すぎる機能です。よほどの場合を除いて使用する機会はないと考えるべきでしょう（現実的にこの仕組みを使用しているプロダクトはごくわずかです）。とくにGoのライブラリにおける任意の関数が「panicを起こす可能性がある」ことを前提にデザインされるようなことは絶対に避けるべきです。

go

　（Goの言語の名称と同じ名前を与えられた）go文は、並行処理を司る特別な機能です。

　go文はdefer文と同様に、関数呼び出し形式の式を受け取ります。次のプログラムを実行すると、main関数の無限ループと、sub関数の無限ループが並行して実行され、各々のループが出力する文字列が不規則に表示されます。

```
func sub() {
    for {
        fmt.Println("sub loop")
    }
}

func main() {
    go sub() // ゴルーチン開始
    for {
        fmt.Println("main loop")
    }
}
```

定義された関数の代わりに無名関数を使用することもできます。次のコードは、上記のコードと同じように動作します。

```go
func main() {
    /* 無名関数によるgo */
    go func() {
        for {
            fmt.Println("sub loop")
        }
    }()
    for {
        fmt.Println("main loop")
    }
}
```

Goは、スレッドよりも小さい処理単位である「ゴルーチン（goroutine）」が並行して動作するように実装されています。go文は、このゴルーチンを新たに生成して、並行して処理される新しい処理の流れをランタイムに追加するための機能です。一般的に記述のための難度が高いと思われる並行処理が、このように簡単な構文で実現できるようにGoはデザインされています。

「ゴルーチン」についてもう少し深く知るために、runtimeパッケージを使ってみましょう。このパッケージには、Goのランタイム自身についての情報を参照したり、動作をコントロールしたりするための機能が含まれています。次のコードを実際に実行してみましょう。

```go
package main

import (
    "fmt"
    "runtime"
)

func main() {
    fmt.Printf("NumCPU: %d\n", runtime.NumCPU())
    fmt.Printf("NumGoroutine: %d\n", runtime.NumGoroutine())
    fmt.Printf("Version: %s\n", runtime.Version())
}
```

```
NumCPU: 2
NumGoroutine: 1
Version: go1.6
```

Chapter 3 言語の基本

　上記は筆者が使っている仮想マシン上のLinux環境による出力例です。環境や
Goのバージョンによってそれぞれ異なる値が出力されるでしょう。

　「NumCPU」はGoランタイムが動作する環境のCPUの数を表しています。最
近のCPUはマルチコアが当たり前になっていますので、「使用できるCPUのコア
の数」と見たほうがよいでしょう。

　「NumGoroutine」は、Goランタイム上で動作しているゴルーチンの数を表して
います。筆者の環境では1つのゴルーチンが動作していることがわかりました。

　試みに先ほどのコードに1行、go文を追加してみましょう。

```
func main() {
    go fmt.Println("Yeah!") // ← go文を追加してみる
    fmt.Printf("NumCPU: %d\n", runtime.NumCPU())
    fmt.Printf("NumGoroutine: %d\n", runtime.NumGoroutine())
    fmt.Printf("Version: %d\n", runtime.Version())
}
```

　結果として、筆者の環境ではNumGoroutineの値が先ほどの1から2に増加し
ました。go文によってゴルーチンが生成され、新たな処理の流れが増えたことが
わかります。環境やGoのバージョンの違いによっては、必ずしも同様に動作する
かは保証できませんが、ゴルーチンがGoのランタイムによって管理されることに
ついては理解が必要です。

init

　Goのパッケージには、「パッケージの初期化」を目的にした特殊な関数initを定
義することができます。これは、制御構文でもなれば定義済み関数でもありま
せん。開発者自身が任意で定義することができる関数です。

　次に示すコードは関数initの定義例です。引数をとらず、また戻り値も返しま
せん。仮に引数や戻り値の型を追加してしまうと、コンパイルエラーが発生しま
す。

```
package main

import (
    "fmt"
)

func init() {
```

154

```
    fmt.Println("init()")
}

func main() {
    fmt.Println("main()")
}
/* 出力結果 */
init()
main()
```

上記の出力結果からわかるように、関数initは、関数mainに先立って実行されます。つまり、プログラムのメインルーチンが実行される前の段階で、何らかの初期化処理を確実に実行するために利用できます。

関数initには、もう1つ面白いルールがあります。次のコードのように、1つのパッケージ内に複数の関数initを定義することができるのです。

```
package main

import (
    "fmt"
)

var S = ""

func init() {
    S = S + "A"
}

func init() {
    S = S + "B"
}

func init() {
    S = S + "C"
}

func main() {
    /* init関数は定義された順序で実行される */
    fmt.Println(S) // => "ABC"
}
```

Goでは通常の関数を同名で複数定義してしまうとコンパイルエラーになりますが、関数initではそのようなことはありません。ちなみに、上記のコードのように複数の関数initが定義されている場合、各々の実行順序は「ソースコードに

Chapter 3 言語の基本

出現した順序」になります。このように、単一のファイル内に複数の関数initを
定義するのは、悪趣味以外の何物でもありませんが、パッケージを複数のソース
ファイルで構成する場合であれば役に立つことも考えられます。そのような特殊
な場合を除けば、初期化用の関数は単一で定義するべきでしょう。

Chapter

4

参照型
～スライス・マップ・チャネル

4.1 参照型とは
4.2 組み込み関数make
4.3 スライス
4.4 マップ
4.5 チャネル

Chapter 4 参照型

4.1 参照型とは

Goには、特殊なデータ構造を備えた「参照型」という型が定義されています。標準で「スライス（slice）」、「マップ（map）」、「チャネル（channel）」の3つが定義されており、各々の参照型には強力な機能が備わっています。本章では、これら各参照型の使用方法について解説を行います。

4.2 組み込み関数 make

参照型の生成には、組み込み関数makeを使用します。スライス、マップ、チャネルのデータ構造はいずれもmakeによって生成されるため、その関数の呼び出し方にはバリエーションがあります。表4.1にmakeの使用パターンをまとめます。

表4.1 makeによる参照型生成のパターン

呼び出し形式	型T	意味
make(T, n)	スライス	要素数と容量がnであるT型のスライスを生成
make(T, n, m)	スライス	要素数がnで容量がmであるT型のスライスを生成
make(T)	マップ	T型のマップを生成
make(T, n)	マップ	T型のマップを要素数nをヒントにして生成
make(T)	チャネル	バッファのないT型のチャネルを生成
make(T, n)	チャネル	バッファサイズnのT型のチャネルを生成

このように多岐にわたる使い方があるmakeですが、参照型の個々のデータ構造について理解していけば決して難しいものではありません。以降では、参照型の個々の要素について確認してみます。

4.3 スライス

スライス（slice）は、Goで最も利用頻度の高いデータ構造です。いわゆる「可変長配列」を表現する型だと考えてもよいでしょう。

スライスを表す型は、次のように[]の後ろに任意の型名を置いて表現します。

→ 158

```
/* int型のスライス */
var s []int
```

上記の変数sは、int型を格納するスライスであることが宣言されています。

それでは関数makeを使ってスライスを生成してみましょう。次の例では、「要素数と容量（後述）が10であるint型のスライス」を生成しています。

```
s := make([]int, 10)
fmt.Println(s)
/* 出力結果 */
[0 0 0 0 0 0 0 0 0 0]
```

出力させてみた結果、すべての要素が0であるint型の配列によく似た出力が得られました。

実のところ、配列とスライスはよく似た挙動を示します。次の例では、配列である[10]int型の変数aを定義していますが、単純に出力させてみると同じ内容のスライスと見分けがつきません。Goにおける配列とスライスは実装上まったく異なるものですが、プログラムの上では共通点が多いために混乱しやすいところがあります。

```
var a [10]int
fmt.Println(a)
/* 出力結果 */
[0 0 0 0 0 0 0 0 0 0]
```

要素への代入と参照

スライスに格納されている各要素への代入や参照は、配列型と同様に[n]という形式で要素のインデックスを指定します。代入も参照も配列型と同様に操作することができます。また、スライスはデータ構造としては可変長配列ですが、次の例の最後の行のように、スライスの要素数を超過した要素へのアクセスはランタイムパニックを発生させます。

```
a := make([]float64, 3)
fmt.Println(a)    // => "[0, 0, 0]"
a[0] = 3.14
fmt.Println(a)    // => "[3.14, 0, 0]"
a[1] = 6.28
```

Chapter 4　参照型

```
fmt.Println(a)    // => "[3.14, 6.28, 0]"
fmt.Println(a[0]) // => "3.14"
fmt.Println(a[4]) // ランタイムパニック
```

len

　スライスは可変長配列なので、プログラムの実行時に動的に要素数が変化します。スライスの現在の要素数を調べるためには、組み込み関数lenを使用します。

```
s := make([]int, 8)
len(s) // == 8
```

　要素数が8であるスライスを生成して関数lenを実行してみると、makeで指定した要素数が正しく取得できました。
　このlenはスライスのみならず、次のように配列型に対しても使用できます。もっとも、型名のレベルで要素数が明示されている配列型の長さを調べることができたところで便利な局面は考えにくいですが、適用可能であることだけは押さえてください。

```
a := [3]int{1, 2, 3}
len(a) // == 3
```

cap

　スライスは要素数のほかにもう1つ「容量（capacity）」という属性を備えます。スライスの要素数を調べるためにlenが利用できるように、スライスの容量を調べるための組み込み関数capが用意されています。

```
/* 要素数5、容量5のスライス */
s1 := make([]int, 5)
fmt.Println(len(s1)) // => "5"
fmt.Println(cap(s1)) // => "5"
/* 要素数5、容量10のスライス */
s2 := make([]int, 5, 10)
fmt.Println(len(s2)) // => "5"
fmt.Println(cap(s2)) // => "10"
```

　2引数をとるmakeでスライスを生成した場合は、要素数、容量ともに2番目の

引数である整数値と同じ値になります。しかし、明示的に容量を指定する3引数のmakeを使用することで、前記のように要素数と容量が異なるスライスを生成できます。

さて、スライスの容量とは一体何なのでしょうか。要素数5、容量10のスライスについて考えてみましょう。

```
s := make(int[], 5, 10)
```

このようなスライスの生成では、メモリ上に図4.1のような状態の領域が確保されます。

[n]	[0]	[1]	[2]	[3]	[4]					
int	0	0	0	0	0	—	—	—	—	—

図4.1　要素数5、容量10のスライスの初期状態

このスライスの要素数は5なので、[n]によるインデックスで参照・代入できる範囲は0から4までに制限されます。しかし、スライスの容量としては10個分のint型を格納できる領域が内部的に確保されています(図4.2)。これがスライスの「容量」です。

[n]	[0]	[1]	[2]	[3]	[4]	[5]	[6]	[7]		
int	10	2	7	0	1	17	108	51	—	—

図4.2　容量に収まる範囲での要素数の拡張

このように要素数より大きい容量が確保されていると、スライスの要素数を拡張していく際にメモリ上の新たな領域の確保が不要になるというメリットがあります。ここで例に挙げたスライスであれば、要素数が容量の10を超過しない限り、新たなメモリ領域の確保は必要ありません。

図4.3のように要素数と容量が同じになったスライスを拡張しようとすると、どのようになるのでしょうか。

Chapter 4 参照型

[n]	[0]	[1]	[2]	[3]	[4]	[5]	[6]	[7]	[8]	[9]
int	10	2	7	0	1	17	108	51	23	78

図4.3　要素数と容量が同一のスライス

　スライスのために確保された連続したメモリ領域は使い切ってしまったので、Goのランタイムは元の容量10より大きなメモリ領域を確保して、元のスライスが格納していたデータを丸ごと新しい領域へコピーします。

　スライスが容量を拡張するために、自動的にコピー処理が走り、メモリ上の別の領域に移動させられる動作はコストが高い処理です。あらかじめスライスが保持し得る要素数が推定できる場合は、できるだけ容量の指定にも気を配るべきでしょう。Goのスライスは柔軟なデータ構造を簡単に利用できるようにデザインされていますが、実行性能を落とさず良質なパフォーマンスを実現し続けるには、スライスの実装上の制限に対して十分な理解が必要です。

スライスを生成するリテラル

　スライスはmakeを使用せずに、配列型のリテラルと同様の書き方で生成できます。この書き方では容量を個別に指定できないため、次のコードでは要素数5、容量5のスライスになります。

```
s := []int{1, 2, 3, 4, 5}
len(s) // == 5
cap(s) // == 5
```

簡易スライス式

　配列やスライスをもとにした新たなスライスを生成するために、簡易スライス式（Simple slice expressions）という機能があります。

```
a := [5]int{1, 2, 3, 4, 5}
s := a[0:2]    // 変数sは[]int型
fmt.Println(s) // => "[0, 1]"
```

　基本的な簡易スライス式は、配列型かスライスを指す変数に[n:m]という形式の範囲を表すパラメータを渡すことで、インデックスのnからm-1までの要素を持

つスライスを生成します。つまり配列やスライスの一部を抜き出して、新しいスライスを生成することができるのです。

簡易スライス式の記述方法にはバリエーションがあります（表4.2）。

表4.2　簡易スライス式のパターン

a := [5]int{1, 2, 3, 4, 5}	意味	結果
a[0:2]	インデックス0から1までのスライス	[0, 1]
a[2:]	インデックス2からlen(a)-1までのスライス	[3, 4, 5]
a[:4]	インデックス0から3までのスライス	[1, 2, 3, 4]
a[:]	インデックス0からlen(a)-1までのスライス	[1, 2, 3, 4, 5]

また、簡易スライス式にはint型の値を返す任意の式を記述できます。次の例では、[5]int型の末尾2要素を参照するスライスを生成しています。

```
a := [...]int{1, 2, 3, 4, 5}
a[len(a)-2:] // == [4, 5]
```

スライス式に指定するパラメータが要素数の範囲を超えた場合は、[n]による要素の参照と同様にランタイムパニックが発生します。

```
s := []string{"A", "B", "C"}
fmt.Println(s[0:5]) // ランタイムパニック
```

文字列と簡易スライス式

配列とスライスに対して使うことができる簡易スライス式ですが、特殊な形式として文字列にも適用できます。次の例では文字列 "ABCDE" から "BC" という部分文字列を簡易スライス式によって切り出しています。

```
s := "ABCDE"[1:3] // s == "BC"
```

文字列に対して簡易スライス式が使用できるのは便利なように感じられますが、この操作は「文字」を単位とするわけではなく、あくまで文字列を「バイト列」（[]byte）であると見なした上で処理する必要があります。

```
s := "あいうえお"[3:9] // s == "いう"
```

163

Chapter 4 参照型

文字列 "あいうえお" は、UTF-8エンコードにおいて各々の文字に3バイトを要します。結果として、部分文字列 "いう" を切り出すには、バイト列におけるインデックス範囲を表す [3:9] という指定が必要になります。

ASCII範囲の文字種で構成される文字列が操作の対象であれば、便利に使用できる局面も考えられますが、マルチバイト文字が混在する文字列の処理には、あまり適していない機能であることに注意してください。

append

配列とスライスの最も大きな違いはその「拡張性」です。Goの配列は要素数を含めて1つの型を表現します。[10]int と [11]int にはわずかな要素数の違いしかありませんが、まったく別の型として扱われます。

スライスは可変長配列を表現するデータ構造であるため、配列とは異なり要素数に制限がありません。スライスの要素を拡張するために用意されているのが組み込み関数appendです。

組み込み関数appendは、言語仕様上では次のように定義されています。

```
append(s S, x ...T) S  // T is the element type of S (T型はスライスSの要素型)
```

スライスへの要素の追加

スライスの末尾に要素を追加するコード例を次に示します。関数appendは1番目の引数に任意のスライス型をとり、2番目以降の引数は可変長で、スライスの要素型に合致する値を任意の数だけ指定できます。

```
/* 要素数3のスライス */
s := []int{1, 2, 3}
/* 4をスライスの末尾に追加 */
s = append(s, 4) // s == [1, 2, 3, 4]
fmt.Println(s)
/* 5、6、7をスライスの末尾に追加 */
s = append(s, 5, 6, 7) // s == [1, 2, 3, 4, 5, 6, 7]
fmt.Println(s)
```

関数appendを使用する場合は、必ず:=か=による変数の代入を伴う必要があることに注意してください。変数の代入を伴わない関数appendはコンパイル時にエラーとなります。

164

4.3 スライス

```
s1 = append(s0, 1, 2, 3)
append(s1, 4, 5, 6) // コンパイルエラー
```

スライスの末尾に別のスライスの要素を追加することもできます。次の例で関数appendへ渡している2番目の引数が「s1...」という特殊な書き方になっているところに注意してください。

```
s0 := []int{1, 2, 3}
s1 := []int{4, 5, 6}
s2 := append(s0, s1...) // s2 == [1, 2, 3, 4, 5, 6]
```

また、[]byte型のスライスと文字列型の組み合わせ時に、次のような特殊な書き方も許されています。複数の文字列型のデータを[]byte型のスライスに追加していく場合に役に立ちます。

```
var b []byte
b = append(b, "あいうえお"...)
b = append(b, "かきくけこ"...)
b = append(b, "さしすせそ"...)
fmt.Println(b)
/* 出力結果 */
[227 129 130 227 129 132 227 129 134 227 129 136 227 129 138 227 129 139 227 ↙
129 141 227 129 143 227 129 145 227 129 147 227 129 149 227 129 151 227 129 ↙
153 227 129 155 227 129 157]
```

▌appendとスライスの容量

容量が不足すると自動的に拡張されるスライスの性質を調べてみましょう。次のコードでは、要素数0、容量0のスライスを初期値として変数sに格納し、関数appendによって要素を追加しながら、要素数と容量がどのように変動するかを検証しています。

```
/* (A) */
s := make([]int, 0, 0)
fmt.Printf("(A) len=%d, cap=%d\n", len(s), cap(s))
/* (B) */
s = append(s, 1)
fmt.Printf("(B) len=%d, cap=%d\n", len(s), cap(s))
/* (C) */
s = append(s, []int{2, 3, 4}...)
fmt.Printf("(C) len=%d, cap=%d\n", len(s), cap(s))
/* (D) */
```

165

Chapter 4 参照型

```
s = append(s, 5)
fmt.Printf("(D) len=%d, cap=%d\n", len(s), cap(s))
/* (E) */
s = append(s, 6, 7, 8, 9)
fmt.Printf("(E) len=%d, cap=%d\n", len(s), cap(s))
```

上記のプログラムの出力結果は次のようになります。

```
(A) len=0, cap=0
(B) len=1, cap=1
(C) len=4, cap=4
(D) len=5, cap=8
(E) len=9, cap=16
```

はじめは0であったスライスの容量が、要素の追加に伴って拡張されていく様子が確認できます。この結果を見る限り、容量が不足したタイミングでGoのランタイムがスライスの容量を倍増させていることがわかります。

cap(s)で取得できるスライスの容量が変動したタイミングというのは、要はメモリ領域の拡張かコピーが実行されたタイミングということです。このようなメモリ操作が自動的に実行されるのは、開発者が煩雑なメモリ管理から解放されるという意味ではとても便利なことなのですが、あまりに容量の拡張が頻繁に発生するという状況は、実行効率上は好ましいことではありません。

メモリ操作を気にせずに気軽に書けるのがGoの強みの1つであることは間違いありませんが、より実行効率の良いプログラムを書くためには、スライスのためのメモリ領域の変動を最低限に抑えることに留意する必要があるでしょう。

前掲のコードではスライスが自動的に拡張されるタイミングで容量が「倍増」していましたが、現在のGoランタイムは閾値に応じて容量の拡張幅が変わるようです。次に示す例は、要素数、容量ともに1024であるスライスを作成し、要素を追加して容量がどのように増えるかを見たものですが、cap(s)の値は1024から1312に増加しており「倍増」ではありません。

```
s := make([]int, 1024, 1024)
fmt.Printf("len=%d, cap=%d\n", len(s), cap(s))

s = append(s, 0)
fmt.Printf("len=%d, cap=%d\n", len(s), cap(s))
/* 出力結果 */
len=1024, cap=1024
len=1025, cap=1312
```

4.3 スライス

　このようにスライスが自動的に拡張される場合において、どの程度の容量が割り当てられるかについてはGoのランタイムに依存します。将来的なGoの実装において変化する可能性も十分にあるので、ここに挙げた実行例については、あくまで筆者が検証した際に得られた結果にすぎず、常にこのような結果が得られるわけではないことに注意してください。

copy

　スライスにスライスの値を一括でコピーするための組み込み関数copyが定義されています。Goの言語仕様では次の2つのパターンが定義されています。

```
copy(dst, src []T) int
copy(dst []byte, src string) int
```

　組み込み関数copyの最も基本的な使用方法は、1番目の引数に指定したスライスをコピー先として、2番目の引数に指定したスライスの内容を、コピー先のスライスの先頭から塗りつぶすようにコピーします。各々のスライスの要素数は異なっていても構いません。

　次のように、要素数5のスライスに対して要素数2のスライスの内容をコピーした場合は、コピー先のスライスの先頭2要素にその内容がコピーされます。また、組み込み関数copyは、コピーが実行された要素数を整数の形式で返します。2つの要素のコピーが成功したので、変数nの値は2になります。

```
s1 := []int{1, 2, 3, 4, 5}
s2 := []int{10, 11}
n := copy(s1, s2) // n == 2, s1 == [10, 11, 3, 4, 5]
```

　コピー元のスライスの要素数がコピー先のスライスの要素数より大きい場合も、問題はありません。コピー先の要素数分だけコピーが実行される動作になります。

```
s1 := []int{1, 2, 3, 4, 5}
s2 := []int{10, 11, 12, 13, 14, 15, 16}
n := copy(s1, s2) // n == 5, s1 == [10, 11, 12, 13, 14]
```

　組み込み関数appendと同様に、組み込み関数copyも、[]byte型のスライスをコピー先として、文字列型のデータをコピーする特殊な形式を備えています。この

→ 167

Chapter 4 参照型

場合も、あくまでバイト単位でのコピー処理であり、文字単位の処理ではないということに注意してください。

```
b := make([]byte, 9)
n := copy(b, "あいうえお")
fmt.Println(n, b) // n == 9, b == []byte("あいう")
```

完全スライス式

スライス式には3つのパラメータをとる「完全スライス式（Full slice expressions）」という記法があります。

完全スライス式では、整数3つを:で区切って並べます。各々のパラメータは、`0 <= low <= high <= max <= cap(a)`という関係を満たす必要があります。簡易スライス式との違いは、`max`の指定によってスライスの「容量」をコントロールできるかどうかです。

```
/* aは配列型かスライス */
a[low : high : max]
```

簡易スライス式を使った`a[2:4]`で生成したスライスは、元の`[10]int`型の配列の参照していない範囲が自動的に容量になります。`cap(s1) == (len(a) - low)`という関係が成り立ちます。完全スライス式を使って`max`を指定した場合、新しく生成したスライスの容量は`cap(s2) == (max - low)`という関係になります。

```
a := [10]int{1, 2, 3, 4, 5, 6, 7, 8, 9, 10}

s1 := a[2:4] // s1 == [3, 4]
len(s1)      // == 2
cap(s1)      // == 8

s2 := a[2:4:4] // s2 == [3, 4]
len(s2)        // == 2
cap(s2)        // == 2

s3 := a[2:4:6] // s3 == [3, 4]
len(s3)        // == 2
cap(s3)        // == 4
```

図解すると図4.4のようになります。スライスの「容量」という要素には非常に

168

ややこしいところがあるのですが、重要なポイントでもあるので正しく理解できるようにしてください。

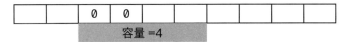

図4.4　簡易スライス式と完全スライス式

スライスとfor

「3.14　制御構文」で解説した「範囲節によるfor」とスライスを組み合わせるパターンは、Goプログラムで最も頻出するコードの1つでしょう。rangeを使った範囲節によって、スライスの要素数を気にすることなく、全要素に対するループ処理を簡単に実現できます。

```go
s := []string{"Apple", "Banana", "Cherry"}

for i, v := range s {
    fmt.Printf("[%d] => %s\n", i, v)
}
/* 出力結果 */
[0] => Apple
[1] => Banana
[2] => Cherry
```

スライスは動的に要素数が変化するデータ構造です。次のように、スライスの各要素について処理を行うforループ内でスライスに要素を追加すると、あ

Chapter 4 参照型

る種の無限ループになり処理は終了しません。これは、forに与えた条件式i <
len(s)がループの処理ごとに評価され、偽の値を返し続けるからです。

```
s := []string{"Apple", "Banana", "Cherry"}

for i := 0; i < len(s); i++ {
    fmt.Printf("[%d] => %s\n", i, s[i])
    s = append(s, "Melon") // 要素の追加
}
/* 出力結果 */
[0] => Apple
[1] => Banana
[2] => Cherry
[3] => Melon
[4] => Melon
[5] => Melon
 (以下、無限ループ)
```

　同様のループ処理を「範囲節によるfor」を使って書き直すと、無限ループには
陥らずに処理が完結します。スライスへの要素の追加はループ処理の回数に影響
を与えず、ループ開始時点での要素数3に対応したインデックス0～2の範囲だ
けが処理されます。

```
s := []string{"Apple", "Banana", "Cherry"}

for i, v := range s {
    fmt.Printf("[%d] => %s\n", i, v)
    s = append(s, "Melon") // 要素の追加
}

fmt.Println(s)
/* 出力結果 */
[0] => Apple
[1] => Banana
[2] => Cherry
[Apple Banana Cherry Melon Melon Melon]
```

　Goのforには多くのバリエーションが存在しますが、スライスの全要素につい
てのループ処理であれば、できるだけ副作用の少ない「範囲節によるfor」を利用
すべきでしょう。

170

4.3 スライス

スライスと可変長引数

コード例にもよく利用している fmt.Printf のような関数は、任意個数の引数を
とることができます。このような関数の可変長引数を実現するために、Goではス
ライスが使用されます。

関数 fmt.Printf は次のように定義されています。1番目の引数にフォーマット
文字列をとり、2番目以降の引数は interface{} 型のスライスである変数 a にまと
められます。

```
func Printf(format string, a ...interface{}) (n int, err error)
```

関数の定義に可変長引数を使うことで、次のように任意個数の int 型の値を引
数にとる sum のような関数が定義できます。

```
/* 任意個数のint型の値の合計値を返す関数 */
func sum(s ...int) int {
    n := 0
    for _, v := range s {
        n += v
    }
    return n
}

func main() {
    sum(1, 2, 3)        // == 6
    sum(1, 2, 3, 4, 5)  // == 15
    sum()               // == 0
}
```

s ...int という引数の定義が、可変長引数のすべての値を []int 型のスライス
にまとめる指定として機能します。上記のコード例でわかるように、関数 sum の
引数には任意個の int 型の値を渡すことができますが、引数をまったく与えなく
ても問題ありません。この場合、関数 sum における変数 s は、要素数0のスライス
として扱われます。

関数における可変長引数の定義は、「引数の末尾に1つだけ定義できる」という
制限があります。このように、可変長引数のあとに別の引数を定義したり、複数
の可変長引数を定義したりすることはできません。

Chapter 4 参照型

```
func doSomething(a ...string, b bool)     // コンパイルエラー
func doSomething(a ...int, b ...float64) // コンパイルエラー
```

■ スライスを可変長引数として使う

前段で定義した関数sumに、スライスを使って可変長引数の代わりに渡すことができます。引数のスライスに「...」を付加すると、スライスの要素を可変長引数として展開します。

```
s := []int{1, 2, 3}
sum(s...) // == 6
```

このようにGoのスライスは、関数の引数に柔軟性をもたらします。うまく利用することで関数の表現力や機能性を高めることができるでしょう。

参照型としてのスライス

そもそも、スライスが「参照型」であるということは何を意味するのでしょうか。スライスに限らず、後述するマップ、チャネルといったデータ構造についても同様ですが、「参照型」であることの重要な性質について確認してみましょう。

まずは配列型を使った関数powを考えてみます。[3]int型を引数にとり、配列の各要素を2乗した値に更新する処理です。

```
func pow(a [3]int) {
    /* 配列の各要素を2乗する */
    for i, v := range a {
        a[i] = v * v
    }
    return
}

func main() {
    /* 3要素の配列 */
    a := [3]int{1, 2, 3}
    pow(a)
    fmt.Println(a) // => "[1, 2, 3]"
}
```

このプログラムの意図では、関数mainより関数powを呼び出して、変数aの配列の各要素の値を書き換えようとしているのですが、その意図どおりには動作し

172

ません。なぜなら、pow(a)という配列型を引数にとった関数の呼び出しでは、引数は「値渡し（call by value）」によってコピーされ、関数main内の変数aと、関数pow内の変数aは一見同じものに思えても、実体としてはメモリ領域の異なる別物だからです。したがって、値渡しされた配列型の内容を関数powでどのように書き換えても、関数mainの変数aには何の影響も与えることができません。

　基本型や配列型といったデータ構造は、Goプログラム上では「値」として取り扱われます。Cを知っているのであればとくに難しい話ではありません。Javaの経験者であればboolean型やint型が同じように値渡しされることは理解していることでしょう（ただし、Javaの配列型は参照渡しされます）。

　先ほどのプログラムを少し書き換えて、配列型ではなくスライスを使うようにしてみます。

```
func pow(a []int) {
    /* スライスの各要素を2乗する */
    for i, v := range a {
        a[i] = v * v
    }
    return
}

func main() {
    /* 3要素のスライス */
    a := []int{1, 2, 3}
    pow(a)
    fmt.Println(a) // => "[1, 4, 9]"
}
```

　今度は意図どおりに動作しました。このように、参照型であるスライスを関数の引数に使った場合は、「値渡し」されることはなく「参照渡し（call by reference）」されます。したがって、呼び出し元の変数aが指すスライスと呼び出し先の変数aが指すスライスは同一のメモリ領域に対する処理になります。配列型とスライスは、ときには紛らわしいくらいに似た操作が可能なデータ構造ですが、「値」か「参照」かという性質においては180度異なるものです。

　基本型や配列型のような値型とスライスのような参照型の大きな差異のもう一点は、nilを値として取り得るかどうかの違いと言えるでしょう。

```
var (
    a [3]int
    s []int
```

Chapter 4 参照型

```
)
fmt.Println(a)        // => "[0, 0, 0]"
fmt.Println(s == nil) // => "true"
```

　上記のように、初期化を伴わずに配列型の変数を定義した場合、そのタイミングで[3]intに対応したメモリ領域が確保され、要素の型の初期値によって内容が埋められます。一方の変数定義を行っただけのスライスは、nilという特別な値が初期値になります。

　「参照」という言葉からわかるとおり、参照型とは何らかの「値」を指す参照を保持しているデータ型です。参照は、参照型にとっての値です。そのような性質を備える参照型が、何らかの「値」への参照を保持していない状態を表すために使用される値がnilなのです。値としてnilを取り得るのは参照型以外にも、ポインタ型、インターフェース型といったものがありますが、詳細については次章以降で説明します。まずは、値としての性質を持つ配列型と、参照としての性質を持つスライスの区別についてしっかりと理解してください。

■ スライスの落とし穴

　筆者個人の感想ですが、スライスはGoの言語仕様のうち最も正確な理解が難しいものです。単純な可変長配列として利用するだけであればさほど混乱することもありませんが、容量が足りない場合に自動的に拡張される仕組みや、配列型やスライスの一部を別のスライスによって部分参照できるような性質を組み合わせる場合に、実に厄介な挙動を示すことがあります。

　まずは、[5]int型の配列からスライス式を使ってスライスを生成するパターンです。

```
a := [5]int{1, 2, 3, 4, 5}
s := a[0:2] // s == [1, 2]
len(s)      // == 2
cap(s)      // == 5
a[1] = 0    // s == [1, 0]
```

　配列の先頭2要素を要素とするスライスの容量は、cap(s)の結果でわかるとおり5です。変数aから1番目の要素の値を0に書き換えると、スライスの1番目の要素も0になります。

　この動作でわかるように、変数sが指すスライスは、元になった配列そのもの

174

を共有しています。このように、配列の部分または全体から生成したスライスが参照するデータの実体は元の配列そのものであり、生成したスライスのために元の配列データがコピーされるようなことはありません。

　配列型とは異なり、スライスはデータ領域を拡張できます。[3]int という配列とその全体を参照するスライスを生成し、スライス側を関数appendで拡張した場合はどのようになるでしょうか。

```
/* A */
a := [3]int{1, 2, 3}
s := a[:]          // s == [1, 2, 3]
len(s)             // == 3
cap(s)             // == 3
/* B */
s = append(s, 4)   // a == [1, 2, 3], s == [1, 2, 3, 4]
len(s)             // == 4
cap(s)             // == 6
a[0] = 9           // a == [9, 2, 3], s == [1, 2, 3, 4]
```

　上記のコードのコメントで示した「A」のブロックでは、配列型とスライスともに同じ配列のデータを共有しています。しかし、「B」のブロックに入り s = append(s, 4) が実行されたタイミングで、変数sが指すスライスは、元の配列とは異なる、新たに確保されたメモリ領域を参照するようになります。このように、スライスが自動拡張されるタイミングでは、参照先の配列が別のメモリ上の配列に差し替わってしまうことに配慮する必要があります。

　スライスの自動拡張による挙動の問題は、次のようにまとめることができるでしょう。

```
/* s0とs1が同じ配列データを共有するかは不定 */
s1 := append(s0, x)
```

　上記の変数s0、s1が指すスライスが同じメモリ領域を操作の対象とするかどうかは、関数appendによってスライスの自動拡張が起こるかどうかに依存します。あらかじめ関数capなどでチェックするなどの対処もあり得ますが、スライスの自動拡張の有無を考慮する必要があるプログラムというのがそもそも悪手でしょう。

　Goのスライスは柔軟で強力なものですが、このように落とし穴となり得るような内部動作が隠れています。とくに関数appendについては注意して使用するようにしてください。

Chapter 4 参照型

4.4 マップ

Goの参照型の1つである「マップ（map）」は、いわゆる「連想配列」に類する
データ構造です。関数型と参照型を除く、任意の型のキーと任意の型の要素のペ
アを保持することができる特殊な配列であると考えてもよいでしょう。JavaやC#
であればHashtableのようなデータ構造に該当します。

Goのマップを表す型は、「map[キーの型]要素の型」という少々奇妙な書き方で定
義します。

```
/* int型のキーとstring型の値を保持するマップ */
var m map[int]string
```

参照型であるマップも、前述したスライスと同様に関数makeを使って生成しま
す。次のように、「make(マップ型)」という形式で、簡単にマップを生成すること
ができます。また、配列やスライスと同じように「m[キーの値] = 要素の値」という代
入の形式を使って、マップにキーと要素のペアを追加できます。

```
m := make(map[int]string)

m[1]  = "US"
m[81] = "Japan"
m[86] = "China"

fmt.Println(m)
/* 出力結果 */
map[1:US 81:Japan 86:China]
```

マップは一意に定まるキーと任意の要素の組み合わせで構成されます。よっ
て、キーの値が重複する代入を行うと、次のように要素の値は上書きされます。

```
m := make(map[string]string)

m["Yamada"] = "Taro"
m["Sato"]   = "Hanako"
m["Yamada"] = "Jiro"

fmt.Println(m)
/* 出力結果 */
map[Yamada:Jiro Sato:Hanako]
```

176

4.4 マップ

　極端な例ですが、浮動小数点数の型なし定数をキーの値に使用する場合には注意が必要です。次の例で使用されている3種類のキーの値は、float64型の精度に置き換えるとすべて1.0という浮動小数点数となります。整数の型なし定数であれば要求される整数型の表現範囲を超える値はエラーとして検出されますが、浮動小数点数の型なし定数の場合は自動的に丸められてしまうことに注意しましょう。

```
m := make(map[float64]int)

m[1.00000000000000000000000001] = 1
m[1.00000000000000000000000002] = 2
m[1.00000000000000000000000003] = 3

fmt.Println(m)
/* 出力結果 */
map[1:3]
```

マップのリテラル

　配列型やスライスと同様、マップにも、キーと要素のペアをまとめて生成するためのリテラルが用意されています。マップの型名のあとに{ }で囲って、キーと要素のペアを任意の数だけ並べて書くことができます。キーと要素のペアは「[キーの値]:[要素の値]」という形式で表現され、各々のペアはカンマによって区切られます。

```
m := map[int]string{1: "Taro", 2: "Hanako", 3: "Jiro"}
fmt.Println(m)
/* 出力結果 */
map[3:Jiro 1:Taro 2:Hanako]
```

　マップをリテラルで書く場合に、キーと要素の組み合わせの見通しが良くなるように、各ペアを複数行に分けて書くことも可能です。ある程度まで自由な書き方ができるようになっていますが、次のように書く場合は、最後のペアのあとにリテラルの継続を表すカンマが必要です。

177

```
m := map[int]string{
    1: "Taro",
    2: "Hanako",
    3: "Jiro",   // ←カンマが必要
}
```

マップを生成するリテラルの内部に、さらにスライスを生成するリテラルなどを含める複雑な定義も可能です。次の例ではマップの型名がかなり複雑なことになっていますが、キーがint型、要素が[]int型であるマップの定義です。

```
m := map[int][]int{
    1: []int{1},
    2: []int{1, 2},
    3: []int{1, 2, 3},
}

fmt.Println(m)
/* 出力結果 */
map[1:[1] 2:[1 2] 3:[1 2 3]]
```

また、上記のマップは次のように書き直すこともできます。要素である[]int型のリテラルを書く場合の型を省略可能です。

```
m := map[int][]int{
    /* 内側のスライスリテラルの[]intは省略可能 */
    1: {1},
    2: {1, 2},
    3: {1, 2, 3},
}
```

マップの要素型がマップである場合でも、スライスと同様にリテラルから型を省略することができます。マップが入れ子になる場合はどうしても型名が複雑になりますが、省略記法を使うことで、各要素を見通し良く記述できます。

```
m := map[int]map[float64]string{
    1: {3.14: "円周率"},
}
```

要素の参照

　マップの要素を参照するには、演算子 [ ] を使用してキーの値を指定します。該当するキーが登録されていれば、その要素の値を参照できます。

　少しわかりにくいのが該当するキーが登録されていない場合です。次のs := m[9] の箇所で、キーの値9に該当する要素は存在しません。それでも、変数sはマップの要素型に従ってstring型で定義されます。しかし、代入される値は存在しないので、string型の初期値である空文字列が変数sに代入されます。

```
m := map[int]string{1: "A", 2: "B", 3: "C"}

s := m[1] // s == "A"
s := m[9] // s == ""
```

　Goの基本型はnilのような特別な状態を持ちません。そのため、型の初期値を保持したまま意図した代入が実行されず、そのまま処理を継続してしまうといったミスを発生させやすいところがあります。

　極端な例ですが、次のようなマップを操作する局面を考えてみると落とし穴に見えてくるのではないでしょうか。キーの値がどのようなものでも、変数iの値は0になります。

```
m := map[int]int{1: 0}

i := m[7] // i == 0
```

　このような問題を防ぐために、マップの要素へのアクセスにはもう1つの特別な形式があります。

```
m := map[int]string{1: "A", 2: "B", 3: "C"}

s, ok := m[1] // s == "A", ok == true
s, ok := m[9] // s == "", ok == false
_, ok := m[3] // ok == true
```

　2つの変数へ代入する形式でマップへの参照を行うと、2番目の変数にはbool型の値が代入されます。この値は、キーに対応する要素が存在すればtrueに、存在しなければfalseになります。このように2番目の変数を使用することで、マップの要素への参照が成功したのかどうかを明確にすることができます。

Chapter 4 参照型

　また、この2番目の変数名をokとするのは、Goにおける一種のイディオムです。
とくに事情がない限りはokという名前を使用するようにしたほうがよいでしょう。
　if文と絡めた次のような書き方は、Goプログラムの頻出表現です。マップの中
にキーに対応する要素が存在するかどうかによって処理を分岐しています。この
ような慣習的な書き方を身につけると、okという変数名だけを見てマップの操作
が行われていることを推測できます。

```
m := map[int]string{1: "A", 2: "B", 3: "C"}

if _, ok := m[1]; ok {
    /* m[1]の要素が存在する場合の処理 */
}
```

　マップの要素型がスライスのような参照型である場合に、参照型変数の初期値
がnilであることを利用した次のようなコードを目にすることがありますが、s !=
nilの部分が「要素の存在チェック」を兼ねているのであれば、問題のある書き方
です。

```
m := map[int][]int{
    1: {1},
    2: {1, 2},
    3: {1, 2, 3},
}

s := m[1]
if s != nil {
    (中略)
}
```

　Goのマップは要素の値にnilを使用できます。マップの要素がこのような状態
であることを前提にすると、前段のプログラムが成り立たなくなることがわかる
でしょう。マップを利用する処理において、とくにキーに対応した要素の存在そ
のものが重要である局面では、変数okを使用して明確なチェックを行うことを推
奨します。

```
m := map[int][]int{1: nil, 2: nil, 3: nil}
```

180

4.4 マップ

マップとfor

スライスで有用な「範囲節によるfor」は、同じようにマップでも活躍します。

```
m := map[int]string{
    1: "Apple",
    2: "Banana",
    3: "Cherry",
}
for k, v := range m {
    fmt.Printf("%d => %s\n", k, v)
}
/* 出力結果 */
1 => Apple
2 => Banana
3 => Cherry
```

　書き方はスライスの場合とほとんど同じですね。変数kにはキーの値が、変数vには要素の値がそれぞれ代入されます。

　「範囲節によるfor」をマップに使用する場合には、「キーの順序は保証されない」ことに注意してください。マップは要素の追加や削除といった操作による副作用から、どのような順序でキーおよび要素が取り出されるかは仕様の上でも「不定」です。また、次の例はあくまで筆者の検証環境によって得られた結果であり、Goの実装の修正や環境の差異によって別の結果が得られることも十分に考えられます。

```
m := map[string]int{
    "Apple":  88,
    "Banana": 107,
    "Cherry": 46,
}
m["Grape"] = 66
m["Lemon"] = 16
m["Orange"] = 44
m["Pineapple"] = 73
for k, v := range m {
    fmt.Printf("%s => %d\n", k, v)
}
/* 出力結果 */
Lemon => 16
Orange => 44
Pineapple => 73
Apple => 88
```

Chapter 4　参照型

```
Banana => 107
Cherry => 46
Grape => 66
```

len

　組み込み関数lenはスライスのみならずマップについても適用可能です。スライスと同様に、マップに格納されている要素数を整数で取得できます。

```
m := map[int]string{1: "A", 2: "B", 3: "C"}
len(m) // == 3
m[4] = "D"
m[5] = "E"
len(m) // == 5
```

　一方でスライスとは異なり、組み込み関数capはマップには使用できません。マップはその性質上、内部的に何らかの容量を備えていることは間違いありませんが、プログラム上で容量を取得することのメリットが考えられないためでしょう。

delete

　マップから任意の要素を取り除くために、組み込み関数deleteが用意されています。

```
m := map[int]string{1: "A", 2: "B", 3: "C"}

delete(m, 2)

fmt.Println(m)
/* 出力結果 */
map[1:A 3:C]
```

　組み込み関数deleteは、「delete([マップ] , [キーの値])」のように使用します。与えたキーの値に該当する要素があれば、それをマップ内から除去します。該当する要素が存在しなければ、とくに何も処理は行われません。単純にdeleteを呼び出しただけでは、要素が存在して除去されたのかどうかがわからないことに注意してください。

4.5 チャネル

■ 要素数に最適化したmake

組み込み関数makeを使ってマップを生成する場合に、2番目の引数に「要素数に対応した初期スペース」を整数で指定することができます。

```
/* map[int]string型のマップを初期スペース100で初期化 */
m := make(map[int]string, 100)
```

スライスにおける「容量（capacity）」とは意味合いが異なります。マップに格納される要素数をもとに、Goのランタイムが最適なメモリ領域を確保するための一種の「ヒント」として機能します。要素数の少ないマップに細かく指定するのは煩雑なだけで意味をなしません。要素数が膨大な巨大なマップを構築する場合であれば、パフォーマンスの向上を期待できるかもしれません。

4.5 チャネル

go文を使って「ゴルーチン」を生成できることは「3.14 制御構文」で説明しました。Goプログラムは、非同期に複数実行されるゴルーチンが効率的に動作するようにデザインされています。チャネルは、このゴルーチンとゴルーチンの間でデータの受け渡しを司るためにデザインされた、Goに特有のデータ構造です。つまり、ゴルーチンによる非同期処理を必要としないプログラムでは、原則的に使用する必要はありません。本節では、チャネルというデータ構造の特性と、非同期処理との関わりについて解説します。

■ チャネルの型

チャネルの型名は「chan [データ型]」のように書きます。型名の内側にスペースを含むので慣れるまでは少々見づらいかもしれませんが、「chan int」でint型のチャネルを表す型になります。

```
/* 変数chはint型のチャネル */
var ch chan int
```

チャネルには、Goの他のデータ型にはない特殊なサブタイプを指定できます。「<-chan」を使用するとそのチャネルは「受信専用チャネル」を表します。反対に「chan<-」を使用すると「送信専用チャネル」を表します。このようなオプションを

→ 183 →

Chapter 4 参照型

指定しない「chan」は、受信も送信も可能な双方向のチャネルとして機能します。

```
/* 変数ch1はint型の「受信専用」チャネル */
var ch1 <-chan int
/* 変数ch1はint型の「送信専用」チャネル */
var ch2 chan<- int
```

Goのデータ型は厳密であり、異なる型の変数同士の代入は原則的にコンパイルエラーになります。しかし、チャネルのサブタイプについては少し事情が異なります。

```
var (
    ch0 chan int
    ch1 <-chan int
    ch2 chan<- int
)
ch1 = ch0 /* OK */
ch2 = ch0 /* OK */
ch0 = ch1 /* NG */
ch0 = ch2 /* NG */
ch1 = ch2 /* NG */
ch2 = ch1 /* NG */
```

上記は、チャネルとそのサブタイプ間における代入の可否をまとめたものですが、送受信に制限のないチャネル型は「送信専用のチャネル型」か「受信専用のチャネル型」に代入可能であることがわかります。

チャネル自身は、本質的に受信も送信も可能であるキューのようなデータ構造なのですが、多くの局面で「受信専用」として処理されるか「送信専用」として処理されるかが明確に分かれます。基本になるのはあくまでchanであるものの、局面に応じて<-chanかchan<-に切り替えることを意図した仕組みであると理解してください。

チャネルの生成と送受信

スライスやマップと同様にチャネルも組み込み関数makeを使って生成します。makeへ2番目の引数を渡すことで、チャネルのバッファサイズを指定できます。明示的に指定されない場合のチャネルのバッファサイズは0になります。さて、チャネルのバッファとは一体どのようなものなのでしょうか。

```
/* 変数chはバッファサイズ0のチャネル */
ch := make(chan int)
/* 変数chはバッファサイズ8のチャネル */
ch := make(chan int, 8)
```

チャネルは「キュー（待ち行列）」の性質を備えるデータ構造です（図4.5）。チャネルのバッファとはこのキューを格納する領域であり、バッファサイズとはこのキューのサイズであると見なすことができます。キューには「FIFO（先入れ先出し）」という性質があり、先にキューに「挿入（enqueue）」されたデータを先に「取得（dequeue）」できるという特性を備えています。データを取り出す順序が保証されるという特性があり、Goのチャネルも同様の性質を備えています。

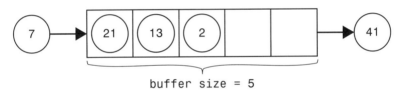

図4.5 チャネルのバッファサイズ

チャネルが保持するデータに対する操作は「送信」か「受信」の2パターンのみです。送受信ともに演算子<-を使用します。

```
ch := make(chan int, 10)

/* チャネルに整数5を送信 */
ch <- 5
/* チャネルから整数値を受信 */
i := <-ch
```

「ch <- 5」はチャネルに整数5を送信する処理で、「i := <-ch」はチャネルからデータを受信する処理になります。慣れないうちは見づらい演算子ですが、<-の矢印の方向が、チャネル側に向いているかどうかで操作の内容を判別できるでしょう。

Chapter 4　参照型

チャネルとゴルーチン

　チャネルがキューとしての性質を持つデータ構造であることはわかりましたが、Goプログラムの中で単純なキューとして利用するようにはデザインされていません。チャネルはあくまでも複数のゴルーチン間で安全にデータを共有するための仕組みだからです。

　単純な例を考えてみましょう。次に示すコードは、chan int型のチャネルを生成して、そのチャネルから受信したデータを表示するというシンプルなものです。

```
func main() {
    ch := make(chan int)
    /* チャネルから受信した内容を出力 */
    fmt.Println(<-ch)
}
```

　しかし、このプログラムは実行するとランタイムパニックが発生します。

```
fatal error: all goroutines are asleep - deadlock!
```

　プログラムはこのようなメッセージを残してエラー終了しました。「すべてのゴルーチンは眠っている - デッドロック検出！」といった内容ですが、これはどういう意味でしょうか。

　繰り返しになりますが、Goのチャネルは単なるキューではなく、ゴルーチン間のデータの共有のために用意されています。「チャネルから受信する」という処理は、裏返せば「他のゴルーチンがチャネルへデータを送信するのを待つ」ということなのです。

　上記のプログラムの実行時に存在するのは、関数mainを処理するためのゴルーチン1つだけです。1つだけ存在するゴルーチンがチャネルからの受信のために「眠って」しまったものの、そのチャネルにデータを送信してくれるゴルーチンはそもそも存在しません。このような状態を、Goのランタイムが「デッドロック」であると検知し、ランタイムパニックを発生させたというのが事の真相です。

　チャネルはゴルーチン間でデータを共有するための仕組みです。つまり、必然的に複数のゴルーチンの間で1つのチャネルを共有するプログラム構造が現れます。次に示すのは関数mainからゴルーチンを生成しチャネルを共有しつつ処理を行うプログラムです。

186

```
package main

import (
    "fmt"
)

func receiver(ch <-chan int) {
    for {
        i := <-ch
        fmt.Println(i)
    }
}

func main() {
    ch := make(chan int)

    go receiver(ch)

    i := 0
    for i < 10000 {
        ch <- i
        i++
    }
}
/* 出力結果 */
0
1
2
3
4
5
6
7
8
(以下略)
```

　関数receiverは文字どおりデータを「受信」して処理するための関数なので、引数で受け取るチャネルの型を<-chan int型に限定しています。関数mainはgoを使ってゴルーチンを生成し、関数への引数を使ってチャネルを共有しています。関数main側のゴルーチンは0から始まり1ずつ増分する整数をチャネルに送信し続け、関数receiver側のゴルーチンはチャネルから受信した整数を標準出力へ出力し続けます。

　模式図として表せば図4.6のような構造になるでしょう。これは、共有されたチャネルを介して複数のゴルーチンが協調動作する最も単純な例と言えます。

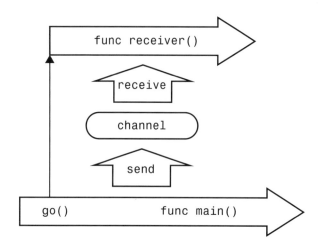

図4.6　チャネルを介して複数のゴルーチンが協調動作する最も単純な例

　チャネルについて処理を行っているゴルーチンが停止するかどうかは、チャネルのバッファサイズにもよります。

```
/* バッファサイズ3のチャネル */
ch := make(chan rune, 3)

ch <- 'A'
ch <- 'B'
ch <- 'C'
ch <- 'D' // デッドロック発生！
```

　上記の例ではバッファサイズ3のチャネルを生成し、rune型のデータを複数送信していますが、4つ目のデータを送信する処理でランタイムパニックが発生します。つまり、バッファサイズに収まる限りにおいてはチャネルへの送信でゴルーチンは停止することはありません。ゴルーチンがチャネル操作によって停止する条件は、「バッファサイズ0またはバッファ内が空のチャネルからの受信」と「バッファサイズが0またはバッファ内に空きがないチャネルへの送信」の2パターンです。
　このように、Goのチャネルはゴルーチンと密接な関係を持ちます。単なるキューの性質を持ったデータ構造であるということにとどまらず、ゴルーチンが効率的に協調動作するための強力な機能を有しているのです。

len

組み込み関数lenはチャネルにも適用できます。lenによって取得できるのは、チャネルのバッファ内に溜められているデータの個数です。

```
ch := make(chan string, 3)

ch <- "Apple"
len(ch) // == 1
ch <- "Banana"
ch <- "Cherry"
len(ch) // == 3
```

チャネルのバッファ内の状態を動的に取得できるのはよいのですが、次のようなコードは書くべきではありません。

```
if len(ch) > 0 {
    i := <-ch // len(ch) > 0 は保証されない
}
```

チャネルは複数のゴルーチンによって共有されるデータ構造です。プログラムのある実行時にlen(ch) > 0が成立したとしても、次の瞬間以降で他のゴルーチンの処理によってチャネルの状態が変化している可能性があるからです。

cap

組み込み関数capはチャネルにも適用できます。capによって取得できるのは、チャネルのバッファサイズです。一度生成したチャネルのバッファサイズが変動することはないので、有効に利用できる局面は少ないでしょう。

```
ch := make(chan string)
cap(ch) // == 0

ch := make(chan string, 3)
cap(ch) // == 3
```

Chapter 4 参照型

close

　チャネルは「クローズ（closed）」という状態を持っています。組み込み関数
makeで生成したチャネルは「オープン」された状態から始まりますが、送信処理が
完了したチャネルを明示的に「閉じる」ことも可能になっています。

　チャネルのクローズには、組み込み関数closeを使用します。「close([チャネ
ル])」で指定したチャネルをクローズすることができます。また、クローズされた
チャネルに対してデータの送信を行うとランタイムパニックが発生します。

```
ch := make(chan int, 1)
close(ch)
ch <- 1 // ランタイムパニック
```

　クローズされたチャネルから受信を行う場合は事情が異なります。次のように、
チャネルのバッファ内に溜められたデータについては問題なく受信を行うことが
できます。そのあと、バッファ内が空になったりクローズされたりしても、チャ
ネルが内包する型の初期値を受信し続けます。クローズされたチャネルから受信
を行っても、ランタイムパニックなどは発生しませんので、注意しましょう。

```
ch := make(chan int, 3)
ch <- 1
ch <- 2
ch <- 3
close(ch)
<-ch // == 1
<-ch // == 2
<-ch // == 3
<-ch // == 0
<-ch // == 0
 (以下略)
```

　チャネルがクローズされているかどうかを検出するためには、<-によるチャネ
ルからの受信に2つの変数を割り当てることができる特別な仕組みを利用します。
次の例では、生成したチャネルをすぐにクローズしてチャネルからの受信を実
行しており、変数okにはチャネルのオープン状態を表す真偽値が代入されます。
変数okの値がfalseであれば、チャネルがクローズされていると判断できます。
マップの要素への参照に2変数を割り当てる仕組みによく似ています。

→ 190

```
ch := make(chan int)
close(ch)
i, ok := <-ch // i == 0, ok == false
```

「チャネルがクローズされているかどうか」は少し不正確な説明で、厳密には「チャネルのバッファ内が空でかつクローズされた状態」の場合に、変数okにfalseの値を得ます。次の例からわかるように、チャネルのバッファ内に受信可能であるデータが残存した状態の間は、変数okの値はtrueとなります。

```
ch := make(chan int, 3)

ch <- 1
ch <- 2
ch <- 3

close(ch)

var (
    i  int
    ok bool
)
i, ok = <-ch // i == 1, ok == true
i, ok = <-ch // i == 2, ok == true
i, ok = <-ch // i == 3, ok == true
i, ok = <-ch // i == 0, ok == false
```

ゴルーチンとcloseの実例

ゴルーチンとチャネルを組み合わせたプログラム例を見てみましょう。

```
package main

import (
    "fmt"
    "time" // ウエイトのために使用
)

func receive(name string, ch <-chan int) {
    for {
        i, ok := <-ch
        if ok == false {
            /* 受信できなくなったら終了 */
            break
        }
```

Chapter 4 参照型

```
        fmt.Println(name, i)
    }
    fmt.Println(name + " is done.")
}

func main() {
    ch := make(chan int, 20)

    go receive("1st goroutine", ch)
    go receive("2nd goroutine", ch)
    go receive("3rd goroutine", ch)

    i := 0
    for i < 100 {
        ch <- i
        i++
    }
    close(ch)

    /* ゴルーチンの完了を3秒待つ */
    time.Sleep(3 * time.Second)
}
```

　関数mainでチャネルを生成し、ゴルーチンを3つ起動しています。チャネルには0から99までの整数が送信され、それぞれのゴルーチンがチャネルから受信した整数を出力します。関数mainは整数データの送信が完了したらすぐにチャネルをクローズし、ゴルーチンの完了を待ち受けるために3秒間スリープしています（timeパッケージの機能を利用しています）。本来はゴルーチンの停止を正確に検出するべきなのですが、ゴルーチンを同期化する仕組みは複雑なので、簡略化のために割り切ったプログラムにしています。

　プログラムを実行すると、次のような出力が得られました。

```
3rd goroutine -> 0
3rd goroutine -> 1
3rd goroutine -> 2
3rd goroutine -> 3
3rd goroutine -> 5
2nd goroutine -> 6
1st goroutine -> 4
1st goroutine -> 7
1st goroutine -> 8
1st goroutine -> 9
1st goroutine -> 10
2nd goroutine -> 11
```

```
1st goroutine -> 12
  (中略)
2nd goroutine -> 98
2nd goroutine -> 99
2nd goroutine is done.
1st goroutine is done.
3rd goroutine is done.
```

　これはあくまで筆者の検証環境による一例です。各ゴルーチンが非同期にどのような順序で動作するかは、タイミングにより異なるため、このプログラムの出力は実行のたびに変化します。起動するゴルーチンを増やしたり減らしたりするのも簡単ですので、ぜひ手元で実行してみてください。非同期に実行されるゴルーチンと、チャネルによるデータ共有がうまく機能することを実感できるはずです。

チャネルとfor

　チャネルに対しても「範囲節によるfor」を適用できます。チャネルからひたすら受信し続けるという処理であれば有用でしょう。

　「e := range ch」の形式で、チャネルから受信したデータが変数eに代入されます。しかし、この文法を利用するとチャネルのクローズを検出するタイミングが得られないという欠点もあります。状況に応じて使用すべきかどうか検討してください。

```
ch := make(chan int, 3)
ch <- 1
ch <- 2
ch <- 3
for i := range ch {
    fmt.Println(i)
}
/* 出力結果 */
1
2
3
fatal error: all goroutines are asleep - deadlock!

goroutine 1 [chan receive]:
main.main()
        /path/to/go-file.go:12 +0xfa
exit status 2
```

Chapter 4　参照型

select

　まず、次のような単純なプログラムについて考えてみましょう。変数ch1と
ch2はチャネル型、変数e1とe2はチャネルが内包するデータ型だと考えてくださ
い。

```
e1 := <-ch1
e2 := <-ch2
```

　変数ch1の指すチャネルからデータが受信できない場合、この処理の流れを実
行しているゴルーチンは停止します。つまり、変数ch2が指すチャネルの受信処
理にはいつまで経ってもたどり着けない可能性があります。

```
e1 := <-ch1 /* 受信待ちでゴルーチンが停止 */
e2 := <-ch2
```

　このように、1つの処理の流れの中で複数のチャネルを処理しようとする場合
に、チャネルの状態に応じてゴルーチンが停止してしまう問題があります。ゴ
ルーチンを停止させずに複数のチャネルをコントロールするには、どのような方
法があるのでしょうか。

　チャネルと密接な関係があるため「3.14　制御構文」では取り扱いませんでした
が、Goには複数のチャネルを効率的に処理するためのselectという構文が用意
されています。複数のチャネルに対する受信、送信処理ともにゴルーチンを停止
させることなく、コントロールすることができます。

```
select {
case e1 := <-ch1
    /* ch1からの受信が成功した場合の処理 */
case e2 := <-ch2
    /* ch2からの受信が成功した場合の処理 */
default:
    /* case節の条件が成立しなかった場合の処理 */
}
```

　次のようにselect文のcase節の式はすべてチャネルへの処理を伴っている必要
があります。

```
/* ch1から受信 */
case e1 := <-ch1:
```

```
/* ch2から受信（2変数） */
case e2, ok := <-ch2
/* ch3へe3を送信 */
case ch3 <- e3:
/* ch5から受信したデータをch4へ送信 */
case ch4 <- (<-ch5):
```

　具体的には、<-chによる受信処理、ch <- eによる送信処理、ch1 <- ch2のように2つのチャネル間の受信と送信を直接つなぐ処理のいずれかが必要になります。

　制御構文のswitchと同様に、はじめに成立したcase節が優先的に実行されてしまう仕様だとすれば、後続のcase節がいつまで経っても実行されない問題が発生してしまいます。そのような問題が起きないように、select下の複数のcase節の処理が継続できる場合には、Goのランタイムはどのcase節を実行するかを「ランダム」に選択して処理します。

　もう1つ、次のプログラムを見てください。

```
ch1 := make(chan int, 1)
ch2 := make(chan int, 1)
ch3 := make(chan int, 1)
ch1 <- 1
ch2 <- 2

/* 複数のcaseが成立する場合はランダムに選択される */
select {
case <-ch1:
    fmt.Println("ch1から受信")
case <-ch2:
    fmt.Println("ch2から受信")
case ch3 <- 3:
    fmt.Println("ch3へ送信")
default:
    fmt.Println("ここへは到達しない")
}
```

　このプログラムでは、チャネルを3つ用意していずれも処理の継続が可能であるcase節を使ってselect文を構成していますが、プログラムを実行するたびに出力されるメッセージは異なります。処理の継続が可能であるcase節が複数存在する場合の動作を確認できるでしょう。また、default節は、すべてのcase節の処理の継続が不可能である場合に実行されるので、このプログラムでは処理が到達することはありません。

　次に示すのは、複数のチャネルと複数のゴルーチンにselect文を組み合わせた

Chapter 4　参照型

プログラムの例です。

```go
ch1 := make(chan int)
ch2 := make(chan int)
ch3 := make(chan int)

/* ch1から受信した整数を2倍してch2へ送信 */
go func() {
    for {
        i := <-ch1
        ch2 <- (i * 2)
    }
}()
/* ch2から受信した整数を1減算してch3へ送信 */
go func() {
    for {
        i := <-ch2
        ch3 <- (i - 1)
    }
}()

n := 1
LOOP:
for {
    select {
    /* 整数を増分させつつch1へ送信 */
    case ch1 <- n:
        n++
    /* ch3から受信した整数を出力 */
    case i := <-ch3:
        fmt.Println("received", i)
    default:
        if n > 100 {
            break LOOP
        }
    }
}
/* 出力結果 */
received 1
received 3
received 5
received 7
received 9
received 11
received 13
received 15
（以下略）
```

行っていることはいたって単純で、「0から増分する整数値を生成」→「整数値を2倍にする」→「整数値から1を減算する」→「整数値を出力する」というだけです。半ば無理やりゴルーチンとチャネルを使う処理に置き換えてみました。select文を利用することで、各々非同期に処理されるチャネルのデータを適切に処理できるということが理解できるでしょう。

COLUMN ▶ チャネルと非同期処理

　チャネルについての説明はここまでで完了です。他のプログラミング言語に例のない機能でもあるので、単に説明を読んだ程度ではまだまだピンとこない内容かもしれませんね。

　Goははじめから非同期処理を効率的に処理できるようにデザインされています。ここまで見てきたチャネル、ゴルーチン、selectといった機能群は、非同期処理プログラミングのための基本的かつ強力な機能であることは間違いありません。しかし、非同期処理というものは、どのような道具を選ぼうとも「本質的に難しい」領域であり、複雑になればなるほど人間の理解力の範囲を越えていくものです。難しいものを難しく感じてしまうのはいたって普通の話でしょう。

　非同期処理を使わないとしても、Goは十分に強力なプログラミング言語です。チャネルなどの仕組みについて深い理解が必要なプログラムは限られていますし、すぐに理解ができなくても有用なプログラムを書く妨げにはならないでしょう。Goに十分に習熟してより高いパフォーマンスの実現が必要になったときに、再び非同期処理に取り組むということでも決して遅くはありません。

Chapter

5

構造体と
インターフェース
〜ポインタ・構造体・メソッド・
タグ・インターフェース

5.1 はじめに
5.2 ポインタ
5.3 構造体
5.4 インターフェース

Chapter 5 構造体とインターフェース

5.1 はじめに

　本章では「構造体 (struct)」と「インターフェース (interface)」について解説します。オブジェクト指向プログラミング言語であればクラスやオブジェクトといった要素の設計・実装がプログラミング作業の中心になるように、Goプログラミングでは構造体とインターフェースの設計・実装が重要なポイントになります。

　また、ここまでは触れなかった「ポインタ (pointer)」についても解説します。Goのポインタは重要な機能ですが、主として構造体とあわせて使用することが多いため、本章にまとめています。

5.2 ポインタ

　Goには、Cなどのプログラミング言語における学習障壁として悪名高い「ポインタ」という機能があります。ポインタとは、「値型 (value type)」に分類されるデータ構造 (基本型や参照型、後述する構造体など) のメモリ上のアドレスと型の情報です。Goではこれを使ってデータ構造を間接的に参照・操作できます。このように文章による説明では少々理解しにくいポインタですが、決して難解なものではありません。

■ ポインタの定義

　ポインタ型は、「*int」のようにポインタを使って参照・操作する型の前に「*」を置くことで定義できます。*float64であればfloat64型のポインタに、*[3]intであれば要素数3のint型配列へのポインタになります。また、定義のみを行ったポインタ型の変数の初期値はnilになり、参照型と同じように振る舞います。

```
/* 変数pはint型のポインタ */
var p *int

fmt.Println(p == nil) // => "true"
```

　ポインタを定義するための「*」を重ねて書くことで、参照・操作する型をポインタとするポインタ型を定義できます。このような書き方については「一応は書ける」ということだけ理解してもらえれば問題ありません。Goではこのような複雑な定義が必要になることは少ないからです。

→ 200

```
/* int型のポインタのポインタを参照・操作するためのポインタ型 */
var p ***int
```

また、各参照型についても同様にポインタ型を定義できますが、これも「可能である」ことだけ押さえておけばよいでしょう。「参照型」はその名前から読み取れるように、型の仕組み自体にポインタを使った参照を含んでいます。参照型へのポインタが必要になる局面は、相当なレアケースに限られます。

```
var (
    s  *[]string
    m  *map[int]rune
    ch *chan int
)
```

COLUMN　Goのポインタの意義

Goプログラムを解説していて、最も悩ましいのが「Goのポインタの意義」です。GoのポインタはCにおけるそれとほぼ同等のものです。「ポインタへのポインタ型」のような複雑な定義も可能になっています。しかし、このような複雑なポインタ定義を活用せずともGoによるプログラミングにはそれほど支障をきたしません。「では、なぜ存在するのか」という疑問に対しては、筆者であれば「Cとの互換性のため」と回答します。

本書で解説する範囲ではありませんが、Goは「Cとの互換性」について大きな注意が払われています。次に示すのは、Goに付属しているツールの1つであるcgoの使用例 (https://golang.org/cmd/cgo/) からの引用です。

```
package main

// typedef int (*intFunc) ();
//
// int
// bridge_int_func(intFunc f)
// {
//        return f();
// }
//
// int fortytwo()
// {
//        return 42;
// }
import "C"
import "fmt"
```

Chapter 5　構造体とインターフェース

```
func main() {
    f := C.intFunc(C.fortytwo)
    fmt.Println(int(C.bridge_int_func(f)))
    // Output: 42
}
```

　詳細は割愛しますが、このコードではCによって定義された関数をGoプログラム側から呼び出して、整数値や関数ポインタといったものをやり取りしています。このようにCとの連携を行う場合において、上記のように「int型を返す関数へのポインタ型」を比較的簡単に取り扱うことができるというのは、Cの既存資産を活かすという意味でも大きな利点となります。Cによって定義された、ポインタを駆使した複雑なデータ構造を、Goでも取り扱いしやすくなるという点においてGoのポインタは威力を発揮します。

　これは見方を変えれば、CとC++の関係にも似ています。C++は言語仕様上ほとんどCの上位互換であり、Cによる定義や実装をそのまま活かすことも可能になっています。しかし、C++は「参照」という仕組みを使って、ほとんどポインタを使用せずにプログラミングが可能になるようにデザインされてもいます。Goのポインタにおいて複雑な定義が可能になっているのと同じ事情であると考えてよいでしょう。

　このような背景があるため、本書ではGoのポインタの仕様についてはそこまでの深入りはしません。言語仕様として用意されている以上は当然のことながら複雑なポインタ型が必要になる局面はあり得ます。しかし、おそらくその場合にはGoにとどまらず、Cやそのポインタ型についても深い理解が必要になっていることでしょう。

アドレス演算子とデリファレンス

　演算子&を使って、任意の型からそのポインタ型を生成することができます。演算子&は「アドレス演算子」と呼ばれ、Cにも同様の機能があります。

```
var i int
p := &i
fmt.Printf("%T\n", p)  // => "*int"
pp := &p
fmt.Printf("%T\n", pp) // => "**int"
```

　ポインタ型の変数から値を参照するにはどのようにすればよいのでしょうか。演算子*をポインタ型の変数の前に置くことで、ポインタ型が指し示すデータの「デリファレンス (dereference)」をすることができます。デリファレンスとは、

ポインタ型が保持するメモリ上のアドレスを経由して、データ本体を参照するための仕組みです。

次の例では int 型の変数 i と、それを指すポインタ変数 p が定義されています。*p によるデリファレンスで変数 i の値を参照することができ、*p = 10 によって変数 i の値を書き換えることができます。

```
var i int
p := &i
i = 5
fmt.Println(*p) // => "5"
*p = 10
fmt.Println(i)  // => "10"
```

任意の型のアドレスを保持するポインタの性質を利用すれば、このように関数の引数へ値型の参照渡しが実現します。関数の引数に int 型のような値型を渡す場合は、関数呼び出しの際に、引数の値のコピーが発生してしまい、同じメモリ領域の値を共有することはできません。しかし、ポインタ型を介すれば、次のように関数の間で、1つのメモリ上の値を共有することができます。

```
func inc(p *int) {
    /* pをデリファレンスして+1増分 */
    *p++
}

func main() {
    i := 1
    inc(&i)
    inc(&i)
    inc(&i)
    fmt.Println(i) // => "4"
}
```

任意の配列に対してもポインタ型を定義できます。&[3]int{1, 2, 3} のように配列型のリテラルと演算子 & を組み合わせて、[3]int 型の配列を指し示すポインタを定義することが可能です。

次の関数 pow は *[3]int 型のポインタを受け取り、配列の各要素の整数値を、累乗した結果に置き換えています。

```
func pow(p *[3]int) {
    i := 0
```

Chapter 5 構造体とインターフェース

```
    for i < 3 {
        /* 各要素を累乗する */
        (*p)[i] = (*p)[i] * (*p)[i]
        i++
    }
}

func main() {
    /* 変数pは*[3]int型 */
    p := &[3]int{1, 2, 3}
    pow(p)
    fmt.Println(p) // => "&[1, 4, 9]"
}
```

(*p)[i] という箇所が少々複雑です。(*p) によってデリファレンスした配列型に、[i] を使って要素のインデックスを指定している、という順序であることに注意してください。演算子の優先順位の関係から、*p++ のようなデリファレンスと演算の組み合わせでは問題ありませんが、*p[i] のようには書くことはできません。

ポインタ型の変数がnilである場合にデリファレンスを実行すると、ランタイムパニックが発生します。ポインタを使用する場合は、初期化が正しく行われているかどうかについて注意する必要があります。

```
var p *int
fmt.Println(*p) // ランタイムパニック
```

■ 配列へのポインタ型

配列型へのポインタをデリファレンスして要素を参照する (*p)[0] のような書き方は、C由来の書き方であり、経験者であれば見慣れたものかもしれません。しかし、Goではポインタ型のデリファレンスについてより簡潔に記述するための方法が用意されています。

```
p := &[3]int{1, 2, 3}
fmt.Println((*p)[0]) // => "1"
```

次のコードの変数aは[3]string型の配列で、その配列へのポインタを変数pに代入しています。Goでは (*p)[i] のよう書き方をせずとも、p[i] と書くだけで「ポインタ型のデリファレンス」→「配列型の要素の参照」といった処理の組み合わせへ自動的に展開されます。具体的には、p[i] の変数pがポインタ型であることを

→ 204

コンパイラが検知して、自動的に (*p)[i] の形式へ置き換えているわけです。この仕組みによって、コード上では煩雑になりがちなポインタのデリファレンスが不要になり、プログラムの読みやすさが向上します。

```
a := [3]string{"Apple", "Banana", "Cherry"}
p := &a
fmt.Println(a[1]) // => "Banana"
fmt.Println(p[1]) // => "Banana"
p[2] = "Grape"
fmt.Println(a[2]) // => "Grape"
fmt.Println(p[2]) // => "Grape"
```

　組み込み関数lenやcap、スライス式の場合も、配列へのポインタ型であればデリファレンスを省略できます。

```
p := &[3]int{1, 2, 3}

fmt.Println(len(p)) // => "3"
fmt.Println(cap(p)) // => "3"
fmt.Println(p[0:2]) // => "[1, 2]"
```

　また、「範囲節によるfor」におけるrangeを使用する場合も、配列へのポインタ型のデリファレンスを省略できます。このようにGoには、配列へのポインタ型を簡潔に操作するための仕組みがいろいろと備わっています。

```
p := &[3]string{"Apple", "Banana", "Cherry"}

for i, v := range p {
    fmt.Println(i, v)
}
/* 出力結果 */
0 Apple
1 Banana
2 Cherry
```

■ 値としてのポインタ型

　ポインタ型とはつまるところ「型」とメモリ上の「アドレス」を組み合わせたデータ型です。int型が値として整数を持つように、ポインタ型は値として「メモリ上のアドレス」を保持します。fmt.Printf系の関数に備わっている書式指定子%pを

Chapter 5 構造体とインターフェース

使えば、このアドレスの具体的な「値」を得ることができます。使用頻度が高いものではありませんが、ポインタ型も他の型と同様に具体的な値を保持することは理解しておきたいところです。

```
i := 5
ip := &i
fmt.Printf("type=%T, address=%p\n", ip, ip)
/* 出力結果 */
type=*int, address=0xc82000a380
```

文字列型とポインタ

Goの組み込み型であるstring型は、ポインタ型という観点から見ると実はかなり特殊な型です。

```
s := "ABC"
&s      // 文字列型のポインタ
s[0]    // 文字列のインデックス参照（byte型）
&s[0]   // コンパイルエラー
```

演算子&を使用してstring型のポインタをとるのはとくに問題ありません。しかし、文字列の部分参照であるs[0]をポインタ参照するとコンパイルエラーが発生し、「cannot take the address of s[0]」といったエラーメッセージが出力されます。「アドレスを取得できない」とはどういう意味なのでしょうか。

Goではさまざまな型に対してポインタ型をとることができます。次のように、配列である[3]int型の要素であろうと、スライスである[]float64型の要素であろうと演算子&は問題なく機能します。また、このようなポインタ型をデリファレンスすることで、要素の値を書き換えることもできます。

```
is := [3]int{1, 2, 3}
ip := &is[1] // [3]intの2番目の要素を指すポインタ
*ip = 0
is // == [1, 0, 3]

fs := []float64{1.1, 2.2, 3.3}
fp := &fs[2] // []float64の3番目の要素を指すポインタ
*fp = 3.14
fs // == [1.1, 2.2, 3.14]
```

206

しかし、string型の要素であるbyte型のポインタの取得は、エラーが発生することからもわかるように、Goでは明白に禁止されています。なぜ、string型の要素に限って、このような操作が禁止されているのでしょうか。

Goでは、一度生成された文字列に対して何らかの変更を加えることは基本的にできないように設計されています[注1]。この性質を「不変（immutable）」と言います。文字列を構成するbyte型の配列に対してポインタ型を定義できてしまうと、それは文字列に対する破壊的変更を許可することにほかなりません。

Goの文字列は不変ですので、文字列の結合処理を行うたびに新しい文字列がメモリ上に生成されます。次の例では、変数sに格納される最終的な文字列は"ABC"ですが、forループの処理の間で"A"、"AB"という中間の文字列が生成されています。大量の文字列を結合する場合に、このような内部動作についての理解がないと、意図せずして非常に効率の悪い処理を実装してしまう恐れがあります。気を付けてほしいポイントです。Goでは、このような処理を効率化するためにbytesパッケージが用意されています。

```go
s := ""
for _, v := range []string{"A", "B", "C"} {
    s += v
}
s // == "ABC"
```

もう一点、間違いやすいポイントですが、string型の値を、変数への再代入や関数の引数として使った場合であっても、文字列の実体が別のメモリ領域にコピーされることはありません。したがってGoでは、*string型による文字列の参照渡しといったコードを書く必要性は基本的にありません。Cなどに習熟しているとかえって間違いやすいところかもしれません。

```go
func printString(s string) {
    fmt.Println(s)
}

func main() {
    s := "Hello, World!"
    printString(s) // 文字列の実体のコピー処理は発生しない
}
```

注1　危険ですが絶対にできないというわけではありません。

Chapter 5　構造体とインターフェース

　次に示すのは、Goのソースコードから引用したstring型の実体を表す構造体の定義です。

```
type stringStruct struct {
    str unsafe.Pointer // 文字列の実体へのポインタ
    len int            // 文字列のバイト長
}
```

　構造体についての詳細は次項に譲りますが、string型は内部的に「文字列の実体へのポインタ」と「文字列のバイト長」によって構成されています。つまりstring型は、その型の仕組みそのものにポインタを内包しているのです。したがって、関数の引数としてstring型を値渡ししたとしても、文字列の実体へのポインタと文字列のバイト長という2つの値がコピーされるだけで事足りるため、文字列の実体そのものが不必要にコピーされてしまうことはありません。

　Goの文字列型は、ポインタ操作の煩雑さを内部的に隠蔽しつつ「不変」という性質を保っている、少々特殊な存在であることに注意してください。

COLUMN　合理性と一貫性

　「配列へのポインタ型」は基本的かつ頻出するデータ構造であるため、Goのコンパイラによってある種の「特別扱い」をされます。これによってプログラムの一貫性という観点から、対象が配列型なのか配列へのポインタ型なのかの見分けがつきにくくなるというデメリットも発生します。Goは極めて合理的に設計されたプログラミング言語ですが、合理的でさえあれば一貫性にはあまり強くこだわらない傾向があります。配列へのポインタ型に対する文法上の優遇は、その最たるものだと言えるでしょう。

　Cに習熟した開発者であればメリットを享受できるところが多々ありますが、ポインタという考え方に不慣れだと混乱しやすいところかもしれません。幸いなことにGoではポインタが必要になる局面はCと比較して限られているので、「このような場合にポインタ型を使う」といったルールさえ把握しておけば、通常のプログラミングには支障はほとんどありません。学習を進めて、ポインタについてより本質的な理解が必要になった際に、Cとあわせて学んでみるのがよいでしょう。

5.3 構造体

構造体とは

「構造体（struct）」とは、要約すると「複数の任意の型の値を1つにまとめたもの」です。条件さえ満たせば、基本型、配列型、関数型、参照型、ポインタ型などのさまざまなデータ構造を1つの「型」として取り扱うことができます。また、構造体自身に構造体を含めることも可能です。

Goでは、複雑なデータ構造を組み立てるためにさまざまな構造体を定義する必要があります。Javaなどのオブジェクト指向プログラミング言語においてクラスやオブジェクトの定義が重要であるように、Goにおける構造体の定義はプログラミングにおいて重要な位置を占めます。

データ構造としての視点から見れば、Goの構造体はCにおける構造体とさほど大きな違いはありません。しかし、Goの構造体には「型」を厳密かつ便利に扱うためのさまざまな仕組みが備わっています。

オブジェクト指向という考え方が広く普及した背景には、データとそれを処理する手続きを一体化することでプログラムの複雑性を下げることができるという考え方があります。Goにはオブジェクト指向プログラミング言語に多く見られる「クラス」や「オブジェクト」などの機能は備わっていませんが、任意の構造体と手続きを結び付けるための「メソッド」という機能があります。オブジェクト指向における「メソッド」とは意味合いが少々異なるため、完全に同一視するのは問題があると思いますが、似たようなものと見なしても間違いではありません。また、後述する「インターフェース（interface）」もGoの構造体に柔軟性を与える重要な機能です。

type

構造体の解説の前に、まず予約語typeについて確認してみましょう。「type ［定義する型］［既存の型］」のように使用します。

次のように基本型であるint型にMyIntのようなエイリアス（alias）を定義することができます。このようにtypeは、すでに定義されている型をもとに、新しい型を定義するための機能です。

Chapter 5　構造体とインターフェース

```
/* intの別名としてのMyInt型を定義 */
type MyInt int

var n1 MyInt = 5
n2 := MyInt(7)
fmt.Println(n1) // => "5"
fmt.Println(n2) // => "7"
```

　型のエイリアスを定義することにどのような利点があるのでしょうか。次にtypeによるエイリアスのパターンをいくつか挙げてみています。たとえば、map[string][2]float64のような複雑な型にAreaMapというエイリアスを定義することで、プログラムから複雑な型定義を取り除くことができ、見通しが良くなることがわかります。また、IntPair{1, 2}のように元の型のリテラルをそのまま適用することができるのも、大きなメリットです。

```
/* typeによるさまざまなエイリアス */
type (
    IntPair     [2]int
    Strings     []string
    AreaMap     map[string][2]float64
    IntsChannel chan []int
)

pair := IntPair{1, 2}
strs := Strings{"Apple", "Banana", "Cherry"}
amap := AreaMap{"Tokyo": {35.689488, 139.691706}}
ich  := make(IntsChannel)
```

　次のように関数型にエイリアスを定義するのも良い使い方でしょう。func(i int) intという、ぱっと見ただけではどのような処理を行うかを想像しづらい関数型に、Callbackという明確な型名を定義することで、プログラムの可読性を向上させることができます。

```
/* int型をとりint型を返すコールバック型 */
type Callback func(i int) int

func Sum(ints []int, callback Callback) int {
    var sum int
    for _, i := range ints {
        sum += i
    }
    return callback(sum)
}
```

210

```go
func main() {
    n := Sum(
        []int{1, 2, 3, 4, 5},
        func(i int) int {
            return i * 2
        },
    )
    /* n == 30 */
}
```

このようにtypeによる型の定義を使用すれば、Goの型の表現力を活用できます。複雑な型定義がわずらわしい場合などに一考する価値があるでしょう。

■ エイリアス型の互換性

型のエイリアスは便利な機能ですが、型の互換性については注意が必要です。次のように定義した型T0とT1はいずれも、int型へのエイリアスです。この場合、int型とT0型には互換性があり、同様にint型とT1型にも互換性が成立しています。しかし、同じint型をベースにしたT0型とT1型の間には互換性がありません。同じ型から派生した場合であっても、エイリアスの間には互換性が成り立たないことに注意してください。

```go
type T0 int
type T1 int

t0 := T0(5)   // t0 == 5
i0 := int(t0) // i0 == 5

t1 := T1(8)   // t1 == 8
i1 := int(t1) // i1 == 8

t0 = t1       // コンパイルエラー
```

■ 構造体の定義

構造体を使用するには一般的にtypeと組み合わせて新しい型を定義します。構造体は「struct { ［フィールドの定義］ }」によって囲われた範囲で定義します。「structで定義された構造体に、typeを使って新しい型名を与える」という順序であることに注意してください。

Chapter 5 構造体とインターフェース

structの中には任意の型を持つ「フィールド (field)」を任意の数だけ並べることができます。次の例に示すPoint型では、Xというint型のフィールドと、Yというint型のフィールドの2つが定義されています。

```
type Point struct {
    X int
    Y int
}
```

また、型が同じフィールドであれば、変数定義と同様に「,」でフィールド名を区切ることで、複数のフィールドを一括して定義することも可能です。

```
type Point struct {
    X, Y int
}
```

構造体は値型の一種です。したがって、構造体型の変数を定義すると構造体に定義されている各フィールドに必要なメモリ領域が確保され、それぞれのフィールドは型に合わせた初期値をとります。

構造体のフィールドの値を参照するには、「[構造体型].[フィールド名]」というように「.」で区切ってフィールド名を指定します。次に示すPoint型はX、Yというint型の2つのフィールドを持ちますが、それぞれint型の初期値である0で初期化されていることが確認できます。また、構造体のフィールドには演算子=を使って値を代入することができます。

```
var pt Point
pt.X // == 0
pt.Y // == 0

/* 構造体のフィールドへの代入 */
pt.X = 10
pt.Y = 8

pt.X // == 10
pt.Y // == 8
```

■ 複合リテラル

構造体型に各フィールドの初期値を指定しつつ構造体を生成するための「複合

リテラル（Composite literals）」が用意されています。{ }で囲んだ中に各フィールドの初期値を列挙することができ、それぞれの値は構造体のフィールドが定義された順序に対応しています。

次の例では、最初に定義されたフィールドXに一番目の値1が、2番目に定義されたフィールドYに2番目の値2がそれぞれ代入されます。

```
pt := Point{1, 2}
pt.X // == 1
pt.Y // == 2
```

構造体を各フィールドの初期値を指定しつつ生成する書き方は有用ですが、与える値の順序と構造体のフィールド定義の順序を完全に一致させる必要があり、仮に構造体のフィールド定義に変更があった場合に、フィールドと値の対応関係がずれてしまうなどの問題が考えられます。

このような問題が発生しないように、フィールドを明示的に指定して値を定義するための複合リテラルもあります。

```
pt := Point{X: 1, Y: 2}
pt.X // == 1
pt.Y // == 2
```

「[フィールド]:[値]」のようにフィールドと値のペアを列挙することで、構造体のどのフィールドの値なのかを明示できます。また、明示的にフィールドを指定することによって値の順序を気にする必要がなくなるため、Point{Y: 2, X: 1}のように順序を入れ替えても意味が変わらないという柔軟性があります。

フィールドを明示的に指定する複合リテラルを使うことで、フィールドの一部のみを初期化することも可能になります。次の例ではPoint型のフィールドYのみに値を指定しており、フィールドXはint型の初期値のままであることがわかります。

```
pt := Point{Y: 28}
pt.X // == 0
pt.Y // == 28
```

複合リテラルには2種類の記述方法があることがわかりましたが、特別な理由がない限りは後者の「フィールドを明示的に指定する」書き方を選択すべきでしょう。プログラムの柔軟性や読解姓を大きく向上させることができるはずです。

Chapter 5　構造体とインターフェース

■ フィールド定義の詳細

　構造体のフィールド名のルールは、変数や関数など他のGoの識別子と同様です。UTF-8エンコーディングであれば次のように日本語のフィールド名も問題なく利用できます。

```go
type Person struct {
    ID   uint
    name string
    部署 string
}

p := Person{ID: 17, name: "山田太郎", 部署: "営業部"}
```

　しかし、Goの慣例に従えば、先頭が英大文字の英数字によるフィールド名を使用するのが好ましいでしょう。Goの標準パッケージ下で定義された構造体などでも、多くはそのように定義されています。

　実はGoの構造体の定義ではフィールド名の省略ができます。この場合は「フィールド名＝型名」という定義であると見なされます。フィールドがint型やstring型のように基本的なものである場合に使用するメリットはほとんどありません。ただし、構造体に別の構造体型を埋め込む場合には有用な機能になるのですが、これについては後述します。

```go
type T struct {
    int
    float64
    string
}

t := T{1, 3.14, "文字列"}
t.int     // == 1
t.float64 // == 3.14
t.string  // == "文字列"
```

　高度な仕様のため詳細には踏み込みませんが、Goの構造体には「無名フィールド（blank field）」を定義することができます。フィールド名に「_」を与えると、そのフィールドは無名フィールドになります。

　無名フィールドという名前のとおりフィールド名が存在しないので、参照や代入といった操作は不可能になります。また、同じ理由で複合リテラルを使ったフィールド値の初期化もできません。しかし、次の構造体の出力結果からわかる

→ 214

ように、1つのフィールドとして間違いなく存在することは確認できます。

```
type T struct {
    N uint
    _ int16
    S []string
}

t := T{
    N: 12,
    S: []string{"A", "B", "C"},
}
fmt.Println(t) // => "{12 0 [A B C]}"
```

　無名フィールドは構造体のメモリ上のアラインメント（alignment）調整のために用意されています。これは構造体がメモリ上の領域にどのように配置されるかを細かく調整するための仕組みです。高度な仕組みであり、通常のGoプログラミングの範囲では理解しておく必要はありません。このような仕組みもあるということだけ覚えておけば問題ないでしょう。

構造体を含む構造体

フィールド名のある埋め込み構造体

　まずは、構造体に埋め込む構造体型に明示的にフィールド名を定義するパターンを確認してみましょう。次の例ではFeed型の構造体を定義して、Animal型の構造体のフィールドに埋め込む定義を行っています。

```
type Feed struct {
    Name   string
    Amount uint
}

type Animal struct {
    Name string
    Feed Feed /* Feed型の埋め込み */
}
```

　Animal型に埋め込むFeed型のフィールド名を、型と同じFeedにしていますが、問題はありません。むしろ、Goの構造体の定義ではよく見られる形式です。
　複合リテラルの内側にさらに複合リテラルを書くことができるため、埋め込ま

Chapter 5 構造体とインターフェース

れたFeed型の構造体もあわせて初期化することができます。これは入れ子になった複雑な構造体をまとめて初期化することができる便利な書き方です。このように埋め込まれた構造体型のフィールドには、a.Feed.Nameのように階層的にたどってアクセスすることができます。

```
a := Animal{
    Name: "Monkey",
    Feed: Feed{ /* 複合リテラル内の複合リテラル */
        Name:   "Banana",
        Amount: 10,
    },
}

a.Name          // == "Monkey"
a.Feed.Name     // == "Banana"
a.Feed.Amount   // == 10

a.Feed.Amount = 15
a.Feed.Amount   // == 15
```

フィールド名を省略した埋め込み構造体

次のコードはほぼ前掲のコードと同じですが、一点だけ異なるところがあります。Animal型に埋め込むFeed型のフィールド名を省略しているのです。結果としてフィールド名は暗黙的にFeedになるため、前掲のプログラムと同じように構造体を操作することができます。異なる点は、Feed型のフィールドAmountへアクセスする場合に、a.Feed.Amountと書くべきところをa.AmountとフィールドFeedを省略した形で書くことができるようになっているところです。

```
type Feed struct {
    Name   string
    Amount uint
}

type Animal struct {
    Name string
    Feed  /* フィールド名を省略した構造体の埋め込み */
}

a := Animal{
    Name: "Monkey",
    Feed: Feed{
        Name:   "Banana",
```

216

5.3 構造体

```
        Amount: 10,
    },
}

a.Amount      // == 10

a.Amount = 15
a.Amount      // == 15
a.Feed.Amount // == 15
```

　このようにGoの構造体では、フィールド名を省略して埋め込まれた構造体の
フィールド名が「一意」に定まる場合に限り、中間のフィールド名を省略してアク
セスできます。

　上記のプログラムで言えば、Feed型のNameフィールドにアクセスする場合は、
a.Feed.Nameのように書かなければなりません。NameというフィールドはAnimal型
にも定義してあるので、どちらの構造体型のフィールドであるかを識別できない
からです。AmountというフィールドはFeed型にのみ定義されているため、一意に
識別できます。結果として、フィールド名Feedを省略することができます。

　中間のフィールド名を省略したフィールドへのアクセスは、さらに深く埋め込
まれた構造体についても問題なく動作します。「フィールド名が一意に定まる」
ルールに沿えば、次のように「構造体に埋め込まれた構造体型に埋め込まれた構
造体型のフィールド」であっても直接アクセス可能です。

```
type T0 struct {
    Name1 string
}

type T1 struct {
    T0
    Name2 string
}

type T2 struct {
    T1
    Name3 string
}

t := T2{T1: T1{T0: T0{Name1: "X"}, Name2: "Y"}, Name3: "Z"}
t.Name1 // == "X"
t.Name2 // == "Y"
t.Name3 // == "Z"
```

Chapter 5 構造体とインターフェース

　フィールド名を省略した埋め込み構造体には、どのようなメリットがあるの
でしょうか。「異なる構造体型に共通の性質を持たせる」局面で有効に利用する
ことができます。次の例では、構造体型AおよびBに共通するフィールドとし
てBase型の構造体を定義しています。このように異なる構造体間で共有し得る
フィールド群を、Base型のように別の構造体型を切り出して共通化することがで
きます。

```go
type Base struct {
    Id    int
    Owner string
}

type A struct {
    Base /* 共通のフィールド */
    Name string
    Area string
}

type B struct {
    Base /* 共通のフィールド */
    Title  string
    Bodies []string
}

a := A{
    Base: Base{17, "Taro"},
    Name: "Taro",
    Area: "Tokyo",
}
b := B{
    Base:   Base{81, "Hanako"},
    Title:  "no title",
    Bodies: []string{"A", "B"},
}

a.Id    // == 17
a.Owner // == "Taro"
b.Id    // == 81
b.Owner // == "Hanako"
```

▌暗黙的なフィールドの注意点

　フィールド名を定義しない型の埋め込みには注意すべき点があります。

→ 218

```
struct {
    T1          // フィールド名はT1
    *T2         // フィールド名はT2
    P.T3        // フィールド名はT3
    *P.T4       // フィールド名はT4
}
```

　この*T2のようにポインタ型を埋め込む場合の暗黙的なフィールド名は、T2になります。また、Pパッケージで定義されている型T3をP.T3という形で埋め込む場合の暗黙的なフィールド名は、T3になります。

　このようにポインタ型の修飾子やパッケージのプリフィックス部分は無視され、純粋な型名の部分が暗黙的なフィールド名として利用されます。

▍再帰的な定義の禁止

　構造体のフィールドに自身の型を含むような再帰的な定義は、コンパイルエラーになります。

```
type T struct {
    T // コンパイルエラー
}
```

　また、次のようにフィールドに含まれる構造体型が自身の型を含むようなパターンも再帰的な定義となります。

```
type T0 struct {
    T1 // T1がT0を含むのでコンパイルエラー
}

type T1 struct {
    T0
}
```

無名の構造体型

　構造体型の定義は主にtypeと組み合わせて利用しますが、struct { [フィールド定義] }という構造体型そのものを型として利用することも可能です。次の例では、struct{ X, Y int }が型そのものとして動作していることがわかります。

Chapter 5　構造体とインターフェース

```
func showStruct(s struct{ X, Y int }) {
    fmt.Println(s)
}

s := struct{ X, Y int }{X: 1, Y: 2}
showStruct(s) // => "{1 2}"
```

　当然のことながら、このような煩雑な定義をあえて選択する必要性はほとんど
ありません。構造体型を定義する場合は、原則的にtypeと組み合わせてエイリア
スを定義するべきでしょう。

　細かい点ですが、typeによって構造体型にエイリアスを定義した場合に、元の
構造体型とエイリアスには互換性があります。次の例からわかるように、Point型
はstruct{ X, Y int }型と互換です。理屈としてはtype MyInt intにおいて
MyInt型とint型に互換性があるのと何ら変わりありません。

```
type Point struct {
    X, Y int
}

func showStruct(s struct{ X, Y int }) {
    fmt.Println(s)
}

p := Point{X: 3, Y: 8}
showStruct(p) // => "{3 8}"
```

■ 構造体とポインタ

　構造体は値型です。したがって、関数の引数として構造体を渡した場合は、構
造体のコピーが生成され、その構造体が関数によって処理されて、元の構造体に
は何の影響も与えることができません。

　次の例ではPoint型の構造体を関数swapに渡して処理を行っているように見え
ますが、元の変数pが指す構造体と関数swap内の変数pが指す構造体はまったく
別のものです。

```
type Point struct {
    X, Y int
}

func swap(p Point) {
```

220

5.3 構造体

```
    /* フィールドX、Yの値を入れ替える */
    x, y := p.Y, p.X
    p.X = x
    p.Y = y
}

p := Point{X: 1, Y: 2}
swap(p) /* 構造体は値渡しされる */

p.X // == 1
p.Y // == 2
```

```
/* Point型のポインタを受け取るように変更 */
func swap(p *Point) {
    x, y := p.Y, p.X
    p.X = x
    p.Y = y
}

p := Point{X: 1, Y: 2}
swap(&p) /* Point型のポインタを渡す */

p.X // == 2
p.Y // == 1
```

　構造体型を関数へ参照渡しするために必要になるのが「構造体型へのポインタ」です。次のコードでは、先ほどの関数swapを引数として*Point型をとるように修正しています。また、関数の呼び出し側からは&pのようにPoint型のポインタを渡しています。

```
/* 変数pは*Point型 */
p := &Point{X: 1, Y: 2}
```

　この修正によって構造体型の参照渡しが実現して、関数swapで処理した内容が正しく反映されることになりました。このように、構造体は主にポインタ型を経由して使用します。構造体を値型として処理する局面は非常に限定されているからです。

　元のコードでは&pのように構造体型からアドレス演算子&を使ってポインタを生成していましたが、上記のように構造体型のポインタを直接生成するほうが、良い書き方でしょう。Goプログラムに頻出するパターンでもあります。

221

Chapter 5 構造体とインターフェース

new

指定した型のポインタ型を生成するために組み込み関数newが用意されています。「new([型])」という形式で使用します。

```
type Person struct {
    Id   int
    Name string
    Area string
}

/* 変数pは*Person型 */
p := new(Person)

p.Id   // == 0
p.Name // == ""
p.Area // == ""
```

組み込み関数newは構造体型専用というわけではなく、次のように基本型や参照型にも使用することができます。しかし、このような使い方にはあまりメリットがないため、やはり主な用途としては構造体型のポインタ生成のために利用されます。

```
/* 変数iはint型のポインタ */
i := new(int)
*i // == 0
/* 変数sは[]string型のポインタ */
s := new([]string)
*s // == nil
```

組み込み関数newを使った構造体型のポインタ生成と、アドレス演算子&を伴った複合リテラルによる構造体型のポインタ生成の間には、動作上ほとんど違いはありません。プログラムの状況に応じて使い分けるべきでしょう。

```
/* newを使用した構造体型のポインタの初期化 */
p := new(Point)
p.X = 1
p.Y = 2

/* 複合リテラルを使用した構造体型のポインタの初期化 */
p := &Point{X: 1, Y: 2}
```

222

メソッド

Goには「メソッド（Method）」という特徴的な機能があります。メソッドと言っても、オブジェクト指向プログラミング言語によくあるメソッドとは異なります。Goのメソッドは、任意の型に特化した関数を定義するための仕組みです。

メソッドの定義

次に示すのは、シンプルな構造体型とその構造体型に定義したメソッドの例です。

```
type Point struct{ X, Y int }

/* *Point型のメソッドRender */
func (p *Point) Render() {
    fmt.Printf("<%d,%d>\n", p.X, p.Y)
}

p := &Point{X: 5, Y: 12}
/* メソッドRenderの呼び出し */
p.Render()
/* 出力結果 */
<5,12>
```

メソッド定義では、関数とは異なりfuncとメソッド名の間に「レシーバー（Receiver）」の型とその変数名が必要になります。この場合は、*Point型の変数pがレシーバーを表しています。

```
func (p *Point) Render()
```

型に定義されたメソッドは「[レシーバー].[メソッド]」という形式で呼び出すことができます。変数pが指す*Point型へのポインタがレシーバーに該当します。

```
p.Render()
```

メソッドには関数と同様に任意の引数と戻り値を定義できます。レシーバーの定義が必要なことを除けば、通常の関数定義と異なるところはありません。

```
/* 2点間の距離を求めるメソッド */
func (p *Point) Distance(dp *Point) float64 {
    x, y := p.X-dp.X, p.Y-dp.Y
```

Chapter 5 構造体とインターフェース

```
    return math.Sqrt(float64(x*x + y*y))
}

p := &Point{X: 0, Y: 0}
p.Distance(&Point{X: 1, Y: 1}) // == 1.4142135623730951
```

　同一のパッケージ内に引数や戻り値が異なる同名の関数を複数定義すること
はできませんが、メソッドの場合はレシーバーの型さえ異なっていれば同名のメ
ソッドを定義できます。次の例では、*IntPoint型とFloatPoint型のそれぞれのポ
インタ型について同名のメソッドDistanceを定義しています。

```
type IntPoint struct{ X, Y int }
type FloatPoint struct{ X, Y float64 }

/* *IntPoint型のメソッドDistance */
func (p *IntPoint) Distance(dp *IntPoint) float64 {
    x, y := p.X-dp.X, p.Y-dp.Y
    return math.Sqrt(float64(x*x + y*y))
}
/* *FloatPoint型のメソッドDistance */
func (p *FloatPoint) Distance(dp *FloatPoint) float64 {
    x, y := p.X-dp.X, p.Y-dp.Y
    return math.Sqrt(x*x + y*y)
}
```

▌エイリアスへのメソッド定義

　メソッドが定義できるのは構造体型だけとは限りません。次のように、int型へ
のエイリアスであるMyInt型を定義して、その型にメソッドを定義することも可能
です。

```
type MyInt int

func (m MyInt) Plus(i int) int {
    return int(m) + i
}

MyInt(4).Plus(2) // == 6
```

　また、次の例では、配列型や参照型のエイリアスに対してメソッドを定義して
います。このようにメソッドは構造体型に限らず、さまざまな型に対して定義で
きる柔軟性の高い機能です。

224

```
/* [2]intへのエイリアスIntPair */
type IntPair [2]int

/* ペアの先頭を返すメソッド */
func (ip IntPair) First() int {
    return ip[0]
}

/* ペアの末尾を返すメソッド */
func (ip IntPair) Last() int {
    return ip[1]
}

/* []stringへのエイリアスMyString */
type Strings []string

/* 文字列のスライスを区切り文字で連結するメソッド */
func (s Strings) Join(d string) string {
    sum := ""
    for _, v := range s {
        if sum != "" {
            sum += d
        }
        sum += v
    }
    return sum
}

ip := IntPair{1, 2}
ip.First() // == 1
ip.Last()  // == 2

Strings{"A", "B", "C"}.Join(",") // == "A,B,C"
```

▌型のコンストラクタ

　Goにはオブジェクト指向プログラミング言語に見られる「コンストラクタ（Constructor）」機能はありませんが、慣例的に「型のコンストラクタ」というパターンを利用します。

　次の例では、構造体User型とその初期化のための関数NewUserが定義されています。このように「型のコンストラクタ」を表す関数は、「New [型名]」のように命名するのが一般的です。また、型のコンストラクタは対象の型のポインタ型を返すように定義するのが望ましいでしょう。

Chapter 5　構造体とインターフェース

```go
type User struct {
    Id   int
    Name string
}

func NewUser(id int, name string) *User {
    u := new(User)
    u.Id = id
    u.Name = name
    return u
}

fmt.Println(NewUser(1, "Taro")) // => "&{1 Taro}"
```

　「型のコンストラクタ」をパッケージの外部に公開する場合はNewUserという命名で問題ありませんが、パッケージの内部でのみ利用するのであればnewUserのように先頭を小文字にして非公開にするのがよいでしょう。

　NewXXXという一種のイディオムはGoの標準パッケージでも頻繁に利用されているため、外部パッケージの使用方法を把握するための入り口としても最適です。

▌関数としてのメソッド

　メソッドはレシーバーの定義を必要とするなど、通常の関数定義とは少々異なります。しかし、実体としてのメソッドはGoの関数そのものです。メソッドを関数型として参照するときには、「[レシーバーの型].[メソッド]」のように書くことができます。次のコードを見てください。

```go
type Point struct{ X, Y int }

func (p *Point) ToString() string {
    return fmt.Sprintf("[%d,%d]", p.X, p.Y)
}

/* 変数fは(func(*Point) string)型 */
f := (*Point).ToString
f(&Point{X: 7, Y: 11}) // == "[7,11]"
```

　(*Point).ToStringの部分が、メソッドを関数型として参照している場所です。*Point型のメソッドToStringを関数として見ると、「func(*Point) string」という関数型になります。つまり、メソッドはレシーバーを第1引数としてとる単なる関数にすぎません。また、実際にf(&Point{X: 7, Y: 11})のように書いて、レシー

→ 226

バーを経由せずに通常の関数として呼び出すことが可能です。

　複雑なコードですが、変数を使わずに「メソッドを関数型として参照」→「関数の呼び出し」までをまとめて書くと次のようになります。このようなコードは書くべきではありませんが、原理的にこのような書き方ができるということについては理解してください。

```
((*Point).ToString)(&Point{X: 11, Y: 33}) // == "[11,33]"
```

　メソッドを関数型として参照する場合にはもう1つ、「[レシーバー].[メソッド]」という書き方もあります。p.ToStringで取り出した関数はfunc() string型となり、型を経由してメソッドを関数型で参照した場合とは結果が異なります。これは、レシーバーの内容が具体的に決定しているため、第1引数にレシーバーを必要としない関数が得られるという仕組みです。少々難解かもしれませんがルール自体はシンプルです。

　実際にこのようなプログラムを書く必要性には乏しいのですが、このような動作を理解すればGoについての理解もより深まるでしょう。

```
p := &Point{X: 2, Y: 3}
f := p.ToString // 変数fは(func() string)型
f() // == "[2,3]"
```

▌レシーバーとポインタ型

　メソッドを定義する際に悩ましいのが、レシーバーを値型にするかポインタ型にするかの選択です。基本的な原則を先に示せば、「構造体に定義するメソッドのレシーバーはポインタ型」にすべきです。実際に、レシーバーの型の違いによってどのような差異が現れるのかを確認してみましょう。

```
type Point struct{ X, Y int }

/* Point型のレシーバー */
func (p Point) Set(x, y int) {
    p.X = x
    p.Y = y
}

/* 変数p1はPoint型 */
p1 := Point{}
p1.Set(1, 2)
```

Chapter 5 構造体とインターフェース

```
p1.X // == 0
p1.Y // == 0

/* 変数p2は*Point型 */
p2 := &Point{}
p2.Set(1, 2)
p2.X // == 0
p2.Y // == 0
```

　まずは、レシーバーに構造体型であるPointを使ったメソッドの例です。メ
ソッドSetはレシーバーであるPoint型のフィールドX、Yを引数の内容で変更しま
す。

　しかし、このメソッドは期待どおりには動作せず、メソッドの呼び出し側の構
造体には何の変化ももたらしません。これは、レシーバーが値型であるPoint型
であることが原因です。

　レシーバーに値型が定義されたメソッドでは、呼び出し時にレシーバーそのも
ののコピーが発生します。したがって、メソッドの呼び出し側と内部においてレ
シーバーの実体が異なることになります。これが、メソッドのレシーバーをポイ
ンタ型にすべき最大の理由です。

　上記のプログラムではもう1つ注意点があります。メソッドSetのレシーバーは
Point型ですが、呼び出し側のレシーバーがPoint型であろうが*Point型であろう
が問題なく呼び出すことができます。Goではメソッドの呼び出し側のレシーバー
が値型でもポインタ型でもとくに区別なくメソッドを呼び出すことができます。
厳密な型システムを備えるGoにしてはいかにも粗雑な印象もありますが、値型
かポインタ型かを気にすることなくメソッドを使用できるというメリットもありま
す。

　メソッドSetのレシーバーを*Point型に修正してみましょう。

```
type Point struct{ X, Y int }

/* *Point型のレシーバー */
func (p *Point) Set(x, y int) {
    p.X = x
    p.Y = y
}

/* 変数p1はPoint型 */
p1 := Point{}
p1.Set(1, 2)
```

→ 228

```
p1.X // == 1
p1.Y // == 2

/* 変数p2は*Point型 */
p2 := &Point{}
p2.Set(1, 2)
p2.X // == 1
p2.Y // == 2
```

　今度は意図したとおりに動作するようです。また、レシーバーを *Point 型に変更しても、呼び出し側からは Point 型、*Point 型の双方からメソッドが呼び出せることも確認できました。これらの動作をまとめると、メソッドに対してレシーバーが値渡しされるか参照渡しされるかの違いは、レシーバーの型が値型かポインタ型かによってのみ決定されるということがわかります。

　メソッドは、型とその内部に強く結び付いた処理を書くための仕組みです。レシーバーが値渡しされコピーされてしまう動作が好ましい局面はレアケースでしょう。このような理由から、原則として「構造体に定義するメソッドのレシーバーはポインタ型」であるべきなのです。

■ フィールドとメソッドの可視性

　パッケージに定義された関数が外部の関数から参照可能であるかどうかは、関数名の先頭の文字が（Unicode における）「大文字」であるかどうかで決まります。これは関数に限らず定数やパッケージ変数、型などの識別子全体に共通するルールです。このルールは構造体のフィールドやメソッドに対しても同様の効果を発揮します。

　次に示すプログラムは、foo パッケージに定義された構造体型 T とそのメソッドを main パッケージから参照している例ですが、識別子が「小文字」から始まるフィールドとメソッドについては、外部のパッケージからの参照はコンパイルエラーになります。

```
package foo

type T struct {
    Field1 int // 公開フィールド
    field2 int // 非公開フィールド
}
```

Chapter 5　構造体とインターフェース

```
/* 公開メソッド */
func (t *T) Method1() int {
    return t.Field1
}

/* 非公開メソッド */
func (t *T) method2() int {
    return t.field2
}
```

```
package main

t := &foo.T{}
t.Method1()   // OK
t.Field1      // OK
t.method2()   // コンパイルエラー
t.field2      // コンパイルエラー
```

　GoにはC++やJavaのアクセス指定子に相当する仕様はありませんが、この仕組みを利用すれば、パッケージの外部に公開される構造体型のフィールドやメソッドを制限し、パッケージの内部構造を隠ぺいすることができます。構造体型のフィールドはすべて非公開で、すべての処理は公開されたメソッドを介して行うようにすれば、インターフェースが明快でメンテナンス性の高いパッケージを作り上げることができるでしょう。

スライスと構造体

　スライスと構造体を組み合わせる処理は、Goプログラムで頻繁に現れるパターンの1つです。次のコード例のように、組み込み関数makeと構造体型を組み合わせて構造体型のスライスを作ることができます。組み込み関数newなどを使って個別に構造体を生成するより、まとめてメモリ領域を確保するほうがメモリ効率や実行効率の面で有利です。

```
type Point struct{ X, Y int }

ps := make([]Point, 5)
for _, p := range ps {
    fmt.Println(p.X, p.Y)
}
```

230

```
/* 出力結果 */
0 0
0 0
0 0
0 0
0 0
```

　また、[]*Pointのように複雑な宣言に対してtypeによるエイリアスを定義し、
そのエイリアスに対してメソッドを定義することで型を扱いやすくするといった
テクニックも考えられます。Goでは構造体型、ポインタ型、参照型などを組み合
わせて複雑なデータ構造を表現します。複雑なものを複雑なままで放置せずに、
適宜わかりやすい型の表現を模索することが重要です。

```go
type Points []*Point

func (ps Points) ToString() string {
    str := ""
    for _, p := range ps {
        if str != "" {
            str += ","
        }
        if p == nil {
            str += "<nil>"
        } else {
            str += fmt.Sprintf("[%d,%d]", p.X, p.Y)
        }
    }
    return str
}

ps := Points{}
ps = append(ps, &Point{X: 1, Y: 2})
ps = append(ps, nil)
ps = append(ps, &Point{X: 3, Y: 4})
ps.ToString() // == "[1,2],<nil>,[3,4]"
```

マップと構造体

　Goではマップのキーや値に構造体型を使用できますが、このような場合に便利
なマップのリテラル表現があります。構造体型をマップのキーにするにせよ値に
するにせよ、リテラル内で構造体型の型名を省略できます。

　次の構造体型Userを初期化する場合、通常はUser{Id: ……, Name: …… }と書

231

Chapter 5 構造体とインターフェース

かなければならないところですが、{Id: …, Name: …}のみで初期化できます。

```go
type User struct {
    Id   int
    Name string
}

/* キーが構造体型のマップ */
m1 := map[User]string{
    {Id: 1, Name: "Taro"}: "Tokyo",
    {Id: 2, Name: "Jiro"}: "Osaka",
}
/* 値が構造体型のマップ */
m2 := map[int]User{
    1: {Id: 1, Name: "Taro"},
    2: {Id: 2, Name: "Jiro"},
}
```

　マップのリテラル表現における型の省略では、キーや値がスライスやマップである場合も同様に型を省略できます。複雑なマップを初期化する際は活用するようにしましょう。

```go
/* 値がスライスのマップ */
ms := map[int][]string{
    1: {"A", "B", "C"},
}
/* 値がマップのマップ */
mm := map[int]map[int]string{
    1: {1: "Apple", 2: "Banana", 3: "Cherry"},
}
```

タグ

　Goの構造体には「タグ (Tag)」という、フィールドにメタ情報を付与する機能があります。次の構造体型Userでは、フィールドIdにタグ「ID」を、フィールドNameにはタグ「名前」を定義しています。

　タグは文字列リテラル ("文字列") か、RAW文字列リテラル (`RAW文字列`) のどちらかを使用して定義しますが、タグ内のダブルクォートが意味を持つ場合があるため、RAW文字列リテラルが選択される傾向があります。

```
type User struct {
    Id   int    "ID"
    Name string "名前"
}
```

　タグはあくまでも構造体のフィールドに付与するメタ情報です。文字列リテラルに問題がない限り、プログラムの実行には影響を及ぼしません。このような構造体のタグとは一体どのように使うものなのでしょうか。

　次に示すのは、プログラム内から構造体に付与されたタグを参照するプログラム例です。詳細を理解する必要はありません。プログラムの実行時にタグの内容を動的に参照できるということだけ理解してください。プログラム実行時の型情報を参照するためにreflectパッケージを利用しています。

```
package main

import (
    "fmt"
    "reflect"
)

type User struct {
    Id   int    "ユーザーID"
    Name string "名前"
    Age  uint   "年齢"
}

func main() {
    u := User{Id: 1, Name: "Taro", Age: 32}

    /* 変数tはreflect.Type型 */
    t := reflect.TypeOf(u)
    /* 構造体の全フィールドを処理するループ */
    for i := 0; i < t.NumField(); i++ {
        /* i番目のフィールドを取得 */
        f := t.Field(i)
        fmt.Println(f.Name, f.Tag)
    }
}
```

　このプログラムを実行すると、次のような出力が得られます。

```
Id ユーザーID
Name 名前
Age 年齢
```

Chapter 5　構造体とインターフェース

　reflectパッケージの機能を使って、動的にUser型のフィールド名を取得しつつ、タグの内容も取り出せていることが確認できます。タグは、プログラム内で定義された構造体のフィールドに、文字列を使って柔軟性の高いメタ情報を追加する仕組みです。タグの内容がどのように利用されるかについては、ライブラリやプログラムの実装によります。

　構造体のタグが有効に活用される例として、jsonパッケージを使ったプログラム例を次に示します。jsonパッケージを利用すると、構造体型などのデータ構造をJSON形式のテキストに簡単に変換することができます。また、jsonパッケージは、与えられた構造体のフィールドのタグ内にjson:"[キー名]"という形式の文字列を見つけると、自動的にその情報を拾い出して、出力するJSONテキストのキー名として利用します。このようにタグは、プログラムやライブラリに対してのメタ情報として機能します。

```
package main

import (
    "fmt"
    "encoding/json"
)

type User struct {
    Id   int    `json:"user_id"`
    Name string `json:"user_name"`
    Age  uint   `json:"user_age"`
}

func main() {
    u := User{Id: 1, Name: "Taro", Age: 32}
    bs, _ := json.Marshal(u)
    fmt.Println(string(bs))
}
/* 出力内容 */
{"user_id":1,"user_name":"Taro","user_age":32}
```

　タグを利用する場合に気を付けてほしいのは、タグはあくまで「単なる文字列」にすぎないということです。仮に記述にミスがあった場合に、コンパイラがエラーを教えてくれるわけではありません。タグを利用する場合は、記述ミスに注意しつつ、正しく実行時に動作するかについてのテストが重要になるでしょう。

234

5.4 インターフェース

5.4 インターフェース

インターフェースとは

「インターフェース（interface）」は、Goプログラミングにおける型の柔軟性を担保する、非常に重要な機能です。インターフェースは型の一種であり、任意の型が「どのようなメソッドを実装するべきか」を規定するための枠組みです。JavaやC#といったプログラミング言語にも同名の「interface」という機能がありますが、Goのインターフェースも類似した仕組みと考えて差し支えありません。

Goの型システムには「階層関係」が存在しないという特徴があります。オブジェクト指向における「親クラス」「子クラス」といった型の階層関係などに馴染みが深いと、Goのような階層のない型システムというものが使いづらく感じられるかもしれません。

Goの型は、本質的に型変換（キャスト）が不可能であるという点から考えると、Cにおける型と比べても柔軟性が高いとは言えません。しかし、効果的にインターフェースを使用すれば、型の柔軟性や表現力が飛躍的に高まります。Goのインターフェースによってどのようなことが実現できるのかを見ていきましょう。

代表的なインターフェース error

インターフェースを理解するためには実例を見るのが一番でしょう。Goの組み込み型errorはインターフェースとして定義されています。インターフェースは予約語interfaceを使って定義します。「interface { メソッドのシグネチャの列挙 }」という形式で、型が実装するべきメソッドのシグネチャを任意の数だけ列挙できます。error型では、文字列を返すメソッドErrorのみが定義されています。

```
type error interface {
        Error() string
}
```

Goでは、エラーが発生する可能性がある関数やメソッドの戻り値として、このerror型があちこちに頻出します。実体としては、パッケージや型に応じて独自のエラー型が定義されているのですが、これらはerrorインターフェースによって隠ぺいされています。このような仕組みのおかげで、Goのエラー処理はerror型をどのように処理するかという点に共通化されています。

Chapter 5　構造体とインターフェース

```
func DoSomething() (int, error) {
    (中略)
}

_, err := DoSomething()
if err != nil {
    fmt.Println(err.Error())
}
```

errorインターフェースを実装した型を定義してみましょう。次のコードでは、
構造体MyError型を定義してerrorインターフェースが要求するError() stringを
メソッドのシグネチャどおりに定義します。これだけでインターフェースの実装
は完了です。構造体の定義やメソッドの定義に、任意のインターフェースを実装
しているといった宣言は必要ありません。

これらの定義によって、関数RaiseErrorが返すerror型の値としてMyError型を
使うことが可能になりました。次のコードを見てください。

```
/* 独自定義のエラーを表す型 */
type MyError struct {
    Message string
    ErrCode int
}

/* errorインターフェースのメソッドを実装 */
func (e *MyError) Error() string {
    return e.Message
}

func RaiseError() error {
    return MyError{Message: "エラーが発生しました", ErrCode: 1234}
}

err := RaiseError()
err.Error() // == "エラーが発生しました"
```

変数errの実際の型はMyErrorですが、プログラム上ではあくまでerror型の
変数であることに注意してください。error型を経由してMyError型のフィールド
ErrCodeなどを参照することはできません。

もし、変数errから本来の型であるMyError型を取り出したいときには、次のよ
うに型アサーションを使用します。型アサーションに成功すれば、本来の型であ
るMyError型を取り出し、構造体として扱うことができます。

```
/* 型アサーションによって本来の型を取り出す */
e, ok := err.(MyError)
if ok {
    e.ErrCode // == 1234
}
```

このようにインターフェースは、メソッドセットの定義をもとにしてさまざまな型を総称するための仕組みです。インターフェースによって定義された型に、異なる型を内包することができます。

ここで見た組み込み型errorは、Goのエラーを表す基本的な型になります。独自のエラー型を定義する場合でも、error型のインターフェースを満たすように実装すべきでしょう。

インターフェースのメリット

Goのインターフェースはさまざまな局面で強みを発揮しますが、最もポピュラーな使用方法は、errorインターフェースのように「異なる型に共通の性質を付与する」使い方でしょう。

```
/* 文字列化できることを示すインターフェース */
type Stringify interface {
    ToString() string
}

/* 構造体型Personの定義 */
type Person struct {
    Name string
    Age  int
}

func (p *Person) ToString() string {
    return fmt.Sprintf("%s(%d)", p.Name, p.Age)
}

/* 構造体型Carの定義 */
type Car struct {
    Number string
    Model  string
}

func (c *Car) ToString() string {
    return fmt.Sprintf("[%s] %s", c.Number, c.Model)
}
```

Chapter 5　構造体とインターフェース

```
/* 異なる型を共通するインターフェース型にまとめることができる */
vs := []Stringify{
    &Person{Name: "Taro", Age: 21},
    &Car{Number: "XXX-0123", Model: "PX512"},
}
for _, v := range vs {
    fmt.Println(v.ToString())
}
/* 出力結果 */
Taro(21)
[XXX-0123] PX512
```

　上記のコードでは、Person型とCar型という2つのまったく異なる型を定義して、それぞれにStringifyインターフェースで定義されたメソッドを実装しています。

　Person型とCar型はそれぞれメソッドToStringを実装しているという点において共通しています。結果として、それぞれの型はStringify型のデータとしてまとめることができます。

　また、インターフェースを活用すれば、汎用性の高い関数やメソッドを定義することができます。次の例で定義している関数Printlnは、Stringifyインターフェースさえ実装していれば、どのような型を使っても呼び出すことができます。

```
func Println(s Stringify) {
    fmt.Println(s.ToString())
}

Println(&Person{Name: "Hanako", Age: 23})         // => "Hanako(23)"
Println(&Car{Number: "XYZ-9999", Model: "RT-38"}) // => "[XYZ-9999] RT-38"
```

　このように「型の性質」を抽出したインターフェースを定義すれば、Goの厳密な型システムに緩やかな柔軟性を与えることが可能になります。「インターフェースを制するものがGoを制する」と言っても過言ではありません。

fmt.Stringer

　fmtパッケージに定義されているStringer型はインターフェースです。Stringerはいたってシンプルなインターフェースで、内容は文字列を返すメソッドStringのみが定義されています。

5.4 インターフェース

```
type Stringer interface {
    String() string
}
```

　次のコードで定義されているT型のポインタを関数fmt.Printlnに渡すと、
&{10 Taro}のような文字列が出力されます。

```
type T struct {
    Id   int
    Name string
}

t := &T{Id: 10, Name: "Taro"}
fmt.Println(t) // => "&{10 Taro}"
```

　fmtパッケージ下の関数はさまざまなデータ型をinterface{}型として受け取
り、それを読みやすい形式へ適切に変換してくれる便利な機能を有しています。
上記のように、そのまま使用するだけでもそれなりに読みやすい出力が得られま
すが、さらにfmt.Stringerインターフェースを活用することで任意の型の文字列
表現をカスタマイズできます。

　T型にfmt.Stringerインターフェースが要求するメソッドStringを定義してみ
ます。

```
func (t *T) String() string {
    return fmt.Sprintf("<<%d, %s>>", t.Id, t.Name)
}

t := &T{Id: 10, Name: "Taro"}
fmt.Println(t) // => "<<10, Taro>>"
```

　これだけの修正で、関数fmt.Printlnが出力する内容が、T型に定義したメ
ソッドStringが返す文字列の形式に変化しました。このようにfmtパッケージは、
fmt.Stringerインターフェースを実装した型であれば、メソッドStringが返す文
字列を出力等に使用してくれます。

▰ インターフェースが定義するメソッドの可視性

　インターフェースに定義されたメソッドは、構造体型に定義されたメソッドと
同様にメソッド名の先頭が（Unicodeにおける）「大文字」である場合のみ、パッ

239

Chapter 5　構造体とインターフェース

ケージの外部から参照できます。インターフェースのメソッドを外部に隠ぺいすることで得られるメリットはほとんど考えられないので、原則的には外部から参照可能なメソッドのみを定義するべきでしょう。

```go
package foo

type I interface {
    Method1() string
    method2() string
}

type T struct{}

func (t *T) Method1() string {
    return "Method1()"
}

func (t *T) method2() string {
    return "method2()"
}

func NewI() I {
    return &T{}
}
```

```go
package main

t := foo.NewI()
t.Method1() // OK
t.method2() // コンパイルエラー
```

インターフェースを含むインターフェース

　インターフェースの内部にインターフェースを含める定義もできます。次のコードのインターフェース I1 は定義の中にインターフェース I0 を含んでいるため、結果的にインターフェース I1 が要求するメソッドは Method1 と Method2 の2つになります。同様にインターフェース I3 は Method1、Method2、Method3 の3つのメソッドを必要とする定義です。

```go
type I0 interface {
    Method1() int
}
```

240

```
type I1 interface {
    I0 // インターフェースI0を含む
    Method2() int
}

type I3 interface {
    I1 // インターフェースI1を含む
    Method3() int
}
```

　このようにインターフェースの定義を別のインターフェースの定義に取り込める便利な機能ではありますが、メソッド名を重複させてしまうとエラーが発生するので注意してください。

interface{}の本質

　第3章で説明したinterface{}はGoのすべての型と互換性のある特殊な型です。名前に記号を含んだ奇妙な型に違和感を感じたのではないでしょうか。この奇妙な型の本質は、インターフェースという仕組みを知れば容易に理解できます。

　構造体を定義するためのstructによる型定義が、必ずしもtypeによるエイリアス定義を必要とせず無名のままで使用できることはすでに確認しました。interfaceも同様に、エイリアスを定義せずにむき出しのまま型定義として使用できます。

　次の例ではあらかじめtypeを使用したインターフェースの型定義をせずに、関数ShowIdの引数の型に直接interface { GetId() int }という定義を行っています。構造体型Tはインターフェースが要求するメソッドGetId() intを実装しているので、関数ShowIdの引数として渡すことができるのです。

```
type T struct{ Id int }

func (t *T) GetId() int { return t.Id }

func ShowId(id interface { GetId() int }) {
    /* 変数idは「GetId() int」というメソッドを持つ型 */
    fmt.Println(id.GetId())
}

t := &T{Id: 19}
ShowId(t) // => "19"
```

Chapter 5　構造体とインターフェース

　もちろんこのようにinterfaceをむき出しで使用する書き方を勧めるわけではありません。このように書けるという仕組みの理解だけが重要です。

　ここで、interface{}という型の本質が理解できたのではないでしょうか。interface{}型とは要するに「実装すべきメソッドが1つも定義されていない」インターフェースなのです。特別扱いされた特殊な型ではなく、文法の上でも筋が通った「空のインターフェース」を表す型です。

　つまり、int型であろうが[3]*float64型であろうが、Goプログラムに定義されたすべての型はinterface{}型でもあるのです。

Chapter

6

Go のツール
〜さまざまなコマンド

6.1 Goのツール群について
6.2 go コマンド
6.3 go version
6.4 go env
6.5 go fmt
6.6 go doc
6.7 go build
6.8 go install
6.9 go get
6.10 go test
6.11 ベンダリング

Chapter 6 Go のツール

6.1 Go のツール群について

　Goには標準でさまざまなツールが付属しています。これらのツールについての知識はGoプログラミングを行う上で欠かせません。前章までで、プログラムのビルドのためのgo build、プログラムの簡易的な実行のためのgo runといったコマンドについては軽く紹介しましたが、本章ではより詳細に説明します。

　各コマンドの動作を理解しやすいように、コンソール操作の出力例を多数提示していますが、これらはLinux環境において検証したものです。Windows環境などOSによっては出力内容に差異が出ることも考えられますが、コマンドの動作は各プラットフォームで共通なので、適宜読み替えてください。

6.2 go コマンド

　Goのツールはgo [コマンド] の形式で使用します。単にgoのみを実行すると、次のようなヘルプメッセージが表示されます。

```
$ go
Go is a tool for managing Go source code.

Usage:

        go command [arguments]

The commands are:

        build       compile packages and dependencies
        clean       remove object files
        doc         show documentation for package or symbol
        env         print Go environment information
        fix         run go tool fix on packages
        fmt         run gofmt on package sources
        generate    generate Go files by processing source
        get         download and install packages and dependencies
        install     compile and install packages and dependencies
        list        list packages
        run         compile and run Go program
        test        test packages
        tool        run specified go tool
        version     print Go version
        vet         run go tool vet on packages

Use "go help [command]" for more information about a command.
```

→ 244

build、clean、doc、……などの各種コマンドが列挙されており、これらがGoツールの「コマンド」です。各々のコマンドについてのドキュメントを参照するには、go help [コマンド]を実行します。

```
$ go help version
usage: go version

Version prints the Go version, as reported by runtime.Version.
```

6.3 go version

go versionは、Goのバージョン情報を確認するためのコマンドです。

```
$ go version
go version go1.6 linux/amd64
```

上記から、実行したGoのバージョンが1.6であることがわかります。また、「linux/amd64」はOSがLinuxで、CPUアーキテクチャがamd64の環境に対応したGoがインストールされていることを示しています。

6.4 go env

go envは、Goのビルドシステムに関係する環境変数の内容を確認するためのコマンドです。

```
$ go env
GOARCH="amd64"
GOBIN=""
GOEXE=""
GOHOSTARCH="amd64"
GOHOSTOS="linux"
GOOS="linux"
GOPATH="/path/to/gopath"
GORACE=""
GOROOT="/usr/local/go"
GOTOOLDIR="/usr/local/go/pkg/tool/linux_amd64"
GO15VENDOREXPERIMENT="1"
CC="gcc"
GOGCCFLAGS="-fPIC -m64 -pthread -fmessage-length=0"
```

Chapter 6 Go のツール

```
CXX="g++"
CGO_ENABLED="1"
```

　筆者の検証環境による出力例ですが、このようにGoに関連する環境変数を一覧することができます。表6.1は、プログラムのビルドに関連するGoの主要な環境変数の一覧です。

表6.1　Goのビルドに関連した環境変数

環境変数	値	内容
GOARCH	amd64、386、arm、ppc64	コンパイラが対象とするCPUアーキテクチャ
GOBIN	ディレクトリ	go installによってインストールされるコマンドの格納ディレクトリ。指定がない場合は $GOPATH/bin
GOOS	linux、darwin、windows、netbsd	コンパイラが対象とするOS環境
GOPATH	ディレクトリ	パッケージのソースコードとオブジェクトファイル、実行ファイルなどが格納されるディレクトリ
GORACE	文字列	レースコンディションの問題を検出するツールに指定するオプション
GOROOT	ディレクトリ	Go本体のインストール元

　通常のGoプログラムであれば、ビルドやコンパイルに必要な環境変数はこの程度でしょう。CGO_ENABLEDやCCなどの環境変数は、CやC++プログラムと連携する場合に必要になるものですので、本書では説明を割愛します。開発者が主に気を付ける必要があるのはGOPATHの設定で、それ以外の環境変数については、Goが適切にインストールされている限り、手を加える場面は少ないでしょう。

6.5　go fmt

　go fmtは、Goのソースコードを推奨される形式へ自動的に整形するためのコマンドです。

```
go fmt [-n] [-x] [packages]
```

　go fmtはプログラムをチェックして、文法エラーの検出、インデントや空行の適正化、不要な空白や( )の除去、import文のソートなど、ソースコードの問題を検出して修正します。標準のツールでもあるので、特別な理由がない限りはで

6.5 go fmt

きるだけ利用したほうがよいでしょう。

ソースコードの整形

例として次のようなソースコードmain.goがあるとします。

```
package main

import (
"math/rand"
"fmt"
)
type T struct {
    Id int
    Name string
}

func main()    {
i := rand.Intn(10)


    fmt.Println(i)


  }
```

インデントの乱れや意味のない空行が目立つこのソースコードのあるディレクトリでgo fmtを実行してみましょう。

```
$ go fmt
main.go
```

コマンドを実行するとmain.goとだけ表示されました。これはgo fmtによって整形されたファイルであることを示しています。

go fmtによって整形されたあとのmain.goは次のように修正されました。

```
package main

import (
    "fmt"
    "math/rand"
)
```

247

Chapter 6　Goのツール

```
type T struct {
    Id    int
    Name string
}

func main() {
    i := rand.Intn(10)

    fmt.Println(i)

}
```

　インデントの狂いや無意味な空行が詰められていることがわかります。import
文の中でパッケージ名がアルファベット順に並べ替えられていますし、構造体の
フィールド名と型定義についても見やすく整形されています。

■ オプション

　go fmtは内部的にGo付属のコマンドgofmtを呼び出しており、-nか-xオプショ
ンを指定することで、内部的に実行されるコマンドの内容を表示させることがで
きます (表6.2)。

表6.2　go fmtのその他のオプション

オプション	効果
-n	実行されるコマンドの表示 (ファイルは書き換えない)
-x	実行されるコマンドの表示

　とくに -nオプションは、内部的なコマンド処理の内容を表示するだけで、コマ
ンドは実行しません。対象となるファイルをあらかじめ確認する場合に有用です。

```
$ go fmt -n
/usr/local/go/bin/gofmt -l -w main.go
```

■ gofmt

　go fmtは内部的に$GOROOT/bin/gofmtに配置されたgofmtコマンドを使用してい
ます。次に示すのはそのヘルプメッセージです。

→ 248

```
usage: gofmt [flags] [path ...]
  -cpuprofile string
        write cpu profile to this file
  -d    display diffs instead of rewriting files
  -e    report all errors (not just the first 10 on different lines)
  -l    list files whose formatting differs from gofmt's
  -r string
        rewrite rule (e.g., 'a[b:len(a)] -> a[b:]')
  -s    simplify code
  -w    write result to (source) file instead of stdout
```

　一般的な用途としては go fmt で十分に満たせるはずですが、内部的に gofmt が使われていることは押さえておきたいところです。

6.6 go doc

　go doc は Go のパッケージのドキュメントを参照するためのコマンドです。

```
go doc [-u] [-c] [package|[package.]symbol[.method]]
```

■ パッケージのドキュメントを参照する

　go doc に乱数関連の math/rand パッケージを指定して実行した場合の出力例は、次のとおりです。このようにパッケージのドキュメントを参照することができます。

```
$ go doc math/rand
package rand // import "math/rand"

Package rand implements pseudo-random number generators.

Random numbers are generated by a Source. Top-level functions, such as
Float64 and Int, use a default shared Source that produces a deterministic
sequence of values each time a program is run. Use the Seed function to
initialize the default Source if different behavior is required for each
run. The default Source is safe for concurrent use by multiple goroutines.

For random numbers suitable for security-sensitive work, see the crypto/rand
package.
func ExpFloat64() float64
func Float32() float32
func Float64() float64
```

Chapter 6　Go のツール

```
func Int() int
func Int31() int32
func Int31n(n int32) int32
func Int63() int64
func Int63n(n int64) int64
func Intn(n int) int
func NormFloat64() float64
func Perm(n int) []int
func Read(p []byte) (n int, err error)
func Seed(seed int64)
func Uint32() uint32
func New(src Source) *Rand
func NewSource(seed int64) Source
func NewZipf(r *Rand, s float64, v float64, imax uint64) *Zipf
type Rand struct { ... }
type Source interface { ... }
type Zipf struct { ... }
```

　パッケージ名の後ろに「.」（ピリオド）で区切って定数や関数などを表す識別
子を与えることもできます。次の例では、randパッケージに用意されている関数
Intnの詳細を参照しています。

```
$ go doc math/rand.Intn
func Intn(n int) int
    Intn returns, as an int, a non-negative pseudo-random number in [0,n) from
    the default Source. It panics if n <= 0.
```

　識別子のあとにさらにメソッド名を与えることも可能です。go doc time.Time.
Unixによって、timeパッケージで定義されているTime型のメソッドUnixのドキュ
メントを参照しています。

```
$ go doc time.Time.Unix
func (t Time) Unix() int64
    Unix returns t as a Unix time, the number of seconds elapsed since January
    1, 1970 UTC.
```

■ パッケージのドキュメント作成

　独自に作成したパッケージを、go docに対応させるのは非常に簡単です。Goは、
ソースコード内に記述されたコメントをそのままドキュメントとして利用するか
らです。

例として foo パッケージを作成してみます。次のように環境変数 GOPATH に設定されたディレクトリの下に配置されているものとします。

```
$GOPATH
  └──── src
        └──── foo
              └──── foo.go
```

foo.go ファイルの内容は次のとおりです。ソースコード内のコメントに注目してください。

```go
// fooパッケージの概要説明。
package foo

const (
    // ○○の最大値
    MAX = 100
)

const (
    A = iota
    B
    C
)

// T型の定義
type T struct {
    Filed1 int
    field2 string
}

// *T型に定義された1番目のメソッド
func (t *T) Method1() {
}

// *T型に定義された2番目のメソッド
func (t *T) Method2() {
}

// 型コンストラクタ
func New() *T {
    return &T{}
}
```

Chapter 6　Go のツール

fooパッケージのドキュメントを表示してみます。

```
$ go doc foo
package foo // import "foo"

fooパッケージの概要説明。
const A = iota ...
const MAX = 100
func New() *T
type T struct { ... }
```

ソースコードのpackage文の上部のコメントが、パッケージの概要説明として
参照できることがわかります。

fooパッケージに定義されたT型については次のような結果が得られます。

```
$ go doc foo.T
type T struct {
        Filed1 int
        // Has unexported fields.
}

    T型の定義

func New() *T
func (t *T) Method1()
func (t *T) Method2()
```

T型を構成する構造体の定義と、その型コンストラクタである関数New、および
*T型に定義したメソッドが抽出されているのもポイントです。また、フィールド
名の先頭が「小文字」から始まる非公開なフィールドはデフォルトでは表示され
ず、上記のHas unexported fieldsの部分でわかるように、「非公開の識別子が存
在する」と示唆するコメントのみが表示されます。

```
$ go doc foo.T.Method1
func (t *T) Method1()

    *T型に定義された1番目のメソッド
```

メソッドのドキュメントも問題なく表示されました。

このようにGoでは、ソースコード中のコメントを、そのままパッケージのド
キュメントとして利用します。ドキュメントのための特別なフォーマットなどを

252

用意しないところに、シンプルさを追求するGoの思想が垣間見えます。

■ オプション

go docに与える識別子やメソッド名は、デフォルトでは文字の「大文字」「小文字」を区別せずにマッチングされます。これを厳密なマッチングに切り替えるためのオプション-cと、デフォルトでは表示されない非公開識別子についても出力するように指定するオプション-uが用意されています（表6.3）。

表6.3 go docのその他のオプション

オプション	効果
-c	識別子のマッチングで「大文字」「小文字」を厳密に判定する
-u	非公開な識別子やメソッドについてもドキュメントを出力する

6.7 go build

go buildは、Goプログラムをビルドするためのコマンドです。オプションの指定の仕方によってさまざまな動作を行うため、少々とっつきの悪いツールでもあります。以降で、具体的なgo buildの使用方法について確認してみましょう。

```
go build [-o output] [-i] [build flags] [packages]
```

■ ファイルやパッケージを指定しないビルド

```
app
├── config.go  (package main)
└── main.go    (package main)
```

appという名前のディレクトリ内に、main.goとconfig.goという2つのGoファイルが置かれているだけのシンプルな構成です。いずれのGoファイルにも、mainパッケージの定義が書かれているものとします。

```
$ go build
```

このappディレクトリ内で、とくに何も指定せずにgo buildを実行します。コンソールに何も出力されず、appという実行ファイルが生成されればビルドは成功です[注1]。

このように、特定のファイルやパッケージを指定しないgo buildは、カレントディレクトリ内の*.goファイルを対象にコンパイルを実行します。次に、そのビルド結果として、カレントディレクトリの名前を持つ実行ファイルを生成します。

go buildは途中どのような処理を行っているのでしょうか。それを確認するために今度は-xというオプションを付けてビルドを実行してみましょう。-xは、go buildが内部でどのような処理を行っているのかを出力させるためのオプションです。

```
$ go build -x
```

次に示すのはgo build -xを実行した場合の出力例です。Goのインストール先が/usr/local/goで、appディレクトリは/home/golang/appに置かれている状態での出力結果です。

```
WORK=/tmp/go-build588185536
mkdir -p $WORK/_/home/golang/app/_obj/
mkdir -p $WORK/_/home/golang/app/_obj/exe/
cd /home/golang/app
/usr/local/go/pkg/tool/linux_amd64/compile -o $WORK/_/home/golang/app.a -trimpath↵
 $WORK -p main -complete -buildid b8ac071d46e8ddb04bc3c16d2391ac17531402d6 -D ↵
_/home/golang/app -I $WORK -pack ./config.go ./main.go
cd .
/usr/local/go/pkg/tool/linux_amd64/link -o $WORK/_/home/golang/app/_obj/exe/↵
a.out -L $WORK -extld=gcc -buildmode=exe -buildid=b8ac071d46e8ddb04bc3c16d2391ac1↵
7531402d6 $WORK/_/home/golang/app.a
mv $WORK/_/home/golang/app/_obj/exe/a.out app
```

注1　Windows環境ではapp.exeが生成されます。

ビルドのためのテンポラリディレクトリを用意し、config.goとmain.goを対象にコンパイラ（/usr/local/go/pkg/tool/linux_amd64/compile）を実行してオブジェクトファイルを生成し、リンカ（/usr/local/go/pkg/tool/linux_amd64/link）を起動して実行ファイルを作成しています。最後に完成した実行ファイルa.outをappという名前でカレントディレクトリ下に移動して一連のビルドタスクが完了しています。

　このように、go buildは暗黙的な処理を数多く含んでいます。うまくビルドが動作しない場合は、-xオプションを使用して具体的な処理の内容を確認することが、問題の解決への近道になるでしょう。

　同様の構成で、かつmainパッケージが外部のパッケージに依存している場合を考えてみましょう。mainパッケージ内にはimport "foo"という定義があり、環境変数GOPATH内に配置されたfooパッケージに依存しているものとします。

```
app
 ├─── config.go (package main)
 └─── main.go   (package main)

$GOPATH
 └─── src
       └─── foo
             └─── bar.go (package foo)
```

　go build -xを実行した出力例は次のとおりです。

```
$ go build -x
WORK=/tmp/go-build254708157
mkdir -p $WORK/foo/_obj/
mkdir -p $WORK/
cd /home/golang/app/src/foo
/usr/local/go/pkg/tool/linux_amd64/compile -o $WORK/foo.a -trimpath $WORK -p foo↙
 -complete -buildid 58b55c7ba1ed45f2bca5c9dca73f89be6964b40c -D _/home/golang/app/↙
src/foo -I $WORK -pack ./bar.go
mkdir -p $WORK/_/home/golang/app/_obj/
mkdir -p $WORK/_/home/golang/app/_obj/exe/
cd /home/golang/app
/usr/local/go/pkg/tool/linux_amd64/compile -o $WORK/_/home/golang/app.a -trimpath↙
 $WORK -p main -complete -buildid a06d4609134aec696b512b9afeb4a633a28b75c8 -D ↙
```

6

Chapter 6　Goのツール

```
_/home/golang/app -I $WORK -I ./pkg/linux_amd64 -pack ./config.go ./main.go
cd .
/usr/local/go/pkg/tool/linux_amd64/link -o $WORK/_/home/golang/app/_obj/exe/✓
a.out -L $WORK -L /home/golang/app/pkg/linux_amd64 -extld=gcc -buildmode=exe ✓
-buildid=a06d4609134aec696b512b9afeb4a633a28b75c8 $WORK/_/home/golang/app.a
mv $WORK/_/home/golang/app/_obj/exe/a.out app
```

　mainパッケージのimport文が自動的に解析されることで、環境変数GOPATHに
含まれるfooパッケージもあわせてビルド対象になっていることが確認できます。
このように、go buildはコンパイルするソースコードの対象をimport文を解析す
ることで自動的に設定します。依存する外部のパッケージやソースコードの場所
を詳細に指定する必要はありません。

　go buildのオプション-oは生成する実行ファイルの名前を指定するための機能
です。mainパッケージのみを作成して、依存するパッケージがすべて環境変数
GOPATH以下に揃っている場合であれば、次のコマンドのみで、任意の実行ファイ
ルを作成できます。

```
$ go build -o application
```

パッケージのビルド

　go buildに次のような指定をすると、fooパッケージのビルドが実行されます。

```
$ go build foo
```

次のような構成になっているfooパッケージをビルドするものとします。

```
$GOPATH
  └── src
        └── foo
              ├── bar1.go (package foo)
              └── bar2.go (package foo)
```

```
$ go build -x foo
WORK=/tmp/go-build640635072
mkdir -p $WORK/foo/_obj/
mkdir -p $WORK/
```

256

```
cd /home/golang/app/src/foo
/usr/local/go/pkg/tool/linux_amd64/compile -o $WORK/foo.a -trimpath $WORK -p foo⤸
 -complete -buildid 5dde8cfc918ac69fb394595c9bed527f06f0767d -D _/home/golang/⤸
app/src/foo -I $WORK -pack ./bar1.go ./bar2.go
```

go build -xによって、パッケージのビルドの詳細を表示させてみると、fooパッケージを構成するファイルbar1.goとbar2.goがコンパイルされていることが確認できます。

コンパイルした結果は、foo.aというGoのオブジェクトファイルとして出力されていますが、これらのコンパイル結果は一時的なワーキングディレクトリ内に出力され、実行後にあっさりと削除されてしまいます。mainパッケージを含むビルドとは異なった動作で、実行ファイルが生成されることはありません。

-oオプションを使用すれば、パッケージのコンパイル結果をGoのオブジェクトファイルとして生成することもできます。

```
$ go build -x -o foo.a foo
```

ファイルを指定したビルド

通常のgo buildでは、次のように1つのディレクトリ内に複数のパッケージを含む状態ではビルドエラーが発生しますが、個別にファイルを指定すればビルドを実行できます。

```
app
├─── config.go (package main)
├─── main.go   (package main)
└─── foo.go    (package foo)
```

次のようにgo buildを実行すると、ファイルmain.go、config.goのみを対象にビルドが実行されます。ビルド対象のファイルがmainパッケージである場合は実行ファイルが生成されますが、この実行ファイルの名前はgo buildに指定した最初のファイルであるmain.goの拡張子.goを除いたものになります。

```
$ go build main.go config.go
```

Chapter 6 Go のツール

　同様のファイル構成で、fooパッケージを含むファイルのみをビルドすることも可能です。しかし、個別にファイルを指定したとしても、複数のパッケージ定義を含むビルドはエラーが発生します。

```
$ go build foo.go
```

　このように個別にファイルを指定することで、環境変数GOPATHの設定に頼らないビルド作業も可能であることがわかりました。しかし、現実的にはこのような煩雑なビルド方法を選択するメリットはあまりありません。可能な限り、Goが推奨するビルドのためのファイル構成に従うべきでしょう。

オプション

表6.4　go buildのその他のオプション

オプション	効果
-i	依存するパッケージのインストールを実行する

　「パッケージのインストール」については、次のgo installの内容を参照してください。

6.8　go install

　go installは内部的にgo buildによるビルド処理を含むコマンドです。「install」の意味がわかりづらいのですが、パッケージや実行ファイルをビルドした結果を、環境変数GOPATH内の既定の場所にインストールするためのものです。

```
go install [build flags] [packages]
```

　環境変数GOPATHは、単純化すれば次のような構造を持っています。$GOPATH/srcに置かれたパッケージのソースコードをビルドした結果が、実行ファイルであれば$GOPATH/binへ、それ以外であれば$GOPATH/pkgの下へインストールされます。

→ 258

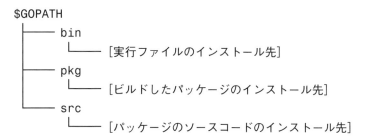

$GOPATH以下が次のような状態であるものとします。

オプション -xを付加して内部的な処理についても確認してみましょう。出力結果の5行目まではgo buildを実行した場合と同様で、最後の2行が「インストール」処理に該当しています。

```
$ go install -x foo
WORK=/tmp/go-build442630059
mkdir -p $WORK/foo/_obj/
mkdir -p $WORK/
cd /home/golang/app/src/foo
/usr/local/go/pkg/tool/linux_amd64/compile -o $WORK/foo.a -trimpath $WORK -p foo↙
 -complete -buildid 58b55c7ba1ed45f2bca5c9dca73f89be6964b40c -D _/home/golang/app/↙
src/foo -I $WORK -pack ./bar.go
mkdir -p /home/golang/app/pkg/linux_amd64/
mv $WORK/foo.a /home/golang/app/pkg/linux_amd64/foo.a
```

結果的に、インストール後の$GOPATH内は次のような状態になりました。

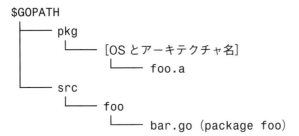

　$GOPATH/pkgの下にはOSとアーキテクチャを組み合わせたディレクトリが自動的に生成されます。ビルド環境のOSがLinuxで、アーキテクチャがamd64である場合は、linux_amd64というディレクトリ名になります。そして、そのディレクトリ以下にfooパッケージのビルド結果であるオブジェクトファイルfoo.aがインストールされます。

　このようにgo installは、指定したパッケージのビルドとインストールをまとめて実行するためのコマンドです。また、上記のfoo.aのようなオブジェクトファイルをあらかじめコンパイルしておけば、fooパッケージに依存したプログラムのコンパイル時間を短縮できるというメリットも生まれます。

　go installを実行する場合に、ビルド対象にmainパッケージが含まれる場合は少し動きが異なります。次の構成では$GOPATH内に、mainパッケージに該当するbaz/main.goファイルが含まれています。また、このmainパッケージはfooパッケージに依存しています。このような構成で、go install bazを実行するとどのようになるのでしょうか。

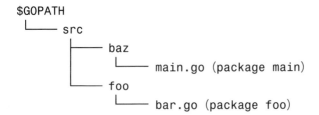

次に示すのは、go install bazを実行したあとの$GOPATHの状態です。

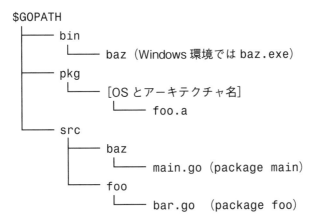

　mainパッケージが依存するfooパッケージについてもビルドとインストールが実行されたことがわかります。また、mainパッケージのビルド結果は、$GOPATH/binというディレクトリに実行ファイルの形式で自動的にインストールされました。bazというディレクトリ名は、パッケージの名称ではなく実行ファイルの名前に対応することに注意してください。

　このように、go installコマンドはGoプログラムのビルドを含めたさまざまな処理を内包しています。Makefileなどを利用した古典的なビルド方法に比べて、シンプルな手順でパッケージや実行ファイルのビルドが可能になるようにデザインされていることがわかります。

　Goのビルドシステムを理解する上で何よりも重要なのは、環境変数GOPATHがどのような構成をとり、どのような役割を果たすのかについての理解です。プログラムのビルドとインストール、および環境変数GOPATHの関係についてしっかりと理解できれば、Goのビルドシステムを十分に使いこなせるようになるでしょう。

Chapter 6　Go のツール

6.9　go get

　go getは、外部パッケージのダウンロードとインストールをまとめて実行する
ためのコマンドです。指定したパスからパッケージのソースコードのダウンロー
ドを実行し、対象のパッケージに対してgo installを実行するという2段階で動
作します。

```
go get [-d] [-f] [-fix] [-insecure] [-t] [-u] [build flags] [packages]
```

　このコマンドは、「1.8　開発環境について」でも軽く触れたように、GitHubなど
のサービス上で開発されているGoのパッケージなどに使用することができます。
ダウンロード対象のパッケージがさらに別のパッケージに依存している場合でも、
自動的に依存関係を抽出しつつ必要なパッケージのダウンロードとインストール
を実行してくれます。

　次に示すのは、go getに対応しているサイトとそのインポート例についての公
式ドキュメントからの抜粋です。とくにGitHubでは数多くのGoパッケージが開
発されており、これらの資産を活かすためにも開発環境へのGitの導入は必須と
言えるでしょう。

```
Bitbucket (Git, Mercurial)

        import "bitbucket.org/user/project"
        import "bitbucket.org/user/project/sub/directory"

GitHub (Git)

        import "github.com/user/project"
        import "github.com/user/project/sub/directory"

Google Code Project Hosting (Git, Mercurial, Subversion)

        import "code.google.com/p/project"
        import "code.google.com/p/project/sub/directory"

        import "code.google.com/p/project.subrepository"
        import "code.google.com/p/project.subrepository/sub/directory"

Launchpad (Bazaar)

        import "launchpad.net/project"
        import "launchpad.net/project/series"
```

→ 262

```
        import "launchpad.net/project/series/sub/directory"

        import "launchpad.net/~user/project/branch"
        import "launchpad.net/~user/project/branch/sub/directory"

IBM DevOps Services (Git)

        import "hub.jazz.net/git/user/project"
        import "hub.jazz.net/git/user/project/sub/directory"
```

拡張パッケージを利用する

Goには、標準で有用なパッケージが多数付属していますが、それ以外にもさまざまな拡張パッケージが開発されており、GitHub (https://github.com/golang) などでホストされています。

例を挙げると、Goを使用してAndroidやiOSで動作するアプリケーション開発をサポートする「golang/mobile」(https://github.com/golang/mobile) があります。これらの拡張パッケージは実験的なものであったり、多くのバグを含むものなどが混在していますので、使用には十分な注意が必要です。ここでは、go getの使用例として、HTTPプロトコルの最新版であるHTTP2に対応した拡張パッケージ[注2]をインストールしてみましょう。go get コマンドの実行は次のとおりです。

```
$ go get golang.org/x/net/http2
```

Goの拡張パッケージはgolang.orgによってホストされているため、パッケージにはgolang.org/x/net/http2を指定します。何も出力されなければコマンドの実行は成功です。内部的にどのような処理が実行されているのかを確認したい場合は、オプション -xを付加することで、より詳細な動作を確認できます。

go get実行後の $GOPATHは、次のようになりました。go installコマンドと同様にパッケージのコンパイル作業まで完了していることがわかります。

注2　標準添付されているhttpパッケージはGo 1.6より透過的にHTTP2による通信に対応していますが、HTTP2特有の機能を使用するためには拡張パッケージの導入が必要です。

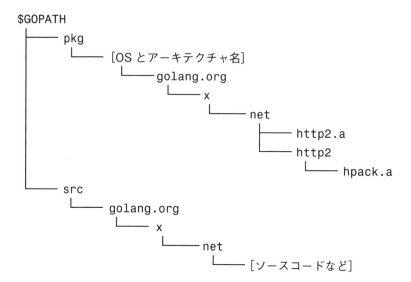

このhttp2パッケージをプログラムから使用する場合は、次のようにimport文を指定します。

```
import "golang.org/x/net/http2"
```

go getを使用することでGoの拡張パッケージが簡単に導入ができることがわかりました。GitHubなどでホストされているパッケージを使用する場合も、同様の手順でパッケージを導入できます。

オプション

表6.5 go getのその他のオプション

オプション	効果
-d	対象パッケージのダウンロードのみを実行して停止する
-f	対象パッケージのパスから推測されるリポジトリへの検証をスキップする(-u指定時のみ)
-fix	対象パッケージの依存関係を解決する前にgo fixツールを適用する
-insecure	カスタムリポジトリを使用する場合に非セキュアなプロトコルの使用を許可する(例:HTTP)
-t	対象パッケージに付属するテストが依存するパッケージもあわせてダウンロードする
-u	対象のパッケージの更新と依存パッケージの更新を検出して再ダウンロードとインストールを実行する

6.10 go test

go testは、Goのパッケージに付属しているテストを実行するためのコマンドです。

```
go test [-c] [-i] [build and test flags] [packages] [flags for test binary]
```

仮にfooパッケージが次のようなGoファイルで構成されているとすると、ファイルbar.go、baz.goはパッケージ本体が書かれたソースコードとなり、ファイル名が*_test.goのパターンに合致するqux_test.go、foobar_test.goがfooパッケージのテストコードになります。これらのテストのためのGoファイルは、go test fooが実行された際に内部的にビルドされ、1つの実行ファイルにまとめられた上で実行されます。

```
foo
├── bar.go
├── baz.go
├── qux_test.go
└── foobar_test.go
```

テストコードの例

fooパッケージには、引数で与えられた整数の値が1かそれ以外かをbool型で返すだけの、いたってシンプルな関数IsOneが定義されているものとします。

```go
package foo

func IsOne(n int) bool {
    if n == 1 {
        return true
    } else {
        return false
    }
}
```

関数IsOneをテストするためのコード例は次のとおりです。名前がTestから始まる関数がテスト用の関数であることを示し、*testing.T型の引数を1つだけと

Chapter 6　Goのツール

るように定義します。名前がTestから始まる関数以外であれば、必要に応じて定
義しても問題ありません。

```
package foo

import (
    "testing"
)

func TestIsOne(t *testing.T) {
    n := 1
    b := IsOne(n)
    if b != true {
        t.Errorf("%d is not one", n)
    }
}
```

go test fooでテストを実行してみましょう。

```
$ go test foo
ok      foo     0.002s
```

そっけない出力内容ですが、fooパッケージのテストは無事パスしたようです。
　テストが失敗した場合の挙動も確認してみましょう。先ほどのテスト用関数
TestIsOneを意図的に誤ったテストコードに書き換えてみます。

```
func TestIsOne(t *testing.T) {
    n := 0 // ←誤ったテストコード
    b := IsOne(n)
    if b != true {
        t.Errorf("%d is not one", n)
    }
}
```

```
$ go test foo
--- FAIL: TestIsOne (0.00s)
        foo_test.go:11: 0 is not one
FAIL
FAIL    foo     0.002s
```

go test fooの結果は今回は失敗です。テストが失敗した箇所について詳細に
出力されていることが確認できました。

カバレッジ率の計測

go testにはテストを実行する機能だけではなく、実行したテストがパッケージに含まれるコードパスをどの程度満たしているかを表す「カバレッジ率（網羅率）」を計測するための機能があります。オプション-coverを付けてgo testを実行すると、テスト結果の出力にカバレッジ率の内容が追加されます。

```
$ go test -cover foo
ok      foo     0.002s  coverage: 66.7% of statements
```

上記では、fooパッケージについてのテストのカバレッジ率が66.7%であることが示されています。関数foo.IsOneの処理でtrueを返すパターンについては検証したものの、falseを返すパターンについてはテストが書かれていないからです。テストのカバレッジ率を100%に高めたい場合は、パッケージに含まれるすべてのコードパスがテストによって実行される必要があります。

Goのパッケージのテスト

Goの組み込みパッケージについてもテストを実行することができます。次に示すのは、mathパッケージのテストの実行例です。

```
$ go test -cover math
ok      math    0.003s  coverage: 77.1% of statements
```

オプション

表6.6　go testのその他のオプション

オプション	効果
-c	パッケージのテストのビルドのみを実行し、テストは実行しない
-i	依存するパッケージのインストールを実行する
-o	ビルドしたテストの実行ファイルを任意のファイル名で出力する

Chapter 6　Go のツール

6.11　ベンダリング

　Goではバージョン1.5より実験的な「ベンダリング（Vendoring）」のサポート機能が追加され、バージョン1.6からはデフォルトで有効化されました。GO15VENDOR EXPERIMENTがベンダリングを有効化するための環境変数で、バージョン1.6からはデフォルトで「1」が設定されます[注3]。

　ベンダリングとは、ある任意のパッケージが依存する他のパッケージを固定化するための管理の枠組みです。Goでは、環境変数GOPATHに設定されたディレクトリが重要な役目を担います。これまで見てきたように、go build、go getなどのツールの動作はすべて環境変数GOPATHが基点になります。シンプルでわかりやすいという側面もありますが、状況によっては環境変数GOPATHへの依存が足かせになることもあります。

　たとえば、1つの開発環境で複数のアプリケーションを開発している局面を考えてみましょう。開発を行っているアプリケーションがAとBの2種類で、それぞれ共通のパッケージXに依存しているとします。しかし、アプリケーションAが要求するパッケージXのバージョンが1.0で、アプリケーションBが要求するパッケージXのバージョンが1.2である場合に問題が発生します。環境変数GOPATHは、このようなパッケージのバージョンの差異を管理してくれるわけではないので、開発の単位ごとにパッケージのバージョンを使い分けることが難しいのです。

　原始的に対処するのであれば、開発するアプリケーションの種類ごとに環境変数GOPATHを切り替えるという方法が考えられます。しかし、これは当然のことながら非常に煩雑な作業です。別のツールやIDEの機能を導入して対処する方法もありますが、Goのベンダリング機能を使うのが最も良い方法でしょう。

■ ベンダリングの実例

　Goではパッケージの中に含まれるvendorという名前のディレクトリが特別な意味を持ちます。次のように構成されている環境変数GOPATHについて考えてみましょう。

　アプリケーションAとBは、それぞれ共通のパッケージXに依存しています。ただし、アプリケーションAは、そのパッケージの中にvendorという名前のディレクトリを持っており、その中にパッケージXを含んでいます。それぞれのファイ

注3　Go 1.7ではこの環境変数自体がなくなる予定です。

ルの内容は次に示すコードのとおりです。

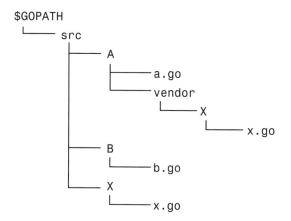

- $GOPATH/src/A/a.go

```
package main

import (
    "X"
)

func main() {
    println(X.VERSION)
}
```

- $GOPATH/src/A/vendor/X/x.go

```
package X

const VERSION = "1.0"
```

- $GOPATH/src/B/b.go

```
package main

import (
    "X"
)

func main() {
    println(X.VERSION)
}
```

Chapter 6　Goのツール

■　$GOPATH/src/X/x.go

```
package X

var VERSION = "1.5"
```

　アプリケーションAのvendor以下に含まれるパッケージXのバージョンが「1.0」
で、$GOPATH/srcの直下に置かれたパッケージXのバージョンが「1.5」であるとい
う違いに注意してください。アプリケーションAとBはそれぞれ共通のパッケージ
Xをimportしていますが、どのような違いが出てくるのでしょうか。
　まずは、アプリケーションAを実行してみましょう。次のように、$GOPATH/src/
A/vendor/X/x.goによって定義されている定数VERSIONの値「1.0」が出力されまし
た。

```
$ go run src/A/a.go
1.0
```

　アプリケーションBを実行すると、どのようになるのでしょうか。アプリケー
ションAの実行結果とは異なり、$GOPATH/src/X/x.goによって定義されている定数
VERSIONの値「1.5」が出力されました。

```
$ go run src/B/b.go
1.5
```

　この結果からわかるように、アプリケーションAとBでは同じパッケージXを
importしているにもかかわらず、それぞれ異なるパッケージXが読み込まれます。
アプリケーションAの構成でわかるように、その内部にvendorディレクトリを置
くことで、その中に含まれるパッケージが環境変数GOPATHより優先的に読み込ま
れます。この仕組みを応用することで、アプリケーションが依存するパッケージ
の内容を固定化することができるわけです。
　このように、Goのベンダリング機能は非常にシンプルなものです。Ruby
Gems[注4]のような、便利なパッケージ管理システムに慣れ親しんでいると、少々機
能に物足りなさを感じてしまうかもしれません。筆者としては「複雑な機能を敬
遠する」Goらしい仕組みだと思っています。より複雑なリソースの管理が必要な
場合は、サードパーティーによって提供されるツールの導入などを検討するのが
よいでしょう。

注4　Ruby標準のパッケージ管理システム。

270

Chapter

7

Go のパッケージ
〜よく使われる標準パッケージと
コーディング例

7.1　はじめに
7.2　os
7.3　time
7.4　math
7.5　math/rand
7.6　flag
7.7　fmt
7.8　log
7.9　strconv
7.10　unicode
7.11　strings

7.12　io
7.13　bufio
7.14　io/ioutil
7.15　regexp
7.16　json
7.17　net/url
7.18　net/http
7.19　sync
7.20　crypto/*

Chapter 7　Goのパッケージ

7.1　はじめに

　Goには多数の有用なパッケージが標準で付属しています。これらのパッケージは数学、文字列、OS、正規表現、画像、アルゴリズムなどの幅広い内容を含み、実用的でありながらコンパクトによくまとまっています。とくに外部のパッケージやライブラリを導入せずとも、Goの標準パッケージだけで実用的なプログラムを作成できるところが、Goを利用するメリットの1つでもあります。

　本章では、Goの標準パッケージの使用方法について解説します。すべてのパッケージを網羅することはできないので、一般に利用頻度が高いと思われるパッケージを中心に取り上げていきます。Goの標準パッケージ全体について知りたい方は、公式サイトのパッケージ一覧（https://golang.org/pkg/）から各ドキュメントを参照してみてください。

7.2　os

```
import "os"
```

　osパッケージは、Goが動作する各OSに依存した機能群を内部に隠ぺいした、プラットフォームに独立したAPIを提供します。ファイルや環境変数の操作、プロセス情報の参照などが主な機能として含まれます。

■ プログラムの終了

　Goプログラムはとくに何もしなければ、関数mainの処理が終わるタイミングで終了します。この場合、プロセスの終了ステータスは「0（成功）」になります。関数os.Exitを使用することでプログラムの任意の時点でプログラムを停止できます。また、os.Exitに渡す引数によって終了ステータスの値を指定できます。

```
os.Exit(1) // 終了ステータス1で終了
```

　os.Exitによるプログラムの停止を行うと、事前にdefer文に与えられた関数実行はすべて破棄されてしまいます。したがって、次のプログラムを実行してもdeferという出力は得られません。このような仕様を含むため、os.Exitはできる

→ 272

だけ関数mainのような、プログラムのエントリーポイントで使用するほうが望ましいでしょう。

```go
func main() {
    /* os.Exitによって破棄されるdefer */
    defer func() {
        fmt.Println("defer")
    }()

    os.Exit(0)
}
```

log.Fatal

何らかのエラーが発生した際に、そのエラーメッセージを出力しつつプログラムを終了する場合によく使用されるのが、logパッケージの関数Fatalです。次の例では、存在しないファイルをオープンした際に発生したエラー処理で使用しています。

```go
import (
    "os"
    "log"
)

_, err := os.Open("foo")
if err != nil {
    log.Fatal(err)
}
```

log.Fatalをとくに設定することなく使用すると、引数として与えたinterface{}型の値を標準出力へ出力したあとでos.Exit(1)が実行されます。サンプルコード内に頻出する表現なので、あらかじめ説明しておきます。

コマンドライン引数

Goで書かれた架空のプログラムgetargsに、3つの引数を渡して実行した場合に、これらのコマンドライン引数はどのように取得すればよいでしょうか。

```
$ getargs 123 456 789
```

Chapter 7　Goのパッケージ

　osパッケージにはArgsというパッケージ変数が定義されています。os.Argsは
string型のスライスで、任意の数のコマンドライン引数が格納されます。注意点
としては、os.Args[0]で参照できる先頭の要素はプログラムを実行したコマンド
名が入るので、スライスの2番目以降の要素がコマンドライン引数に該当します。

```
fmt.Println(os.Args[0]) // 実行したコマンド名
fmt.Println(os.Args[1]) // 1番目のコマンドライン引数
fmt.Println(os.Args[2]) // 2番目のコマンドライン引数
fmt.Println(os.Args[3]) // 3番目のコマンドライン引数
```

　テストのために次のGoプログラムを用意してgetargsという名前の実行ファイ
ルをビルドしてみましょう。

```go
package main

import (
    "fmt"
    "os"
)

func main() {
    /* os.Argsの要素数を表示 */
    fmt.Printf("length=%d\n", len(os.Args))
    /* os.Argsの内容をすべて出力 */
    for _, v := range os.Args {
        fmt.Println(v)
    }
}
```

　上記のプログラムをgetargs.goというファイル名で保存して、go build -o
getargs getargs.goでビルドします（Windows環境では実行ファイルの名前に拡
張子exeを付加してください）。
　このプログラムを次のように実行します。

```
$ ./getargs 123 456 789
```

　次の出力が得られます。

```
length=4
./getargs
123
```

274

```
456
789
```

ファイル操作

読み込み専用ファイルのオープン

os.Openは、引数で指定したファイルを読み込み専用モードでオープンするための関数です。*os.File型とerror型を戻り値として返します。

```
f, err := os.Open("foo.txt")
```

os.Openに限らず、Goではリソースのライフサイクルを管理するためにdeferが使用されます。次の例では、ファイルのオープンに成功した場合に、そのファイルをクローズする処理をdeferに登録しています。このようにすることでファイルのクローズが確実に実行されることになり、リソースの破棄のための処理が漏れたり、分散したりといった問題を防ぐことができます。

```
f, err := os.Open("foo.txt")
if err != nil {
    /* ファイルのオープンに失敗した場合は終了 */
    log.Fatal(err)
}
/* 関数の終了時に確実にクローズする */
defer f.Close()
```

os.File

os.File型は、ファイルやディレクトリなどのファイルシステムを抽象化した構造体型で、さまざまなメソッドが用意されています。

os.File型のファイルへの入出力には[]byte型を利用します。メソッドReadや明示的にファイル内のオフセットを利用するメソッドReadAtなどが用意されています。ファイル内のオフセットを変更するには、メソッドSeekを利用します。os.File型の処理では常に失敗する可能性があるため、エラー処理には注意が必要です。また、メソッドStatを使うことで、ファイルの各種情報をまとめた型であるos.FileInfo型を取得でき、ここからファイル名やファイルサイズなどの情報を参照できます。

Chapter 7 Go のパッケージ

```
/* 変数fは*os.File型 */

/* []byte型のスライスにファイルの内容を読み込む */
bs := make([]byte, 128)
n, err := f.Read(bs) // nは実際に読み込んだバイト数

/* ファイル内のオフセットを指定して読み込む */
bs := make([]byte, 128)
n, err := f.ReadAt(bs, 10) // 10バイトから目

/* ファイル内のシーク */
offset, err := f.Seek(10, os.SEEK_SET) // ファイルの先頭から10バイト目
offset, err := f.Seek(-2, os.SEEK_CUR) // 今のオフセットから-2バイト目
offset, err := f.Seek(0,  os.SEEK_END) // ファイルの末尾から0バイト目

/* ファイルのステータスを取得 */
fi, err := f.Stat() // fiはos.FileInfo型
fi.Name()    // ファイル名 (string)
fi.Size()    // ファイルサイズ (int64)
fi.Mode()    // ファイルのモード (os.FileMode)
fi.ModTime() // ファイルの最終更新時間 (time.Time)
fi.IsDir()   // ディレクトリかどうか (bool)
```

新規ファイルの作成

関数os.Createを使用することで、新規ファイルを作成できます。指定した
ファイル名がすでにファイルシステム上に存在する場合は、ファイルの内容が
削除されてサイズ0のファイルに更新されることに注意してください。メソッド
Write、WriteAtなどを利用して、バイト単位の書き込みが可能です。また、メソッ
ドWriteStringを使用すれば文字列を使ってファイルに書き込むこともできます。

```
/* ファイル名を指定して新規作成 */
f, _ := os.Create("foo.txt")

/* 新規作成したファイルのステータス */
fi, _ := f.Stat()
fi.Name()  // == "foo.txt"
fi.Size()  // == 0
fi.IsDir() // == false

f.Write([]byte("Hello, World!\n")) // ファイルに[]byte型の内容を書き込み
f.WriteAt([]byte("Golang"), 7)     // オフセットを指定して書き込み
f.Seek(0, os.SEEK_END)             // ファイルの末尾にオフセットを移動
f.WriteString("Yeah!")             // 文字列をファイルに書き込み
```

276

```
/* 作成されるファイルの内容 */
Hello, Golang
Yeah!
```

ファイルのオープンについての詳細

　より詳細にオプションやモードを指定してファイルをオープンするために、関数os.OpenFileが用意されています。第2引数にフラグを、第3引数にパーミッションを指定できます。パーミッションの指定には、次の例の0666のように8進数リテラルを使うとわかりやすいでしょう。

```
/* ファイルfoo.txtを読み込み専用でオープン */
f, err := os.OpenFile("foo.txt", os.O_RDONLY, 0666)
```

　os.OpenFileに指定できるフラグは、定数によって表7.1のように定義されています。これらの定数は、論理和演算子|を使って、複数種類を組み合わせて指定することができます。

表7.1　os.Openに指定可能なフラグ

フラグ	意味
O_RDONLY	読み込み専用
O_WRONLY	書き込み専用
O_RDWR	読み書き可能
O_APPEND	ファイルの末尾に追記
O_CREATE	ファイルが存在しなければ新規作成
O_TRUNC	可能であればファイルの内容をオープン時に空にする

　次のコードはos.Create本体のソースコードからの抜粋ですが、内部でos.OpenFileが使用されていることがわかります。各フラグやファイルのパーミッションを詳細に指定する場合は、os.OpenFileを使用してください。

```
func Create(name string) (*File, error) {
    return OpenFile(name, O_RDWR|O_CREATE|O_TRUNC, 0666)
}
```

Chapter 7　Go のパッケージ

ファイルの削除

ファイルの削除には、関数os.Removeを使用できます。引数で指定したファイルを、ファイルシステム上から削除します。ファイルが存在しない場合や権限が不足している場合はエラーが発生します。

```
/* foo.txtファイルを削除 */
err := os.Remove("foo.txt")
```

ディレクトリを削除する場合にも、os.Removeを使用します。ディレクトリにファイルやディレクトリなどが含まれる場合は、エラーが発生します。

```
/* ディレクトリfooを削除 */
err := os.Remove("foo")
```

他のファイルやディレクトリを含むディレクトリを、一括して削除する場合は関数os.RemoveAllを使用します。

```
/* ディレクトリfoo以下をまとめて削除 */
err := os.RemoveAll("foo")
```

ファイル名の変更と移動

ファイル名やディレクトリ名の変更には関数os.Renameを使用できます。第1引数に変更元のファイルパスを、第2引数に変更後のファイルパスを渡します。

```
/* ファイルfoo.txtをbar.txtに変更 */
err := os.Rename("foo.txt", "bar.txt")

/* ディレクトリfooをbarに変更 */
err := os.Rename("foo", "bar")
```

os.Renameはファイルパスを変更する機能なので、ファイルやディレクトリの移動にも使用できます。

```
/* ファイルfoo.txtをディレクトリbarの下に移動 */
err := os.Rename("foo.txt", "bar/foo.txt")
```

278

ディレクトリ操作

カレントディレクトリ

関数os.Getwdで実行しているプログラムのカレントディレクトリを文字列で取得することができます。

```
dir, err := os.Getwd()
```

また、関数os.Chdirでカレントディレクトリを変更することができます。存在しないディレクトリに対するos.Chdirはエラーが発生します。

```
err := os.Chdir("/path/to/dir")
```

ディレクトリの読み込み

*os.File型のメソッドReaddirを使用すると、ディレクトリ下のファイル情報を読み込むことができます。メソッドReaddir(n)のnに0を指定した場合は、すべてのファイル情報を読み込み、nに正の整数を指定した場合は、最大でその数だけファイル情報を読み込みます。

当然のことながら、*os.File型が指すファイルはディレクトリである必要があり、そうでない場合はエラーが発生します。メソッドの実行に成功すると、各ファイル情報を[]os.FileInfo型で取得できます。

```
/* カレントディレクトリのオープン */
f, err := os.Open(".")
if err != nil {
    log.Fatal(err)
}
defer f.Close()

/* カレントディレクトリ下のディレクトリを列挙 */
fis, err := f.Readdir(0)
for _, fi := range fis {
    if fi.IsDir() {
        fmt.Println(fi.Name()) // ディレクトリ名の出力
    }
}
```

Chapter 7　Go のパッケージ

■ ディレクトリの作成

　ディレクトリの作成のためにos.Mkdirが用意されています。第1引数にディレクトリ名を、第2引数にパーミッションを与えます。また、深い階層のディレクトリを一括して作成するために、関数os.MkdirAllも用意されています。foo/bar/bazのような深い階層のディレクトリ構造を一括して作成できる便利な機能ですが、一部のディレクトリがすでに存在した場合でもエラーは発生しないことに注意してください。

```
/* カレントディレクトリ下にfooディレクトリを作成 */
err := os.Mkdir("foo", 0775)
/* カレントディレクトリ下にfoo/bar/bazディレクトリを一括作成 */
err := os.MkdirAll("foo/bar/baz", 0775)
```

■ ディレクトリの削除

　「ファイルの削除」と同様です。

■ ディレクトリ名の変更と移動

　「ファイル名の変更と移動」と同様です。

▨ その他のファイル操作

■ システムのテンポラリディレクトリ

　システムのテンポラリディレクトリのパスを取得できる、関数os.TempDirが用意されています。Linux環境などでは一般に/tmpが得られますが、Windows環境、OS X環境ではそれぞれのシステムに特有のファイルパスが返されます。

```
os.TempDir() // == "/tmp"
```

■ シンボリックリンクの操作

　シンボリックリンクを利用できる環境であれば、関数os.Symlinkによってシンボリックリンクを作成できます。第1引数に存在するファイルのパスを、第2引数に作成するシンボリックリンクのパスを指定します。また、シンボリックリンクからリンク先のパスを読み込むために、関数os.Readlinkも用意されています。

→ 280

```
/* シンボリックリンクbar.txtの作成 */
err := os.Symlink("foo.txt", "bar.txt")

/* シンボリックリンクのリンク先を読み込む */
path, err := os.Readlink("bar.txt") // path == "foo.txt"
```

ホスト名の取得

関数os.Hostnameで、OS環境に設定されたホスト名を文字列で取得できます。

```
host, err := os.Hostname() // host == ホスト名文字列
```

環境変数

関数os.Environを使用すると、環境変数の一覧を[]string型で取得できます。
各環境変数の値は「環境変数=値」という形式です。

```
for _, v := range os.Environ() {
    fmt.Println(v)
}
/* 出力例 */
SHELL=/bin/bash
USER=foo
PATH=/usr/local/go/bin:/usr/local/sbin:/usr/local/bin:/usr/sbin:/usr/bin:/sbin:/bin
LANG=ja_JP.UTF-8
GOPATH=/path/to/gopath
 (以下略)
```

osパッケージで利用できる環境変数を操作するための関数は次のとおりです。
関数os.Getenvで存在しない環境変数を参照すると空文字列が返るため、厳密に
存在をチェックする場合は、関数os.LookupEnvを使います。

```
/* 環境変数をすべて削除 */
os.Clearenv()

/* 環境変数の名前を指定して値を取得 */
os.Getenv("HOME") // == ""

/* 環境変数HOMEを設定 */
os.Setenv("HOME", "/path/to/home")
os.Getenv("HOME") // == "/path/to/home"
```

Chapter 7　Go のパッケージ

```
/* 環境変数HOMEを削除 */
os.Unsetenv("HOME")

/* 環境変数HOMEの存在をチェックしつつ値を参照する */
if home, ok := os.LookupEnv("HOME"); ok {
    fmt.Println(home)
} else {
    fmt.Println("no $HOME")
}
```

プロセスの情報

osパッケージには実行中のプロセスに関連した情報を取得するための機能があります。次の例では、プロセスのIDや親プロセスのID、ユーザーやグループの情報などを参照しています。Windows環境ではプロセスIDなどの情報は取得できますが、ユーザーID、グループIDといった仕組みは備わっていないため、常に－1が返されます。

```
os.Getpid()  // プロセスID
os.Getppid() // 親プロセスID
os.Getuid()  // ユーザーID
os.Geteuid() // 実効ユーザーID
os.Getgid()  // グループID
os.Getegid() // 実効グループID
```

7.3　time

```
import "time"
```

timeパッケージには、日付や時間を取り扱うための便利な機能がまとめられています。

現在の時刻を取得する

関数time.Nowを使用すると、現在の時刻を表すtime.Time型の構造体を取得できます。time.Time型はtimeパッケージにおける中心的なデータ構造です。

```
t := time.Now() // tはtime.Time型
```

282

指定した時刻を生成する

関数time.Dateを使えば、指定した日時を表すtime.Time型を自由に生成することができます。次のように、time.Time型には時刻を構成する情報を参照するためのメソッドが数多く用意されています。

```
/* タイムゾーンがJST環境での実行例 */
t := time.Date(2015, 7, 19, 10, 14, 23, 0, time.Local)
fmt.Println(t)               // => "2015-07-19 10:14:23 +0900 JST"
fmt.Println(t.Year())        // => "2015"
fmt.Println(t.YearDay())     // => "200"
fmt.Println(t.Month())       // => "July"
fmt.Println(t.Weekday())     // => "Sunday"
fmt.Println(t.Day())         // => "19"
fmt.Println(t.Hour())        // => "10"
fmt.Println(t.Minute())      // => "14"
fmt.Println(t.Second())      // => "23"
fmt.Println(t.Nanosecond())  // => "0"
fmt.Println(t.Zone())        // => "JST 32400"
```

time.Dateの最後に与えている引数は、タイムゾーンを表しています。timeパッケージにあらかじめ定義されている変数time.Localを指定することで、実行環境のタイムゾーンと同等の日時が得られます。もしタイムゾーンがUTCである日時が必要ならば、time.Localをtime.UTCに変更することで得られます。

time.Time型に定義されたメソッドの意味は表7.2のとおりです。ほとんどはint型の値として取得できますが、「月」はtime.Month型、「曜日」はtime.Weekday型、「タイムゾーン」はstring型のタイムゾーン名と、int型のオフセット秒を返します。また、timeパッケージによる時刻の最小単位は「ナノ秒」です。

表7.2 time.Time型のメソッド

メソッド	戻り値の型	意味
Year	int	年
YearDay	int	通算日 (1 〜 366)
Month	time.Month	月
Weekday	time.Weekday	曜日
Day	int	日 (1 〜 31)
Hour	int	時 (0 〜 23)
Minute	int	分 (0 〜 59)
Second	int	秒 (0 〜 59)

Chapter 7　Goのパッケージ

メソッド	戻り値の型	意味
Nanosecond	int	ナノ秒(0 ～ 999999999)
Zone	string、int	タイムゾーン名とオフセット秒

　次のように、time.Month型は実質的にはint型のエイリアスにすぎないことが
定義からわかります。また、time.Mayのように、月を表す定数が英語名によって
定義されています。time.Januaryは値としてはint型の1なので、月名を数字で表
現することが多い日本人にとってもわかりやすくなっています。

```
/* Goによるtime.Monthの定義 */
type Month int

const (
        January Month = 1 + iota
        February
        March
        April
        May
        June
        July
        August
        September
        October
        November
        December
)
```

　time.Weekday型もtime.Month型と同様にint型のエイリアスとして定義されて
います。また、「曜日」を表す定数が英語名によって定義されています。

```
/* Goによるtime.Weekdayの定義 */
type Weekday int

const (
        Sunday Weekday = iota
        Monday
        Tuesday
        Wednesday
        Thursday
        Friday
        Saturday
)
```

284

time.Month型、time.Weekday型には、それぞれメソッドStringが定義されているので、このように月名や曜日名を文字列で取得することができるようになっています。

```
time.July.String()   // == "July"
time.Sunday.String() // == "Sunday"
```

時刻の間隔を表現する

time.Duration型は、時刻の間隔を表現するための重要な型です。timeパッケージでは次のような定数があらかじめ定義されています。

```
fmt.Println(time.Hour)        // => "1h0m0s"
fmt.Println(time.Minute)      // => "1m0s"
fmt.Println(time.Second)      // => "1s"
fmt.Println(time.Millisecond) // => "1ms"
fmt.Println(time.Microsecond) // => "1µs"
fmt.Println(time.Nanosecond)  // => "1ns"
```

time.Duration型を文字列から生成することもできます。次の例では、"2h30m"という文字列から「2時間30分」を表すtime.Duration型を生成しています。"5ms"であれば「5ミリ秒」を、"47s"であれば「47秒」を表すことができるので、組み合わせ次第で複雑な時間の間隔を表現できます。

```
/* 「2時間30分」のtime.Durationを文字列から生成 */
d, _ := time.ParseDuration("2h30m")
```

time.Duration型は、time.Time型と組み合わせて使用することで威力を発揮します。次のように、time.Time型のメソッドAddに任意のtime.Durationを与えることで、時刻に任意の時間間隔を加えることができます。

```
t := time.Now()
t = t.Add(2*time.Minute + 15*time.Second) // 現在時刻の2分15秒後を表すtime.Time型の取得
```

時刻の差分を取得する

2つのtime.Time型の差を取得するには、メソッドSubを使用します。戻り値はtime.Duration型です。筆者が検証したタイミングでは残り約4万時間という結果

Chapter 7　Go のパッケージ

が得られました。

```
/* 2020年東京オリンピックと現在の時刻の差 */
t0 := time.Date(2020, 7, 24, 0, 0, 0, 0, time.Local)
t1 := time.Now()
d := t0.Sub(t1) // d == 40904h45m23.642225996s
```

時刻を比較する

time.Time 型が表す時刻の間が、それぞれどのような前後関係にあるかを判定するためのメソッドが、Before と After です。それぞれ結果を bool 型で返します。t1.Before(t0) は「t1の時刻は t0 の時刻より前か」という意味を表しています。

```
t0 := time.Date(2015, 10, 1, 0, 0, 0, 0, time.Local) // 2015/10/01 00:00:00 JST
t1 := time.Date(2015, 11, 1, 0, 0, 0, 0, time.Local) // 2015/11/01 00:00:00 JST

t1.Before(t0) // == false
t1.After(t0)  // == true
t0.Before(t1) // == true
t0.After(t1)  // == false
```

また、異なる time.Time 型が同一の時刻であるかを判定するためのメソッドEqual が用意されています。次の例のように、タイムゾーンが異なる場合でも時刻が同一であればメソッド Equal は true を返すことに注意してください。

```
t0 := time.Date(2015, 10, 1, 9, 0, 0, 0, time.Local) // 2015/10/01 09:00:00 JST
t1 := time.Date(2015, 10, 1, 0, 0, 0, 0, time.UTC)   // 2015/10/01 00:00:00 UTC
t0.Equal(t1) // == true
```

年月日を増減する

time.Time 型のメソッド AddDate は、日付の要素である「年」「月」「日」を増減した時刻を生成するためのものです。3つの int 型の引数をとり、それぞれが「年」「月」「日」に対応しています。

```
func (t Time) AddDate(years int, months int, days int) Time
```

次のように年月日の増減値を任意に指定して新しい時刻を生成します。引数が正の整数である場合は年月日の要素を増やす意味を持ち、反対に負の整数である

場合は減らします。引数が0である場合は増減を指定しないという意味を表しています。

```
t0 := time.Date(2015, 1, 1, 0, 0, 0, 0, time.Local)

/* 1年増やす */
t1 := t0.AddDate(1, 0, 0)       // 2016-01-01 00:00:00 +0900 JST
/* 1ヶ月減らす */
t2 := t0.AddDate(0, -1, 0)      // 2014-12-01 00:00:00 +0900 JST
/* 1日減らす */
t3 := t0.AddDate(0, 0, -1)      // 2014-12-31 00:00:00 +0900 JST
/* 2ヶ月増やして12日減らす */
t4 := t0.AddDate(0, 2, -12)     // 2015-02-17 00:00:00 +0900 JST
```

文字列から時刻を生成する

time.Parseは、文字列で与えたフォーマットを元に文字列から時刻を生成する関数です。とはいえ、次のプログラムを見てみると少し奇妙に感じるかもしれません。

```
t, err := time.Parse("2006/01/02", "2015/11/27")
if err != nil {
    log.Fatal(err)
}
fmt.Println(t) // => "2015-11-27 00:00:00 +0000 UTC"
```

"2006/01/02"と"2015/11/27"の2つの日付らしき文字列は確認できるものの、時刻を表現するためのフォーマット文字列のようなものが見当たりません。

種を明かせば、実は"2006/01/02"という部分が時刻のフォーマットを表していて、"2015/11/27"がパース対象である時刻を表す文字列です。Goでは時刻のフォーマットに、たとえばyyyyや%Yなどのような特殊な表現を用いず、「2006年1月2日月曜日の15時4分5秒」という時刻そのものを使用します。"2006/01/02"というシンプルなフォーマットを使用すると、タイムゾーンがUTCである時刻が生成されることに注意してください。

timeパッケージにははじめから次のようにさまざまな時刻のフォーマットが定数として定義されています。日本語向けのフォーマットはさすがに見当たりませんが、ANSIC、UnixDate、RFCなどで定義された時刻のフォーマットが各種用意されています。

Chapter 7 Go のパッケージ

```
const (
        ANSIC       = "Mon Jan _2 15:04:05 2006"
        UnixDate    = "Mon Jan _2 15:04:05 MST 2006"
        RubyDate    = "Mon Jan 02 15:04:05 -0700 2006"
        RFC822      = "02 Jan 06 15:04 MST"
        RFC822Z     = "02 Jan 06 15:04 -0700"           // RFC822 with numeric zone
        RFC850      = "Monday, 02-Jan-06 15:04:05 MST"
        RFC1123     = "Mon, 02 Jan 2006 15:04:05 MST"
        RFC1123Z    = "Mon, 02 Jan 2006 15:04:05 -0700" // RFC1123 with numeric zone
        RFC3339     = "2006-01-02T15:04:05Z07:00"
        RFC3339Nano = "2006-01-02T15:04:05.999999999Z07:00"
        Kitchen     = "3:04PM"
        // Handy time stamps.
        Stamp       = "Jan _2 15:04:05"
        StampMilli  = "Jan _2 15:04:05.000"
        StampMicro  = "Jan _2 15:04:05.000000"
        StampNano   = "Jan _2 15:04:05.000000000"
)
```

たとえばtime.RFC822であれば次のように利用できます。

```
t, err := time.Parse(time.RFC822, "27 Nov 15 18:00 JST")
if err != nil {
    log.Fatal(err)
}
fmt.Println(t) // => "2015-11-27 18:00:00 +0900 JST"
```

次のように、日本語を混ぜても問題なく動作します。元号のような日本独自の
ものを取り扱うことはできませんが、さまざまなバリエーションがあり得る時刻
のフォーマットを、柔軟に表現できることがわかります。

```
t, err := time.Parse("2006年1月2日 15時04分05秒", "2015年11月27日 14時30分29秒")
if err != nil {
    log.Fatal(err)
}
fmt.Println(t) // => "2015-11-27 14:30:29 +0000 UTC"
```

時刻のフォーマットには、月日や時分秒といった要素が欠けたものであっても
問題なく動作します。なお、時刻の欠けた要素の値は「1月」や「0秒」のように初
期値に設定されることに注意してください。

```
t, err := time.Parse("2006", "2015")
if err != nil {
    log.Fatal(err)
```

```
}
t.Year()            // == 2015
t.Month()           // == time.January
t.Day()             // == 1
t.Hour()            // == 0
t.Minute()          // == 0
t.Second()          // == 0
t.Nanosecond()      // == 0
t.Zone()            // == UTF, 0
```

時刻から文字列を生成する

time.Time型のメソッドFormatを使用することで、任意のフォーマットで時刻を
文字列に変換できます。フォーマットの書式は前述の「文字列から時刻を生成す
る」と同様です。

```
t := time.Date(2015, 11, 27, 15, 43, 28, 12345, time.Local)

t.Format(time.RFC822)               // == "27 Nov 15 15:43 JST"
t.Format(time.RFC3339Nano)          // == "2015-11-27T15:43:28.000012345+09:00"
t.Format("2006年1月2日 15時04分05秒")   // == "2015年11月27日 15時43分28秒"
t.Format("2006/01/02")              // == "2015/11/27"
```

時刻をUTCに変換する

time.Time型のメソッドUTCで、時刻のタイムゾーンをUTCに変換した新しい
時刻を生成できます。

```
/* タイムゾーンはJST */
t := time.Date(2015, 11, 27, 15, 0, 0, 0, time.Local)
utc := t.UTC()
fmt.Println(utc) // => "2015-11-27 06:00:00 +0000 UTC"
```

時刻をローカルタイムに変換する

time.Time型のメソッドLocalで、時刻のタイムゾーンをローカルタイムに変換
した新しい時刻を生成できます。次の例では、実行環境のタイムゾーンが日本
（JST）であることが前提になっていることに注意してください。メソッドLocalが
どのようなタイムゾーンを設定するかは環境によって異なります。

Chapter 7　Goのパッケージ

```
t := time.Date(2015, 11, 27, 15, 0, 0, 0, time.UTC)
jst := t.Local()
fmt.Println(jst) // => "2015-11-28 00:00:00 +0900 JST"
```

UNIX時間との相互変換

　time.Time型のメソッドUnixによって、時刻からUNIX時間への変換が可能です。UNIX時間（Unix Time）とは、1970年1月1日午前0時を起点として、それ以降の秒数を積算したものです。このメソッドの戻り値はint64型です。UNIX時間の最小単位は「秒」なので、time.Time型が備えるナノ秒の精度は失われてしまいます。

```
t := time.Date(2015, 11, 27, 15, 0, 0, 0, time.UTC)
/* UNIX時間へ変換 */
unix := t.Unix() // unix == 1448636400
```

　逆にUNIX時間を表す整数から、time.Time型を生成することも可能です。関数time.Unixの第1引数にUNIX時間を、第2引数にナノ秒を指定することで、任意のUNIX時間からtime.Time型が表す時刻を生成することができます。

```
t := time.Unix(1448636400, 0)
fmt.Println(t) // => "2015-11-28 00:00:00 +0900 JST"
```

指定時間のスリープ

　関数time.Sleepを使用することで、実行しているゴルーチンを指定したナノ秒間停止させることができます。time.SecondのようにDuration型の定数を組み合わせると停止時間をわかりやすく表現できます。

```
/* 5秒間ゴルーチンを停止 */
time.Sleep(5 * time.Second)
```

time.Tick

　関数time.Tickは、指定した時間間隔ごとに現在時刻を表すtime.Time型の値が送信されるチャネルを生成します。
　次のプログラムにおけるチャネルからは、3秒に1回の割合でtime.Time型の値

を受信することができます。このプログラムは無限ループの中でひたすらチャネルからの受信を待ち続けるため、強制終了させない限りは停止しませんので注意してください。

```
/* chはchan time.Time型 */
ch := time.Tick(3 * time.Second)
for {
    t := <-ch // tはtime.Time型
    fmt.Println(t)
}
/* 出力結果 */
2015-11-27 19:33:20.375923453 +0900 JST
2015-11-27 19:33:23.376038259 +0900 JST
2015-11-27 19:33:26.376144041 +0900 JST
2015-11-27 19:33:29.376317635 +0900 JST
2015-11-27 19:33:32.376399711 +0900 JST
 (以下略)
```

time.After

関数time.Afterは、生成したチャネルに対して指定した時間間隔後に一度だけ現在時刻を表すtime.Time型の値を送信します。したがって、次のプログラムは開始後に約5秒間停止し、その後現在時刻を表示して終了します。

```
ch := time.After(5 * time.Second)
fmt.Println(<-ch) // 5秒後にその時刻が表示される
```

ぱっと見ではどのように使うのかわかりづらい機能ですが、たとえばタイムアウト処理などで利用できます。

次のコードはGoのコード例からの抜粋ですが、select文と組み合わせることでチャネルからの受信処理にタイムアウト処理を組み込んでいます。具体的には、m := <-cというチャネルからの受信処理と、<-time.After(5 * time.Minute)によるチャネルからの受信処理の、どちらが早く実行できるかをselect文に並べることで、タイムアウト処理を実現しています。少々難易度の高い内容ですが、このような使用方法もあります。

```
select {
    case m := <-c:
        handle(m)
```

Chapter 7　Go のパッケージ

```
    case <-time.After(5 * time.Minute):
        fmt.Println("timed out")
}
```

7.4　math

```
import "math"
```

mathは数学に関連した機能がまとめられたパッケージです。

数学的な定数

mathパッケージには数学に関連した定数がいくつか定義されており、次に示すのはその一例です。定数そのものはfloat64型を大きく超える精度で定義されていますが、実際にプログラム上で使用する場合はfloat64型以下の精度で取り扱うことになります。

```
/* 円周率 */
math.Pi    // == 3.141592653589793
/* 黄金比 */
math.Phi   // == 1.618033988749895
/* ネイピア数 */
math.E     // == 2.718281828459045
/* 2の平方根 */
math.Sqrt2 // == 1.4142135623730951
```

数値型に関する定数

mathパッケージには、float32型およびfloat64型が表現し得る最大値と、0ではない最小値についての定数が定義されています。

```
/* float32で表現可能な最大値 */
math.MaxFloat32                 // == 3.4028234663852886e+38
/* float32で表現可能な0ではない最小値 */
math.SmallestNonzeroFloat32     // == 1.401298464324817e-45
/* float64で表現可能な最大値 */
math.MaxFloat64                 // == 1.7976931348623157e+308
/* float64で表現可能な0ではない最小値 */
math.SmallestNonzeroFloat64     // == 5e-324
```

292

また、int8型、int16型などの各種整数型についても、それぞれ最大値や最小値を表す定数が定義されています。

```
math.MaxInt8   // == 127
math.MinInt8   // == -128
math.MaxInt16  // == 32767
math.MinInt16  // == -32768
math.MaxInt32  // == 2147483647
math.MinInt32  // == -2147483648
math.MaxInt64  // == 9223372036854775807
math.MinInt64  // == -9223372036854775808
math.MaxUint8  // == 255
math.MaxUint16 // == 65535
math.MaxUint32 // == 4294967295
math.MaxUint64 // == 18446744073709551615
```

絶対値を求める

math.Absは絶対値を返す関数です。

```
math.Abs(3.14)  // == 3.14
math.Abs(-3.14) // == 3.14
```

累乗を求める

math.Powは任意の数値を累乗した数値を返す関数です。

```
/* 0の2乗 */
math.Pow(0, 2)  // == 0
/* 1の10乗 */
math.Pow(1, 10) // == 1
/* 2の8乗 */
math.Pow(2, 8)  // == 256
```

平方根と立方根

任意の数値に対して、関数math.Sqrtは平方根を、関数math.Cbrtは立方根を返します。

Chapter 7　Go のパッケージ

```
/* 2の平方根 */
math.Sqrt(2)    // == 1.4142135623730951
/* 8の立方根 */
math.Cbrt(8)    // == 2
```

最大値と最小値

math.Maxとmath.Minは、引数で与えた2つの数値の最大値（より大きいほう）、最小値（より小さいほう）を返す関数です。

```
/* 最大値（より大きいほう）を求める */
math.Max(1, 2)    // == 2
/* 最小値（より小さいほう）を求める */
math.Min(1, 2)    // == 1
```

小数点以下の切り捨てと切り上げ

関数math.Truncは、数値の正負を問わず、小数点以下を単純に切り捨てます。

```
/* 小数点以下の切り捨て */
math.Trunc(1.5)  // == 1
math.Trunc(-1.5) // == -1
```

math.Floorは引数の数値より小さい最小の整数を返す関数で、math.Ceilは引数の数値より大きい最小の整数を返す関数です。正の数値である限りは、math.Floorで小数点以下の切り捨てが、math.Ceilで小数点以下の切り上げができますが、負の数値の場合の動作には注意が必要です。

```
/* 与えた数値より小さい最大の整数を求める */
math.Floor(1.5)  // == 1
math.Floor(-1.5) // == -2
/* 与えた数値より大きい最小の整数を求める */
math.Ceil(1.5)   // == 2
math.Ceil(-1.5)  // == -1
```

その他の数学関数

次のように、三角関数に関連した関数が用意されています。

7.4 math

```
/* 正弦 */
func Sin(x float64) float64
/* 双曲線正弦 */
func Sinh(x float64) float64
/* 逆正弦 */
func Asin(x float64) float64
/* 双曲線逆正弦 */
func Asinh(x float64) float64
/* 余弦 */
func Cos(x float64) float64
/* 双曲線余弦 */
func Cosh(x float64) float64
/* 逆余弦 */
func Acos(x float64) float64
/* 双曲線逆余弦 */
func Acosh(x float64) float64
/* 正弦と余弦 */
func Sincos(x float64) (sin, cos float64)
/* 正接 */
func Tan(x float64) float64
/* 双曲線正接 */
func Tanh(x float64) float64
/* 逆正接 */
func Atan(x float64) float64
/* 双曲線逆正接 */
func Atanh(x float64) float64
/* x-y座標の逆正接 */
func Atan2(y, x float64) float64
```

また、対数に関連した次のような関数が定義されています。

```
/* 自然対数 */
func Log(x float64) float64
/* 10を底とする対数 */
func Log10(x float64) float64
/* 1と合計した値の自然対数 */
func Log1p(x float64) float64
/* 2を底とする対数 */
func Log2(x float64) float64
```

無限大と非数

関数math.Sqrt(-1)の結果は非数となります。数値が非数かどうかを判定するために関数math.IsNaNが用意されています。

Chapter 7 Go のパッケージ

```
/* -1の平方根を求めると非数になる */
n := math.Sqrt(-1) // n == NaN
math.IsNaN(n)       // == true
```

float32型とfloat64型は、演算の結果によっては無限大および非数（NaN）と
いう状態をとります。これらを明示的に生成するための関数が次のように用意さ
れています。

```
/* 正の無限大 (0以上の引数) */
math.Inf(0)  // == +Inf
/* 負の無限大 (負の引数) */
math.Inf(-1) // == -Inf
/* 非数 */
math.NaN()   // == NaN
```

7.5 math/rand

```
import "math/rand"
```

math/randは擬似乱数を生成する機能がまとめられたパッケージです。ランタイ
ム全体で共有されるデフォルトの擬似乱数生成器と、任意のシード値（seed）をも
とにした擬似乱数生成器の生成などがサポートされます。

最も単純な使い方は、関数rand.Seedへ任意のint64型の数値を与えてデフォル
トの擬似乱数生成器のシードに設定する方法です。関数rand.Float64はデフォル
トの擬似乱数生成器を使って、0.0 <= n < 1.0の条件を満たす擬似乱数を生成し
ます。

次のコードでは、シードに設定された数値が256に固定されているので、何度
実行しても同じ内容の擬似乱数が返されます。

```
rand.Seed(256)     // デフォルト擬似乱数生成器のシードを設定

rand.Float64()     // == 0.813527291469711
rand.Float64()     // == 0.5598026045235738
rand.Float64()     // == 0.6695717783859498
```

296

現在の時刻をシードに使った擬似乱数の生成

プログラムの中で毎回異なった擬似乱数生成器のシードを設定するには、現在時刻を利用する方法が最も手軽でしょう。timeパッケージを利用することで、次のように現在時刻をもとにしたシード値を設定できます。

```
/* 1970/1/1からの累積ナノ秒をシードに設定 */
rand.Seed(time.Now().UnixNano())

/* 0〜99の間の擬似乱数 */
rand.Intn(100) // 例: 92
/* int型の擬似乱数 */
rand.Int()
/* int32型の擬似乱数 */
rand.Int31()
/* int64型の擬似乱数 */
rand.Int63()
/* uint32型の擬似乱数 */
rand.Uint32()
```

randパッケージでは、さまざまな整数型の範囲に対する擬似乱数の生成が可能ですが、とくに関数rand.Intn(n)を使用して「0以上でnより小さい」乱数を生成するパターンは有用でしょう。

擬似乱数生成器の生成

rand.Seedやrand.Intnは、Goのランタイム上に用意されたデフォルトの擬似乱数生成器を共有しています。簡易的に使用する分には問題はありませんが、プログラムの意図しない場所で擬似乱数生成器のシードが書き換えられてしまうなどの危険性が考えられます。

このような問題を解決するには、擬似乱数生成器を明示的に生成して管理する必要があります。関数rand.NewSourceにシード値を与えてrand.Source型を生成し、関数rand.Newから独立した擬似乱数生成器を生成することができます。rand.Rand型にはrand.Intnなどの関数と同名のメソッドが定義されているため、デフォルト擬似乱数生成器を利用した場合と同様に操作します。

```
/* 擬似乱数生成器のソースを現在時刻から生成 */
src := rand.NewSource(time.Now().UnixNano())
/* ソースをもとに擬似乱数生成器を生成 */
rnd := rand.New(src)
```

Chapter 7 Go のパッケージ

```
/* 0～99の間の擬似乱数 */
rnd.Intn(100)
/* int型の擬似乱数 */
rnd.Int()
/* int32型の擬似乱数 */
rnd.Int31()
/* int64型の擬似乱数 */
rnd.Int63()
/* uint32型の擬似乱数 */
rnd.Uint32()
```

7.6 flag

```
import "flag"
```

flagはコマンドラインからプログラムに与えられた引数やオプションなどを処理するための効率的な機能を備えたパッケージです。シンプルなコマンドラインの構築に十分な機能を有しています。

たとえば次のようなgetflagsというコマンドを作る場合を考えてみましょう。

```
$ getflags -n 100 -m message -x
```

-n 100と-m messageという引数の組み合わせと、-xという単独のオプションが与えられています。このようなコマンドのオプション処理を、os.Argsなどを利用して1から開発するのは非常に大変です。-n、-m、-xの各オプションがどのような順序で与えられるか、オプションの指定が存在する場合としない場合とでどのように対処するかなど、さまざまなパターンを考慮しなければなりません。flagパッケージは、このように面倒な処理を肩代わりしてくれます。

■ コマンドラインオプションの処理

コマンドラインを処理するサンプルとして、次のようなコマンドgetflagsを定義する方法について考えてみましょう。[-x]という書き方は、そのオプションが任意で設定可能であるという意味を表しています。

```
getflags [-n 処理数の最大値 (デフォルト32) ] [-m 処理メッセージ ] [-x]
```

→ 298

7.6 flag

getflagsコマンドのオプション処理は次のように書くことができます。

```
package main

import (
    "flag"
    "fmt"
)

func main() {
    /* オプションの値を格納する変数の定義 */
    var (
        max int
        msg string
        x   bool
    )
    /* コマンドラインオプションの定義 */
    flag.IntVar(&max, "n", 32, "処理数の最大値")
    flag.StringVar(&msg, "m", "", "処理メッセージ")
    flag.BoolVar(&x, "x", false, "拡張オプション")
    /* コマンドラインをパース */
    flag.Parse()

    fmt.Println("処理数の最大値 =", max)
    fmt.Println("処理メッセージ =", msg)
    fmt.Println("拡張オプション =", x)
}
```

flag.IntVar、flag.StringVar、flag.BoolVarといった関数が各々のオプション
に対応する定義に該当します。オプションの定義には4つの引数が必要になり、
それぞれ「オプションの型に合わせたポインタ」「オプションの名前」「デフォルト
値」「オプションの説明文」という意味を表しています。

flag.IntVarは整数が与えられるオプションを意味するのでint型のポインタ
を、flag.Stringであれば文字列のオプションを意味するのでstring型のポインタ
を指定します。flag.BoolVarのようにbool型をとるオプションは、コマンドライ
ンから -xが与えられたかどうかを真偽値として検出します。

flag.XXXVarによるオプションの処理が完了したら、関数flag.Parseを実行しま
す。実際にコマンドラインオプションの内容が解析され、その内容が定義した変
数に代入されるのはflag.Parseが実行されるタイミングです。

getflagsコマンドを実行してみましょう。まずはオプションを何も与えずに実
行した例です。オプションの値に対応する変数の内容が、定義したデフォルト値

299

Chapter 7 Go のパッケージ

になっていることがわかります。

```
$ ./getflags
処理数の最大値 = 32
処理メッセージ =
拡張オプション = false
```

次はオプションのさまざまなパターンをテストした例です。オプションを与える順序や組み合わせを変えても適切に動作することがわかります。

```
$ ./getflags -n 100
処理数の最大値 = 100
処理メッセージ =
拡張オプション = false

$ ./getflags -m メッセージ -x
処理数の最大値 = 32
処理メッセージ = メッセージ
拡張オプション = true

$ ./getflags -x -n 256
処理数の最大値 = 256
処理メッセージ =
拡張オプション = true
```

オプションとその値を「- [オプション] = [値]」のように書く形式もサポートされています。また、次の-mオプションの値のように、スペースを含む値はダブルクォートで囲うことも可能です。

```
$ ./getflags -n=128 -m="メッセージ の 内容"
処理数の最大値 = 128
処理メッセージ = メッセージ の 内容
拡張オプション = false
```

オプションの定義に存在しない誤った内容を指定するとどのようになるでしょうか。次に示すのは、定義に存在しない-zというオプションを指定した実行例です。

```
$ ./getflags -z
flag provided but not defined: -z
Usage of ./getflags:
  -m string
        処理メッセージ
```

300

```
 -n int
        処理数の最大値 (default 32)
 -x     拡張オプション
```

　flag.Parseは、誤ったオプションを検出すると、コマンドのヘルプメッセージ
を出力してからプログラムを停止させます。オプションの定義に渡した説明文が
そのままヘルプメッセージに利用されていることがわかります。

　このように、flagパッケージを使用することで、コマンドラインオプションの
解析とヘルプメッセージの表示などの処理を、比較的簡単に実現できることがわ
かりました。

7.7　fmt

```
import "fmt"
```

　fmtは、フォーマット処理を含めた入出力処理のための機能がまとめられた
パッケージです。Cにおけるprintfやscanfに類する関数群が定義されています。

　次のコードは、代表的な関数fmt.Printfの使用例です。第1引数に文字
列でフォーマットを指定し、第2引数以降は埋め込まれる任意のデータを
interface{}型として並べます。フォーマット文字列の中では、%dのような書式指
定子を使ってデータの埋め込む場所とその書式を指定できます。フォーマット文
字列の内部では%が特殊な意味を表すので、%文字そのものを表現する場合には、
%%を使用しなければなりません。

```go
package main

import (
    "fmt"
)

func main() {
    n := 100
    f := 3.14
    fmt.Printf("%d * %.2f = %.2f\n", n, f, float64(n)*f)
}
/* 出力結果 */
100 * 3.14 = 314.00
```

Chapter 7 Go のパッケージ

fmtパッケージに定義された出力用関数は、大きく分けると3つのグループに分類できます。それぞれ、標準出力、文字列、任意のio.Writer型というふうに出力先が分かれますが、出力内容については同等です。

```
/* 標準出力への出力関数 */
func Print(a ...interface{}) (n int, err error)
func Printf(format string, a ...interface{}) (n int, err error)
func Println(a ...interface{}) (n int, err error)
/* 文字列への出力関数 */
func Sprint(a ...interface{}) string
func Sprintf(format string, a ...interface{}) string
func Sprintln(a ...interface{}) string
/* 任意のio.Writer型への出力関数 */
func Fprint(w io.Writer, a ...interface{}) (n int, err error)
func Fprintf(w io.Writer, format string, a ...interface{}) (n int, err error)
func Fprintln(w io.Writer, a ...interface{}) (n int, err error)
```

名前の末尾がfの関数は「フォーマット付き」であることを表しています。数値や浮動小数点数などのデータを整形して出力できます。名前がSから始まる関数は文字列（String）を生成し、名前がFから始まる関数はファイル（File）への出力を行う用途で使用するというルールで命名されています。

```
// 標準出力へフォーマットした文字列を出力
n := 4
fmt.Printf("%d * %d = %d\n", n, n, n*n)
// => "4 * 4 = 16"

// フォーマットした文字列を生成
s := fmt.Sprintf("[%.2f]\n", 1.23456)
// s == "[1.23]"

// ファイルへフォーマットした文字列を出力
f, err := os.Create("foo.txt")
if err != nil {
    log.Fatal(err)
}
defer f.Close()
fmt.Fprintf(f, "|%05d|%05d|\n", 121, 33)
// [foo.txtのテキスト]
// |00121|00033|
```

整数型の書式指定子

整数型に関連した書式指定には表7.3のようなものがあります。

表7.3 整数型の書式指定子

書式指定子	値	出力	補足
%d	-1	"-1"	
%+d	1	"+1"	正の整数の場合も符号を出力
%5d	123	" 123"	指定した桁数で右詰め
%-5d	123	"123 "	指定した桁数で左詰め
%05d	123	"00123"	指定した桁数まで右詰めして0のプリフィックスを付加
%c	65	"A"	Unicode文字
%q	36938	"'遊'"	シングルクォートで囲まれたUnicode文字
%o	100	"144"	8進数
%#o	100	"0144"	0付き8進数
%x	10203	"27db"	16進数 (a-f小文字)
%X	10203	"27DB"	16進数 (A-F大文字)
%#x	10203	"0x27db"	0x付き16進数 (a-f小文字)
%#X	10203	"0x27DB"	0x付き16進数 (A-F大文字)
%U	36938	"U+904A"	Unicodeコードポイント
%#U	36938	"U+904A '遊'"	Unicodeコードポイントと文字
%b	250	"11111010"	2進数

浮動小数点型・複素数型の書式指定子

浮動小数点型・複素数型に関連した書式指定には表7.4のようなものがあります。

表7.4 浮動小数点型・複素数型の書式指定子

書式指定子	値	出力	補足
%f	123.456	"123.456000"	実数表現
%F	123.456	"123.456000"	%fに同じ
%.2f	123.456	"123.46"	小数点以下2桁に丸める
%8.2f	123.456	"123.46 "	小数点以下2桁に丸め、全体を8桁で左詰め
%-8.2f	123.456	" 123.45"	小数点以下2桁に丸め、全体を8桁で右詰め
%e	123.456	"1.234560e+02"	仮数と指数表現

Chapter 7　Go のパッケージ

書式指定子	値	出力	補足
%E	123.456	"1.234560E+02"	仮数と指数表現（Eが大文字）
%.2e	123.456	"1.23e+02"	仮数部を小数点以下2桁に丸める
%12.2e	123.456	"1.23e+02 "	仮数部を小数点以下2桁に丸め、全体を12桁で左詰め
%-12.2e	123.456	" 1.23e+02"	仮数部を小数点以下2桁に丸め、全体を12桁で右詰め
%-12.2e	123.456	" 1.23e+02"	仮数部を小数点以下2桁に丸め、全体を12桁で右詰め
%g			指数部が大きい場合は%e、それ以外では%f
%G			指数部が大きい場合は%E、それ以外では%F

■ 文字列型の書式指定子

文字列型に関連した書式指定には表7.5のようなものがあります。

表7.5　文字列型の書式指定子

書式指定子	値	出力	補足
%s	"Go言語"	"Go言語"	
%10s	"Go言語"	" Go言語"	文字数10で右詰め
%-10s	"Go言語"	"Go言語 "	文字数10で左詰め
%q	"Go言語"	""Go言語""	ダブルクォート付き
%x	"Go言語"	"476fe8a880e8aa9e"	16進数（a-f小文字）
%X	"Go言語"	"476FE8A880E8AA9E"	16進数（A-F大文字）

■ その他の書式指定子

数値や文字列以外の型に使用できる書式指定子には、表7.6のようなものがあります。とくにデータの本来の型を確認できる%Tは有用でしょう。

表7.6　その他の書式指定子

書式指定子	値	出力	補足
%t	true	"true"	bool型専用
%p	任意のポインタ型	（例）"0xc82000a380"	ポインタのアドレスの16進数表記
%T	任意の型	（例）"int"	Goの型

%v

%vはGoのさまざまな型の値を柔軟に出力することができる書式指定子です。

基本的なデータ型に対して%vは表7.7の書式指定子として振る舞います。interface{}型として本来の型が不定であるデータの内容を出力させる場合などに有用でしょう。

表7.7 書式指定子%vと型の関係

型	%vの挙動
bool	%b
int、int8など	%d
uint、uint8など	%d
float64、complex128など	%g
string	%s
チャネル	%p
ポインタ	%p

配列やスライス、マップなどについても%vは有効に作用します。次の例でわかるように、どのようなデータを保持しているのかについて理解しやすい出力を得られます。

```
fmt.Printf("%v\n", [3]int{1, 2, 3})
// => "[1 2 3]"
fmt.Printf("%v\n", []string{"A", "B", "C"})
// => "[A B C]"
fmt.Printf("%v\n", map[int]float64{1: 1.0, 2: 4.0})
// => "map[1:1 2:4]"
```

任意で定義した構造体型についても、%vはわかりやすい出力を生成します。%+vを使用すると構造体のフィールドが出力に加わり、さらに%#vを使えば構造体のフィールドに加えて変数の型情報も追加されます。

```
type User struct {
    Id    int
    Email string
}

u := &User{Id: 123, Email: "mail@example.com"}
fmt.Printf("%v\n", u)
```

```
// => "&{123 mail@example.com}"

// %+vは構造体のフィールドも出力する
fmt.Printf("%+v\n", u)
// => "&{Id:123 Email:mail@example.com}"

// %#vは構造体のフィールドと型についても出力する
fmt.Printf("%#v\n", u)
// => "&main.User{Id:123, Email:"mail@example.com"}"
```

　構造体型であれば、fmt.Stringerインターフェースのメソッドを実装すること
で、%vの出力内容を差し換えることができます。また、この場合は%sを指定して
もエラーは発生せずに、メソッドStringが返す文字列が出力されます。しかし、
%#vを指定した場合の出力には影響しないことに注意してください。

```
func (u *User) String() string {
    return fmt.Sprintf("<%d, %s>", u.Id, u.Email)
}

fmt.Printf("%s\n", u)
// => "<123, mail@example.com>"
fmt.Printf("%v\n", u)
// => "<123, mail@example.com>"
fmt.Printf("%+v\n", u)
// => "<123, mail@example.com>"
fmt.Printf("%#v\n", u)
// => "&main.User{Id:123, Email:"mail@example.com"}"
```

■ フォーマットを指定しない出力

　関数fmt.Printと関数fmt.Printlnは、interface{}型の任意の数の引数をとり、
さまざまなデータ型をまとめて出力できます。

　fmt.Printは、各々のデータ型が文字列型と隣接「しない」場合にスペース区切
りが付加された出力を生成します。fmt.Printlnは、各々のデータ型の間をスペー
スで区切って末尾に改行を付加した出力を生成します。

```
fmt.Print(123, 3.14, "Golang", struct{ X, Y int }{1, 2})
// => "123 3.14Golang{1 2}"
fmt.Println(123, 3.14, "Golang", struct{ X, Y int }{1, 2})
// => "123 3.14 Golang {1 2}"
```

7.8 log

logは、シンプルなログ作成のための機能がまとめられたパッケージです。とくに設定を行わなくても、log.Printlnなどの関数を使うことで標準エラー出力に任意のログメッセージを出力できます。出力されるログの内容にはデフォルトで日付と時刻が含まれます。

```go
package main

import (
    "log"
)

func main() {
    log.Print("ログの1行目\n")
    log.Println("ログの2行目")
    log.Printf("ログの%d行目\n", 3)
}
/* 標準エラー出力への出力結果 */
2015/12/01 00:00:00 ログの1行目
2015/12/01 00:00:00 ログの2行目
2015/12/01 00:00:00 ログの3行目
```

■ ログの出力先を変更する

ログの出力先を変更するには関数log.SetOutputを使用します。次のコードでは、osパッケージで定義されているパッケージ変数Stdoutを使って、ログの出力先を標準出力に変更しています。

```go
/* ログの出力先を標準出力に変更 */
log.SetOutput(os.Stdout)
```

また、任意のファイルを作成してそれをログの出力先に設定することもできます。次の例では、os.Createによって新規作成したファイルtest.logをログの出力先に設定しています。

```go
/* test.logファイルを新規作成 */
f, err := os.Create("test.log")
if err != nil {
    return
```

Chapter 7 Go のパッケージ

```
}
/* ログの出力先をtest.logに設定 */
log.SetOutput(f)
log.Println("ログのメッセージ")
```

`log.SetOutput`は引数に`io.Writer`型をとります。

```
func SetOutput(w io.Writer)
```

`io.Writer`型はインターフェースとして定義されています。つまり、このインターフェースを実装した型であれば、どのようなものでもログの出力先に設定できるのです。

```
type Writer interface {
        Write(p []byte) (n int, err error)
}
```

■ ログのフォーマットを指定する

関数`log.SetFlags`に、ログのフォーマット用に定義されている定数を論理和で組み合わせた指定を行うことで、任意のフォーマットを指定できます。また、関数`log.SetPrefix`に文字列を渡すことで、ログの先頭に追加されるプリフィックスを設定することも可能です。

```
/* 標準のログフォーマット */
log.SetFlags(log.LstdFlags)
log.Println("A")     // => "2015/12/01 00:00:00 A"
/* マイクロ秒を追加 */
log.SetFlags(log.Ldate | log.Ltime | log.Lmicroseconds)
log.Println("B")     // => "2015/12/01 00:00:00.153742 B"
/* 時刻とファイルの行番号（短縮形） */
log.SetFlags(log.Ltime | log.Lshortfile)
log.Println("C")     // => "00:00:00 main.go:26: C"
/* 時刻とファイルの行番号（フルパス） */
log.SetFlags(log.Ltime | log.Llongfile)
log.Println("D")     // => "00:00:00 /Users/golang/main.go:29: D"

log.SetFlags(log.LstdFlags)

/* ログのプリフィックスを設定 */
log.SetPrefix("[LOG] ")
log.Println("E")     // => "[LOG] 2015/12/01 00:00:00 E"
```

7.8 log

■ ログ出力の詳細

　ログを出力するための関数は、大別すると3つに分かれます。関数名がPrint
から始まるものはログの出力を行うだけで、それ以外の副作用はありません。し
かし、関数名がFatalから始まるものは、ログの出力後にos.Exit(1)を実行する
ため、使用するとプログラムが終了します。また、関数名がPanicから始まるも
のは、ログの出力後にランタイムパニックを発生させます。

```
/* 通常のログ出力 */
func Print(v ...interface{})
func Printf(format string, v ...interface{})
func Println(v ...interface{})
/* os.Exit(1)を伴うログ出力 */
func Fatal(v ...interface{})
func Fatalf(format string, v ...interface{})
func Fatalln(v ...interface{})
/* panic()を伴うログ出力 */
func Panic(v ...interface{})
func Panicf(format string, v ...interface{})
func Panicln(v ...interface{})
```

■ ロガーの生成

　logパッケージ下の関数は、デフォルトで設定されている1つのロガーを全体に
適用しているため、一部のログのみ出力方法を変えたい場合などに小回りがきき
ません。関数log.Newを使用すれば、logパッケージのデフォルトロガーとは異な
る新しいロガーを生成することができます。

```
func New(out io.Writer, prefix string, flag int) *Logger
```

　関数log.Newは*log.Logger型を返します。この構造体には関数log.Printなど
と同様のログ出力のためのメソッドが定義されているため、デフォルトのロガー
と同等の操作を行えるようになっています。

```
/* 標準出力を出力先にした新しいロガーの生成 */
logger := log.New(os.Stdout, "", log.Ldate|log.Ltime|log.Lshortfile)
logger.Fatalln("message")
```

309

Chapter 7　Go のパッケージ

7.9　strconv

```
import "strconv"
```

strconvは、Goの基本的なデータ型とstring型の相互変換をサポートする機能がまとめられたパッケージです。

真偽値を文字列に変換する

関数strconv.FormatBootでは、bool型の値を文字列に変換できます。

```
b := true
strconv.FormatBool(b) // == "true"
```

整数を文字列に変換する

整数型から文字列への変換には、関数strconv.FormatIntと関数strconv.FormatUintが用意されており、それぞれ符号付き整数型と符号なし整数型に対応しています。2番目の引数には整数の文字列表現に使用する基数を指定します。基数に2を指定すれば2進数表現が、16を指定すれば16進数表現が得られます。

```
/* 基数10で文字列化 */
strconv.FormatInt(-12345, 10) // == "-12345"
/* 基数16で文字列化 */
strconv.FormatInt(-12345, 16) // == "-3039"
/* 基数2で文字列化 */
strconv.FormatUint(12345, 2)  // == "11000000111001"
```

strconv.Itoaという、Cの関数itoaを模倣した関数も用意されています。内部的にはstrconv.FormatInt(i, 10)が使用されているショートカット用の関数です。

```
strconv.Itoa(4649) // == "4649"
```

浮動小数点数を文字列に変換する

浮動小数点型の値を文字列に変換する関数strconv.FormatFloatは少々複雑です。

→ 310

```
/* 指数表現による文字列化 */
strconv.FormatFloat(123.456, 'E', -1, 64)      // == "1.23456E+02"
/* 指数表現による文字列化（小数点以下2桁まで）  */
strconv.FormatFloat(123.456, 'e', 2, 64)       // == "1.23e+02"
/* 実数表現による文字列化 */
strconv.FormatFloat(123.456, 'f', -1, 64)      // == "123.456"
/* 実数表現による文字列化（小数点以下2桁まで）  */
strconv.FormatFloat(123.456, 'f', 2, 64)       // == "123.46"
/* 指数部の大きさで変動する表現による文字列化 */
strconv.FormatFloat(123.456, 'g', -1, 64)      // == "123.456"
strconv.FormatFloat(123456789.123, 'g', -1, 64) // == "1.23456789123e+08"
/* 指数部の大きさで変動する表現による文字列化（仮数部全体が4桁まで）  */
strconv.FormatFloat(123.456, 'g', 4, 64)       // == "123.5"
/* 指数部の大きさで変動する表現による文字列化（仮数部全体が8桁まで）  */
strconv.FormatFloat(123456789.123, 'G', 8, 64) // == "1.2345679E+08"
```

2番目の引数はbyte型で、e、E、f、g、Gのいずれかを指定できます。浮動小数点数の書式を表す文字で、fmtパッケージにおける書式指定子と同様の意味を表しているため、詳細についてはそちらを参照してください。3番目の引数には桁数の制限を表し、−1を指定した場合には、文字列化する浮動小数点数の表現に必要な桁数が自動で選択されます。最後の引数は、文字列化する浮動小数点数の精度をビット数（32または64）で指定します。

文字列を真偽値型に変換する

strconv.ParseBoolは文字列を解析して真偽値を返す関数です。次のように、真偽値に変換できる文字列のパターンには多数のバリエーションがあります。

```
/* trueへ変換できる文字列 */
strconv.ParseBool("true") // == true <nil>
strconv.ParseBool("1")    // == true <nil>
strconv.ParseBool("t")    // == true <nil>
strconv.ParseBool("T")    // == true <nil>
strconv.ParseBool("TRUE") // == true <nil>
strconv.ParseBool("True") // == true <nil>
/* falseへ変換できる文字列 */
strconv.ParseBool("false") // == false <nil>
strconv.ParseBool("0")     // == false <nil>
strconv.ParseBool("f")     // == false <nil>
strconv.ParseBool("F")     // == false <nil>
strconv.ParseBool("FALSE") // == false <nil>
strconv.ParseBool("False") // == false <nil>
```

Chapter 7　Go のパッケージ

strconv.ParseBoolの2番目の戻り値はerror型です。文字列への変換に失敗した場合のエラー処理を忘れないようにしてください。

```
_, err := strconv.ParseBool("Foo")
if err != nil {
    fmt.Println(err)
    // => "strconv.ParseBool: parsing "Foo": invalid syntax"
}
```

文字列を整数型に変換する

strconv.ParseInt と strconv.ParseUint は、文字列を解析して整数を返す関数です。それぞれ、符号付き整数表現と符号なし整数表現に対応しています。2番目の引数には基数を指定し、最後の引数には整数の精度をビット数で指定します。精度に0を指定した場合は、Goプラットフォームのint型およびuint型の精度が指定されます。strconv.ParseUintに負の整数を与えたり、指定した精度を超える整数表現を超過した場合はエラーが発生します。

```
/* 10進数表現として変換 */
strconv.ParseInt("12345", 10, 0)   // == 12345 <nil>
strconv.ParseUint("12345", 10, 0)  // == 12345 <nil>
strconv.ParseInt("-12", 10, 0)     // == -12 <nil>
/* 8進数表現として変換 */
strconv.ParseInt("740", 8, 0)      // == 480 <nil>
/* 16進数表現として変換 */
strconv.ParseInt("7F4D", 16, 0)    // == 32589 <nil>

/* 負の整数からの変換はエラー */
strconv.ParseUint("-1", 10, 0)     // == 0 strconv.ParseUint: parsing "-1": ↙
invalid syntax
/* 指定した精度を超える整数表現はエラー */
strconv.ParseInt("100000", 10, 16) // == 32767 strconv.ParseInt: parsing "100000":↙
 value out of range
```

また、基数に0が指定された場合のみ、文字列の先頭が基数を表すプリフィックスとして作用するようになります。先頭が"0x"から始まる場合は16進数表現として、"0"から始まる場合は8進数表現として、それ以外では10進数表現であると見なして解析が実行されます。

→ 312

```
/* 基数に0が指定された場合は文字列のプリフィックスが作用する */
strconv.ParseInt("123", 0, 0)   // == 123 <nil>
strconv.ParseInt("0123", 0, 0)  // == 83 <nil>
strconv.ParseInt("0x123", 0, 0) // == 291 <nil>
```

strconv.Atoiという、Cの関数atoiを模倣した関数も用意されています。内部的にはstrconv.ParseInt(s, 10, 0)が使用されているショートカット用の関数です。

```
i, err := strconv.Atoi("12345") // i == 12345
```

文字列を浮動小数点型に変換する

strconv.ParseFloatは、実数や指数表現された文字列を解析して、浮動小数点型の値に変換するための関数です。2番目の引数に浮動小数点型の精度を指定します。指定した精度で表現可能な範囲を超過するとエラーが発生し、値には無限大を表す+Inf、-Infが返ります。

```
/* 浮動小数点型への変換 */
strconv.ParseFloat("3.14", 64)    // == 3.14 <nil>
strconv.ParseFloat(".2", 64)      // == 0.2 <nil>
strconv.ParseFloat("-2", 64)      // == -2 <nil>
strconv.ParseFloat("1.2345e8", 64) // == 1.2345e+08 <nil>
strconv.ParseFloat("1.2345E8", 64) // == 1.2345e+08 <nil>

/* 指定した精度に合わせて丸められる */
strconv.ParseFloat("1.000000000001", 32) // == 1 <nil>
strconv.ParseFloat("1.000000000001", 64) // == 1.000000000001 <nil>

/* 精度を超過する範囲の表現は無限大とエラーを返す */
strconv.ParseFloat("1E500", 64)   // == +Inf strconv.ParseFloat: parsing "1E500":↙
 value out of range
strconv.ParseFloat("-1E500", 64)  // == -Inf strconv.ParseFloat: parsing "-1E500":↙
 value out of range
```

Chapter 7 Go のパッケージ

7.10 unicode

```
import "unicode"
```

unicodeはrune型が表現するUnicodeコードポイント処理のためのユーティリ
ティーがまとめられたパッケージです。

■ Unicode のカテゴリーを判別する

unicodeパッケージにはUnicodeコードポイントの「カテゴリー」を判定するた
めの関数が多数定義されています。次に示すのはその一例ですが、rune型で表
現された文字に対して「数字か?」「文字か?」といった判定を行うことができます。
Goの文字列処理には、このようなUnicodeコードポイントのカテゴリーに依存し
たものが多数含まれているため、あらかじめ理解しておけば文字列処理の学習に
利益があるでしょう。

```
/* ルーンは「数字」? */
unicode.IsDigit('X')    // == false
unicode.IsDigit('3')    // == true
unicode.IsDigit('３')   // == true ※全角数字
unicode.IsDigit('三')   // == false

/* ルーンは「文字」? */
unicode.IsLetter('A')   // == true
unicode.IsLetter('Ａ')  // == true ※全角英字
unicode.IsLetter('3')   // == false
unicode.IsLetter('３')  // == false ※全角数字
unicode.IsLetter('あ')  // == true
unicode.IsLetter('ｰ')   // == false

/* ルーンは「スペース」? */
unicode.IsSpace(' ')    // == true
unicode.IsSpace('\t')   // == true
unicode.IsSpace('　')   // == true ※全角スペース
unicode.IsSpace('_')    // == false

/* ルーンは「コントロール」? */
unicode.IsControl('\n') // == true
```

314

7.11 strings

```
import "strings"
```

stringsは文字列操作の機能がまとめられたパッケージです。文字列の検索、結合、置換処理やその他さまざまな変換処理が含まれています。

文字列を結合する

strings.Joinは、[]string型に含まれる複数の文字列を結合した、新たな文字列を返す関数です。2番目の引数にセパレータを指定することで、要素間に任意の文字列を挿入できます。

```
strings.Join([]string{"A", "B", "C"}, ",")           // == "A,B,C"
strings.Join([]string{"Hello", ", ", "World!"}, "")  // == "Hello, World!"
```

文字列に含まれる部分文字列を検索する

関数strings.Indexは、検索対象の文字列の中に、指定した部分文字列が含まれるかどうかを検索します。指定した部分文字列が含まれている場合は、その最初の部分文字列が開始されるインデックスがint型で返ります。また、戻り値が－1の場合は部分文字列が含まれていなかったことを表します。

```
/* 文字列"ABCDE"の部分文字列の位置をインデックスで取得する */
strings.Index("ABCDE", "A")   // == 0
strings.Index("ABCDE", "BCD") // == 1
strings.Index("ABCDE", "X")   // == -1
```

関数strings.LastIndexは検索対象の文字列の中に、指定した部分文字列が複数含まれている場合に、その最後の部分文字列が開始されるインデックスを返します。部分文字列が1つも含まれない場合に－1が返るのは、strings.Indexと同様です。

```
/* 部分文字列"ABC"が最後に現れる位置をインデックスで取得する */
strings.LastIndex("ABCABCABC", "ABC") // == 6
```

Chapter 7 Go のパッケージ

関数 strings.IndexAny は、strings.Index とは異なり、2番目の引数が部分文字列ではなく、文字列に含まれる文字の「どれか」がという意味を表しています。"ABC" が与えられた場合は、"A" か、"B" か、"C" のいずれかの文字がはじめて現れる文字列内のインデックスを返します。また、strings.LastIndexAny はいずれかの文字が「最後に」出現するインデックスを返します。どの文字も含まれていない場合は、−1 が返ります。

```
strings.IndexAny("ABC", "ABC")      // == 0
strings.IndexAny("ABC", "BCD")      // == 1
strings.IndexAny("ABC", "CDE")      // == 2
strings.IndexAny("ABC", "XYZ")      // == -1

strings.LastIndexAny("ABC", "ABC") // == 2
strings.LastIndexAny("ABC", "XYZ") // == -1
```

strings.HasPrefix は、検索対象の文字列が指定した部分文字列から開始されるかどうかを bool 型で返す関数です。strings.HasSuffix は指定した部分文字列で終了するかどうかを検索する関数です。

```
strings.HasPrefix("Go言語", "Go")   // == true
strings.HasSuffix("Go言語", "言語") // == true
```

単に検索対象の文字列の中に指定した部分文字列が含まれるかどうかのみを判定したい場合であれば、関数 strings.Contains を利用できます。また、いずれかの文字が含まれるかどうかを検索する strings.ContainsAny もあります。

```
/* 指定した部分文字列が含まれるか? */
strings.Contains("ABCDE", "AB")         // == true
strings.Contains("ABCDE", "CDE")        // == true
strings.Contains("ABCDE", "XYZ")        // == false
strings.Contains("ABC", "")             // == true
strings.Contains("", "")                // == true

/* 指定した文字のどれかが含まれるか? */
strings.ContainsAny("ABCDE", "AE")       // == true
strings.ContainsAny("ABCDE", "Cookbook") // == true
strings.ContainsAny("ABCDE", "XYZ")      // == false
```

検索対象の文字列に指定した部分文字列が何回現れるかを検索するのであれば、関数 strings.Count を使用できます。部分文字列に ""（空文字列）を指定した場合の挙動に注意してください。

→ 316

```
strings.Count("ABC", "ABC")        // == 1
strings.Count("ABCABCABC", "ABC")  // == 3
strings.Count("ABCABCABC", "XYZ")  // == 0
strings.Count("ABC", "")           // == 4
```

文字列を繰り返して結合する

strings.Repeatは、任意の文字列を指定した回数で繰り返して結合した新しい
文字列を返す関数です。繰り返す回数に負の数を指定した場合はランタイムパ
ニックが発生します。

```
strings.Repeat("ABC", 3) // == "ABCABCABC"
strings.Repeat("ABC", 0) // == ""
```

文字列の置換

string.Replaceは、文字列に含まれる部分文字列を指定した文字列で置換した
新しい文字列を返す関数です。2番目の引数に指定した文字列に一致する箇所を、
3番目の引数で指定した文字列で置き換えます。最後の引数は置換する回数の最
大数で、−1が与えられた場合には該当する箇所をすべて置換する処理になりま
す。

```
strings.Replace("AAAAA", "A", "X", 1)  // == "XAAAA"
strings.Replace("AAAAA", "A", "X", 2)  // == "XXAAA"
strings.Replace("AAAAA", "A", "X", -1) // == "XXXXX"

strings.Replace("C言語", "C", "Go", 1)  // == "Go言語"
```

文字列を分割する

strings.Splitは、任意の文字列を指定した部分文字列にマッチする箇所で、
複数の文字列に分割するための関数です。戻り値は[]string型になります。関数
strings.SplitAfterは、分割のための部分文字列が取り除かれず、分割後の文字
列に含まれるところに動作の違いがあります。また、それぞれの関数には、分割
する最大数を指定可能な関数strings.SplitNと関数strings.SplitAfterNというバ
リエーションが存在します。

Chapter 7 Go のパッケージ

```
strings.Split("A,B,C,D,E", ",")          // == ["A" "B" "C" "D" "E"]
strings.SplitAfter("A,B,C,D,E", ",")      // == ["A," "B," "C," "D," "E"]
strings.SplitN("A,B,C,D,E", ",", 3)       // == ["A" "B" "C,D,E"]
strings.SplitAfterN("A,B,C,D,E", ",", 3)  // == ["A," "B," "C,D,E"]
```

大文字・小文字の変換

関数 strings.ToLower は文字列に含まれる文字の大文字を小文字に置換した
新しい文字列を返します。反対に、関数 strings.ToUpper は小文字を大文字に
置換した新しい文字列を返します。日本語の範囲ではあまり問題になりません
が、一般的なアルファベットを表す文字種に限らず、Unicode において大文字
(Uppercase)、小文字 (Lowercase) に分類される文字種すべてに作用すること
に注意してください。

```
/* 大文字を小文字に変換 */
strings.ToLower("ABCDE") // == "abcde"
strings.ToLower("X Y Z") // == "x y z"
strings.ToLower("Ë")     // == "ë"

/* 小文字を大文字に変換 */
strings.ToUpper("abcde") // == "ABCDE"
strings.ToUpper("x-y-z") // == "X-Y-Z"
strings.ToUpper("é")     // == "É"
```

文字列から空白を取り除く

strings.TrimSpace は、文字列の前後に連なる「スペース」を取り除いた新しい
文字列を返す関数です。ASCII におけるスペースのみならず、タブや改行コード
や全角スペースのように Unicode においてスペースに分類される文字種も対象で
あることに注意してください。

```
/* 文字列の前後に連なるスペースを削除 */
strings.TrimSpace(" · Hello, World! · ")  // == "· Hello, World! ·"
/* タブや改行コードも取り除かれる */
strings.TrimSpace("\tGolang\r\n")         // == "Golang"
/* いわゆる「全角スペース」も対象になる */
strings.TrimSpace(" ←日本語の空白→ ")      // == "←日本語の空白→"
```

→ 318

文字列からスペースで区切られたフィールドを取り出す

strings.Fieldsは、文字列に含まれる連続したスペースを区切りに、複数の文字列に分割を行う関数です。戻り値は[]string型です。strings.TrimSpaceと同様に、ここでの「スペース」はUnicodeにおけるカテゴリーを指すため、タブ文字や改行コードや全角スペースといった文字種も対象になります。

```
strings.Fields("a b c")        // == ["a" "b" "c"]
strings.Fields("A\tB\tC\nD")   // == ["A" "B" "C" "D"]
strings.Fields("   X Y Z ")    // == ["X" "Y" "Z"]
strings.Fields("い　ろ　は")    // == ["い" "ろ" "は"] ※全角スペース
```

7.12 io

```
import "io"
```

ioは、基本的な入出力のための型とインターフェースがまとめられたパッケージです。このパッケージ自体にはほとんど機能はありませんが、他のパッケージにおける入出力処理などを取り扱う場合に、ioパッケージについての知識が必要になります。

入力のための基本インターフェース

io.Readerは何らかのバイト列の「入力」を抽象化するための基本的なインターフェースです。単一のメソッドReadが定義されています。

```
type Reader interface {
    Read(p []byte) (n int, err error)
}
```

io.Readerインターフェースを実装している代表的な例としては、os.File型が挙げられます。

```
/* fは*os.File型 */
f, err := os.Open("foo.txt")
if err != nil {
    log.Fatal(err)
```

Chapter 7 Go のパッケージ

```
}
/* 入力のための[]byte型を要素数128で初期化 */
bs := make([]byte, 128)
/* バイト列の読み込み */
n, err := f.Read(bs) // nは実際に読み込んだバイト数
```

os.File型にはio.Readerインターフェースを満たすメソッドReadが実装されているため、os.File型はio.Reader型でもあると見なせます。つまり、os.File型が実現する「ファイルからの入力処理」を、io.Readerインターフェースが表す「バイト列の入力処理」に抽象化できるように設計されているのです。

このように特定の「型」を、基本になるインターフェースに準拠させることで、ファイルからの入力処理だけではなく、ネットワークからの入力処理やその他さまざまな入力処理についても、io.Readerインターフェースという共通の型で取り扱うことができるようになり、入力処理の抽象化と共通化を実現できます。

```
func (f *File) Read(b []byte) (n int, err error)
```

■ 出力のための基本インターフェース

io.Writerは、何らかのバイト列の「出力処理」を抽象化するための基本的なインターフェースです。単一のメソッドWriteが定義されています。io.Readerと同様に、Goのパッケージにおける「出力処理」の基本になるインターフェースです。

```
type Writer interface {
    Write(p []byte) (n int, err error)
}
```

7.13 bufio

```
import "bufio"
```

bufioは、Goの基本的な入出力処理にバッファ処理を付加した機能がまとめられたパッケージです。ioパッケージによる低レベルな入出力を効率化するためのバッファ処理や、bufio.Scanner型による複雑な入力処理のサポートなど多くの機能が含まれています。

標準入力を行単位で読み込む

関数bufio.NewScannerは、io.Reader型の引数を入力元にしたbufio.Scanner型を生成します。とくにカスタマイズを施さないbufio.Scanner型は、io.Reader型からの入力をバッファリングしつつ、改行を区切りとしてスキャン処理します。

次のコードでは、forループの条件にscanner.Scan()というスキャン処理の実行結果が与えられています。このメソッドScanは、スキャン処理が成功する限りはtrueを返し続けます。また、スキャン処理の結果は、メソッドscanner.Text()によりstring型で取り出すことができます。

次のプログラムは、入力元に標準入力を表すos.Stdinを使用しており、キーボードから何か1行入力するとその内容がそのまま標準出力に出力されます。

```go
package main

import (
    "bufio"
    "fmt"
    "os"
)

func main() {
    /* 標準入力をソースにしたスキャナの生成 */
    scanner := bufio.NewScanner(os.Stdin)

    /* 入力のスキャンが成功する限り繰り返すループ */
    for scanner.Scan() {
        fmt.Println(scanner.Text()) // スキャン内容を文字列で出力
    }

    /* スキャンにエラーが発生した場合の処理 */
    if err := scanner.Err(); err != nil {
        fmt.Fprintln(os.Stderr, "読み込みエラー:", err)
    }
}
```

文字列を行単位で読み込む

標準入力やファイルだけではなく、任意の文字列をもとにした入出力処理も可能です。関数strings.NewReaderは、与えられた文字列をソースにしたio.Readerインターフェースと互換性のある、strings.Reader型を生成します。あとは標準入力から行単位で読み込む場合と同様に、bufio.Scannerを使って処理で

Chapter 7 Go のパッケージ

きます。

```go
package main

import (
    "bufio"
    "fmt"
    "strings"
)

func main() {
    s := `XXXXX
YYYYY
ZZZZZ`
    /* 文字列からReaderを生成 */
    r := strings.NewReader(s)

    scanner := bufio.NewScanner(r)
    scanner.Scan()
    fmt.Println(scanner.Text()) // => "XXXXX"
    scanner.Scan()
    fmt.Println(scanner.Text()) // => "YYYYY"
    scanner.Scan()
    fmt.Println(scanner.Text()) // => "ZZZZZ"
}
```

スキャナのスキャン方法を切り替える

bufio.NewScannerが生成するスキャナはデフォルト状態で「行」を単位にします。生成したbufio.Scanner型のメソッドSplitに、bufioパッケージで定義されている別のスキャン関数を渡すことで、スキャナの挙動を変えることができます。

次の例で使用しているbufio.ScanWordsは、連続したUnicodeにおける「スペース」を区切りとした「ワード」単位でスキャンを実行するための関数です。この関数をスキャナに設定すると、行単位ではなくワード単位でスキャンを実行します。

```go
package main

import (
    "bufio"
    "fmt"
    "strings"
)
```

```go
func main() {
    s := `ABC DEF
GHI JKL MNO
PQR STU VWX
YZ
`

    r := strings.NewReader(s)
    scanner := bufio.NewScanner(r)

    /* スキャン関数をbufio.ScanWordsに変更 */
    scanner.Split(bufio.ScanWords)

    for scanner.Scan() {
        fmt.Println(scanner.Text())
    }
}
/* 出力結果 */
ABC
DEF
GHI
JKL
MNO
PQR
STU
VWX
YZ
```

bufioに、デフォルトで定義されているスキャン関数は次の4種類です。何も設定しない状態では、bufio.ScanLinesが使用されます。また、関数のプロトタイプに準拠すれば、オリジナルのスキャン関数を定義して使用することもできます。

```go
func ScanBytes(data []byte, atEOF bool) (advance int, token []byte, err error)
func ScanLines(data []byte, atEOF bool) (advance int, token []byte, err error)
func ScanRunes(data []byte, atEOF bool) (advance int, token []byte, err error)
func ScanWords(data []byte, atEOF bool) (advance int, token []byte, err error)
```

入出力のバッファ処理

io.Reader型とio.Writer型は、入出力処理における最も基本的な型です。

これらの型で抽象化された入力・出力は、関数bufio.NewReader、関数bufio.NewWriterを使用して内部的なバッファ処理を差しはさむことができます。入出力にバッファ処理を追加することで、必ずとは言えませんが、一般的に実行効率が向上します。また、bufio.Reader型とbufio.Writer型に定義されている、より高

Chapter 7　Go のパッケージ

度なメソッドを使えるようになります。bufio.NewReaderとbufio.NewWriterには任意のバッファサイズを指定できますが、省略した場合はデフォルトで4096バイトのバッファを備えます。

```
/* rはio.Reader型、wはio.Writer型 */

/* バッファ化された入力を生成 */
br := bufio.NewReader(r)
br := bufio.NewReaderSize(r, 8192) // バッファサイズを指定

/* バッファ化された出力を生成 */
bw := bufio.NewWriter(w)
bw := bufio.NewWriterSize(r, 8192) // バッファサイズを指定
```

バッファリングされた出力の注意点

　バッファリングされた出力処理には注意点があります。「バッファに残ったデータは自動で出力されない」という問題です。標準出力にせよファイルにせよバッファリングされた出力処理では、最終的にバッファに残ったデータを強制的に出力させる必要があります。

　次のコード例で、bufio.Writer型のメソッドFlushによるバッファのクリア処理を削除すると、標準出力には何も出力されないままプログラムが終了してしまいます。

```
/* 標準出力への出力をバッファリング */
w := bufio.NewWriter(os.Stdout)
w.WriteString("Hello, World!\n")
/* バッファの内容をクリアする */
w.Flush()
```

7.14　io/ioutil

```
import "io/ioutil"
```

　io/ioutilは、入出力処理をサポートする機能がまとめられたパッケージです。簡易的なファイルの読み書き、テンポラリファイル作成などの機能を有しています。

入力全体を読み込む

関数 ioutil.ReadAll は、io.Reader 型から得られる入力をすべて読み込みます。読み込まれたデータは [ ]byte 型に格納されるため、巨大な入力データに使うのは適していないことに注意してください。

```
package main

import (
    "log"
    "os"

    "io/ioutil"
)

func main() {
    f, err := os.Open("foo.txt")
    if err != nil {
        log.Fatal(err)
    }

    /* foo.txtの入力をすべて読み込む */
    bs, err := ioutil.ReadAll(f)
    if err != nil {
        log.Fatal(err)
    }
    /* bsは[]byte型でファイルのすべてのバイト列が入る */
}
```

ファイル全体を読み込む

単にファイル全体を読み込むのであれば、関数 ioutil.ReadFile を利用できます。ファイルをオープンする手間が省けるので、ioutil.ReadAll を経由するよりシンプルです。

```
package main

import (
    "log"

    "io/ioutil"
)

func main() {
```

Chapter 7　Go のパッケージ

```
    /* foo.txtファイルの内容をすべて読み込む */
    bs, err := ioutil.ReadFile("foo.txt")
    if err != nil {
        log.Fatal(err)
    }
    /* bsは[]byte型でファイルのすべてのバイト列が入る */
}
```

テンポラリファイルの作成

　ioutil.Tempfileは、既存ファイルとファイル名が重複しないテンポラリファイ
ルを生成する関数です。テンポラリファイルを作成するディレクトリは任意に指
定できますが、次のプログラムでは、関数os.TempDirの結果を利用して、OS環
境が指定するディレクトリを指定しています。

　また、テンポラリファイル名のプリフィックスとして"foo"を与えています。作
成に成功したテンポラリファイルは*os.File型で得られるため、任意のデータを
出力可能です。テンポラリファイルはプログラムの終了時に自動的に削除される
わけではないので、不要になったあとでファイルを削除する必要があることに注
意してください。

```
package main

import (
    "fmt"
    "log"
    "os"

    "io/ioutil"
)

func main() {
    /* プリフィックス"foo"でテンポラリファイルをオープン */
    f, err := ioutil.TempFile(os.TempDir(), "foo")
    if err != nil {
        log.Fatal(err)
    }
    defer f.Close()

    /* テンポラリファイルに書き込み */
    f.WriteString("Hello, World!\n")

    fmt.Println(f.Name()) // => "/tmp/foo975810979"
}
```

7.15 regexp

```
import "regexp"
```

regexpは正規表現による文字列処理のためのパッケージです。

Goの正規表現の基本

最も簡単な使用方法は、関数regexp.MatchStringによる正規表現のマッチ処理です。1番目の引数に正規表現のパターンを文字列で与え、2番目の引数に検索対象の文字列を指定します。1番目の戻り値はbool型で正規表現にマッチしたかどうかを表します。また、正規表現のパターンに文法的な問題があった場合は、2番目の戻り値でerror型が返ります。

```
regexp.MatchString("A", "ABC") // == true <nil>
regexp.MatchString("A", "XYZ") // == false <nil>
```

regexp.MatchStringは手軽に使用できるものの、実行のたびに正規表現のコンパイルを行うため、同じ正規表現を繰り返す大量のマッチ処理には適しません。あくまでも簡易的な関数であることに注意してください。

正規表現をあらかじめコンパイルするためには、関数regexp.Compileが使用できます。正規表現のパターンを文字列で与えると、*regexp.Regexp型を生成します。また、コンパイルエラーが発生した場合は、2番目の戻り値にエラーが返ります。

```
/* 正規表現のパターンをコンパイルする */
re, err := regexp.Compile("A")
```

regexp.Compileを使用する正規表現のコンパイルでも問題はありませんが、多くの場面では、関数regexp.MustCompileを使用してコンパイルするほうが望ましいかもしれません。

regexp.MustCompileはコンパイルエラーが発生した場合に、エラーを返すのではなく直接ランタイムパニックを発生させます。ランタイムパニックを発生させる可能性がある機能を推奨するのも少し奇妙な話ですが、プログラム内の正規表現の多くは文字列定数によって固定的に定義されるパターンが大半だと思われる

Chapter 7　Goのパッケージ

ので、正規表現のコンパイルエラーが実行時に捕捉できるメリットは少ないと思われるからです。しっかりとテストさえ実行すれば問題はないでしょう。仮に、正規表現のパターンそのものを実行時に動的に組み立てる必要があれば、regexp.Compileを使用するメリットも考えられます。

```
/* 正規表現のパターンをコンパイルする（エラー時はランタイムパニックを発生する）*/
re := regexp.MustCompile("ABC")
```

Goの正規表現には\dのような文字クラスを使用できます。このような文字クラスを通常の文字列リテラルに埋め込む場合、\\dのようにエスケープが必要になり煩雑です。バッククォートを使用するRAW文字列リテラルであれば、エスケープを気にせず素直に正規表現のパターンを記述できます。特別な理由がない限りは、正規表現のパターンはRAW文字列リテラルで書くことをお勧めします。

```
/* \dのためのエスケープが必要 */
regexp.MustCompile("\\d")
/* RAW文字列リテラルではエスケープが不要 */
regexp.MustCompile(`\d`)
```

正規表現のフラグ

正規表現の機能が強力なPerlでは、正規表現リテラルの末尾に「i」などマッチ方法を変更するためのフラグを指定することができます。Goの正規表現にも同様の機能がありますが、指定の仕方が少し特殊です。

```
/* iは大文字と小文字を区別しないマッチを行う指定 */
$s =~ /abc/i
```

Goの正規表現ではフラグを正規表現のパターンそのものの中に、(?i)のように指定します。使用できるフラグは表7.8のとおりです。

```
re := regexp.MustCompile(`(?i)abc`)
re.MatchString("ABC") // == true
```

表7.8　正規表現のフラグ

フラグ	意味	デフォルト
i	大文字と小文字を区別しない	false
m	マルチラインモード（^と$が文頭・文末に加えて行頭・行末にマッチ）	false

328

フラグ	意味	デフォルト
s	. が \n にマッチ	false
U	最小マッチへの変換（x* は x*? へ、x+ は x+? へ）	false

　(?im)のように指定すると、iとmの2つのフラグが有効になります。また、(?i-ms)のように書けば、iを有効化し、mとsを無効化する指定になります。これらのフラグの指定は、正規表現のパターンの任意の位置で切り替えることも可能ですが、複雑になりすぎないように原則的には先頭で記述するべきでしょう。

幅を持たない正規表現のパターン

表7.9　幅を持たない正規表現のパターン

パターン	意味
^	文頭（m フラグが有効な場合は行頭にも）
$	文末（m フラグが有効な場合は行末にも）
\A	文頭
\z	文末
\b	ASCIIによるワード境界
\B	非ASCIIによるワード境界

　「行頭」や「文末」などの幅を持たない正規表現のパターンは次のとおりです。

```
re := regexp.MustCompile(`^XYZ$`)
re.MatchString("XYZ")   // == true
re.MatchString(" XYZ ") // == false
```

　とくに、^と$は使用頻度の高いパターンでしょう。

基本的な正規表現のパターン

　次のように正規表現のパターン内に文字を並べると、同じ文字の並びに対してマッチします。

```
re := regexp.MustCompile(`bc`)
re.MatchString("abcdefg") // == true
```

　.は\nを除いてあらゆる文字の1つにマッチする文字クラスです。フラグsが有

Chapter 7　Go のパッケージ

効な場合は\nにもマッチするようになります。

```
re := regexp.MustCompile(`.`)
re.MatchString("ABC")    // == true
re.MatchString("日本語")  // == true
re.MatchString("\n")     // == false
```

|は正規表現パターンのorを表します。次の例であれば、abcかxyzのどちらか
のパターンにマッチします。

```
re := regexp.MustCompile(`abc|xyz`)
re.MatchString("abc") // == true
re.MatchString("xyz") // == true
```

繰り返しを表す正規表現のパターン

*は直前の正規表現のパターンの「0回以上の繰り返し」という意味を表し、+は
「1回以上の繰り返し」という意味を表します。次の例で"aaaaaabbbb"にもマッチ
していることからわかるように、これらの繰り返し指定はマッチする限り最大の
長さにマッチするように動作します。

```
re := regexp.MustCompile(`a+b*`)
re.MatchString("ab")          // == true
re.MatchString("a")           // == true
re.MatchString("aaaaaabbbb")  // == true
re.MatchString("b")           // == false
```

また、*と+へ?を付加することで、パターンの繰り返しが最小の長さでマッチ
するように指定することもできます。次に示すように、A+?A+?Xというパターンは
最も短い例で文字列"AAX"にマッチします。

```
re := regexp.MustCompile(`A+?A+?X`)
re.MatchString("AX")      // == false
re.MatchString("AAX")     // == true
re.MatchString("AAAX")    // == true
re.MatchString("AAAAAX")  // == true
```

このような、繰り返しを表現するための正規表現のパターンは表7.10のとおり
です。

330

表7.10　繰り返しを表す正規表現のパターン

パターン	意味
x*	0回以上繰り返すx（最大マッチ）
x+	1回以上繰り返すx（最大マッチ）
x?	0回以上1回以下繰り返すx
x{n,m}	n回以上m回以下繰り返すx（最大マッチ）
x{n,}	n回以上繰り返すx（最大マッチ）
x{n}	n回繰り返すx（最大マッチ）
x*?	0回以上繰り返すx（最小マッチ）
x+?	1回以上繰り返すx（最小マッチ）
x??	0回以上1回以下繰り返すx（0回優先）
x{n,m}?	n回以上m回以下繰り返すx（最小マッチ）
x{n,}?	n回以上繰り返すx（最小マッチ）
x{n}?	n回繰り返すx（最小マッチ）

正規表現の文字クラス

[XYZ]のように囲うことで任意の文字クラスを定義することができます。「XかYかZのどれかにマッチする」という意味を表します。

```
/* X、Y、Zのどれかにマッチする正規表現 */
re := regexp.MustCompile(`[XYZ]`)
re.MatchString("X") // == true
re.MatchString("Y") // == true
re.MatchString("Z") // == true
re.MatchString("A") // == false
```

0-9のような書き方は、文字の範囲を表します。「"0"から"9"」までという意味です。文字の範囲を組み合わせることで、次の[0-9A-Za-z_]のように「英数字とアンダースコア」という複雑な文字クラスを定義できます。

```
/* 英数字とアンダースコア3文字を表す正規表現 */
re := regexp.MustCompile(`^[0-9A-Za-z_]{3}$`)
re.MatchString("ABC")     // == true
re.MatchString("x01")     // == true
re.MatchString("abcdefg") // == false
re.MatchString("日本語")   // == false
```

また、文字クラスの否定を表す[^x]という書き方もできます。[^0-9A-Za-z_]と

Chapter 7 Go のパッケージ

いうパターンは、「英数字とアンダースコア以外の文字」にマッチする文字クラスです。

```
/* 英数字とアンダースコア「以外」にマッチする正規表現 */
re := regexp.MustCompile(`[^0-9A-Za-z_]`)
re.MatchString("ABC") // == false
re.MatchString("123") // == false
re.MatchString("あ")  // == true
```

Perl由来の定義済み文字クラス

\dは、あらかじめ定義されている [0-9] の代替になる文字クラスです。\dのようにPerlに由来する定義済み文字クラスは、表7.11のものが定義されています。

```
re := regexp.MustCompile(`\d+`)
re.MatchString("12345") // == true
re.MatchString("X=1")   // == true
re.MatchString("abcde") // == false
```

表7.11 Perl由来の定義済み文字クラス

文字クラス	意味	定義
\d	数字	[0-9]
\D	非数字	[^0-9]
\s	空白	[\t\n\f\r]
\S	非空白	[^\t\n\f\r]
\w	英数字	[0-9A-Za-z_]
\W	非英数字	[^0-9A-Za-z_]

Unicodeに対応した文字クラス

\p{文字クラス} という書き方は、Unicodeにおける文字クラスを表します。Unicodeの文字の定義に準拠しているため、次のようにいわゆる「半角カナ」でもマッチします。

```
/* Unicodeにおける「カタカナ」にマッチする正規表現 */
re := regexp.MustCompile(`^\p{Katakana}+$`)
re.MatchString("アイウエオ")  // == true
re.MatchString("ｱｲｳｴｵ")     // == true
re.MatchString("あいうえお")  // == false
```

332

正規表現のグループ

( )は正規表現の部分的なパターンにグループを定義するための仕組みです。次の例では姓名をそれぞれ「姓」と「名」の2つにグループに分けることで、各々に独立したパターンを定義しています。

```
/* グルーピングを使用した正規表現 */
re := regexp.MustCompile(`(佐藤|鈴木)(太郎|花子)`)

re.MatchString("佐藤太郎") // == true
re.MatchString("佐藤花子") // == true
re.MatchString("鈴木花子") // == true
```

このように正規表現のグループを使用することで、より複雑な構造を定義できます。Goの正規表現で使用できるグループの指定方法は表7.12のとおりです。

表7.12 正規表現のグループ

グループ	意味
(正規表現)	グループ（順序によるキャプチャ）
(?:正規表現)	グループ（キャプチャされない）
(?:P\<name\>正規表現)	名前付きグループ（名前によるキャプチャ）

正規表現にマッチした文字列の取得

正規表現にマッチした部分の文字列を取得する場合は、regexp.Regexp型のメソッドFindStringを使用します。FindStringは正規表現がはじめにマッチした部分を、string型で返します。マッチした複数の部分をまとめて取得するにはFindAllStringを使用できます。2番目の引数に取得する文字列の最大数を指定し、−1を指定した場合はマッチしたすべての文字列を返します。戻り値は[]string型です。

```
/* 連続した英数字かアンダースコアの繰り返し */
re := regexp.MustCompile(`\w+`)

/* マッチした最初の文字列を取得 */
re.FindString("abc xyz 999")          // == "abc"

/* マッチした文字列を指定した数だけ取得 */
re.FindAllString("abc xyz 999", 2)  // == ["abc", "xyz"]
```

Chapter 7　Go のパッケージ

```
re.FindAllString("abc xyz 999", -1) // == ["abc", "xyz", "999"]
```

正規表現による文字列の分割

　正規表現にマッチした部分で文字列を分割する場合は、regexp.Regexp型のメソッドSplitを使用します。2番目の引数に分割する最大数を指定し、-1を指定した場合はマッチしたすべての箇所で分割します。戻り値は[]string型です。

```
/* タブやスペースなどの空白にマッチ */
re := regexp.MustCompile(`\s+`)

re.Split("A B  C   D\tE", 3)  // == ["A" "B" "C   D\tE"]
re.Split("A B  C   D\tE", -1) // == ["A" "B" "C" "D" "E"]
```

正規表現による文字列の置換

　正規表現にマッチした部分を別の文字列に置き換えるには、regexp.Regexp型のメソッドReplaceAllStringを使用します。対象の文字列に正規表現のパターンにマッチする部分がない場合は、元の文字列がそのまま返されます。

```
/* 「佐藤」にマッチする正規表現 */
re := regexp.MustCompile(`佐藤`)

re.ReplaceAllString("佐藤さんと鈴木さん", "田中")    // == "田中さんと鈴木さん"
re.ReplaceAllString("XYZ", "田中")                // == "XYZ"
```

　また、置換する文字列に空文字列を指定することで、正規表現にマッチした部分を文字列から取り除くことができます。

```
/* 日本語の句読点にマッチする正規表現 */
re := regexp.MustCompile(`、|。`)

re.ReplaceAllString("私は、Go言語を使用する、プログラマーです。", "")
// == "私はGo言語を使用するプログラマーです"
```

正規表現のグループによるサブマッチ

　正規表現のグループ機能は、regexp.Regexp型のメソッドFindAllStringSubmatch

のように、グループにマッチした部分をサブマッチとして取得できる機能とあわせて使用することで、より威力を発揮します。

FindAllStringSubmatchの戻り値は[][]string型で、外側のスライスには要素としてマッチした部分を表す[]string型が、正規表現にマッチした数だけ格納されます。要素である各々の[]string型は、先頭の要素が正規表現にマッチした全体を表す文字列で、以降の要素は各グループにサブマッチした文字列を複数格納しています。戻り値の構造が複雑ですが、使いこなせばとても強力な機能です。

```
/* 「000-1111-2222」のような形式にマッチする正規表現 */
re := regexp.MustCompile(`(\d+)-(\d+)-(\d+)`)

s := `
00-1111-2222
3333-44-55
666-777-888
9-9-9
`

/* 正規表現のグルーピングも含めて取得 */
ms := re.FindAllStringSubmatch(s, -1)

for _, v := range ms {
    fmt.Println(v)
}
/* 出力結果 */
[00-1111-2222 00 1111 2222]
[3333-44-55 3333 44 55]
[666-777-888 666 777 888]
[9-9-9 9 9 9]
```

正規表現のグループと置換処理

正規表現のグループとregexp.Regexp型のメソッドReplaceAllStringを組み合わせることで、より強力な置換処理が可能です。正規表現のパターンに定義されたグループには、それぞれ定義順序に従って内部的にインデックスが振られます。

ReplaceAllStringの置換文字列内では、サブマッチした内容を任意の場所に埋め込むための$nという特殊な記法があり、nにグループのインデックスを指定します。正規表現の中で1番目のグループにサブマッチした部分を埋め込むのであれば、$1と書きます。また、正規表現のパターンの全体にマッチした文字列は、$0によって埋め込むことができます。

Chapter 7　Go のパッケージ

```
re := regexp.MustCompile(`(\d+)-(\d+)-(\d+)`)
re.ReplaceAllString("Tel: 000-111-222", "$3-$2-$1") // == "Tel: 222-111-000"
```

7.16　json

```
import "encoding/json"
```

encoding/jsonパッケージは、RFC4627に準拠したJSONエンコーディングを処理する、エンコーダーとデコーダーの機能を提供します。

■ 構造体型からJSONテキストへの変換

関数json.Marshalは、任意の構造体型からJSONテキストへのエンコード処理を実行します。内部的にreflectパッケージのリフレクション機能が使用されており、特別な設定をせずとも構造体型に定義されたフィールド名と値の組み合わせから自動的にJSONテキストを生成します。

json.Marshalの戻り値は[]byte型なので、テキストとして確認したい場合はstring(bs)のように文字列へ変換する必要があることに注意してください。

また、出力されるJSONテキストのキーを構造体のフィールド名ではなく、任意の名前にマッピングしたい場合は、構造体の「タグ」を利用できます。詳細については第5章を参照してください。

```
package main

import (
    "encoding/json"
    "fmt"
    "log"
    "time"
)

type User struct {
    Id      int
    Name    string
    Email   string
    Created time.Time
}
```

```go
func main() {
    /* User構造体の初期化 */
    u := new(User)
    u.Id = 1
    u.Name = "山田太郎"
    u.Email = "yamada@example.com"
    u.Created = time.Now()

    /* JSONエンコード */
    bs, err := json.Marshal(u)
    if err != nil {
        log.Fatal(err)
    }

    fmt.Println(string(bs))
}
/* 出力結果 */
{"Id":1,"Name":"山田太郎","Email":"yamada@example.com","Created":"2015-12-01↙
T00:00:00.000000000+09:00"}
```

JSONテキストから構造体への変換

json.Marshalとは逆に、関数json.UnmarshalはJSONテキストのバイト列をデコードした結果を任意の構造体型にマッピングします。json.Marshalと同じくJSONテキストのキーと構造体型に定義されたフィールドの結び付きを「タグ」によってカスタマイズすることができます。

```go
package main

import (
    "encoding/json"
    "fmt"
    "log"
    "time"
)

type User struct {
    Id      int
    Name    string
    Email   string
    Created time.Time
}

func main() {
    /* User型に対応したJSON文字列 */
```

Chapter 7　Go のパッケージ

```
    src := `
{
  "Id":12,
  "Name":"田中花子",
  "Email":"tanaka@example.com",
  "Created":"2015-12-02T10:00:00.000000000+09:00"
}
`

    /* User型の初期化 */
    u := new(User)

    /* JSONデコード */
    err := json.Unmarshal([]byte(src), u)
    if err != nil {
        log.Fatal(err)
    }

    fmt.Printf("%+v\n", u)
}
/* 出力結果 */
&{Id:12 Name:田中花子 Email:tanaka@example.com Created:2015-12-02 10:00:00 +0900 JST}
```

7.17　net/url

```
import "net/url"
```

net/urlは、URL文字列を処理する機能を備えたパッケージです。URLのパースや生成ができます。

URLをパースする

関数url.Parseは、URLを表す文字列をパースしてurl.URL型の構造体を生成します。url.URL型はURLを構成する各要素をフィールドに持ち、URLが絶対か相対かを識別するためのメソッドIsAbsや、URLのクエリーの内容をマップとして参照できるメソッドQueryを備えています。

```
u, err := url.Parse("https://www.example.com/search?a=1&b=2#top")
if err != nil {
    log.Fatal(err)
}
```

→ 338

```
/* url.URL型のフィールド */
u.Scheme     // == "https"
u.Host       // == "www.example.com"
u.Path       // == "/search"
u.RawQuery   // == "a=1&b=2"
u.Fragment   // == "top"

/* url.URL型のメソッド */
u.IsAbs()    // == true
u.Query()    // == map[a:[1] b:[2]]
```

URLを生成する

url.URL型を利用して任意のURLを生成することができます。メソッドQueryで参照できるURLのクエリーはマップ型のエイリアスとして定義されており、独自に定義されたメソッドEncodeを利用してクエリー文字列のエスケープなどの処理が可能です。

```
u := &url.URL{} // url.URL型構造体のポインタ

u.Scheme = "https"
u.Host = "google.com"
q := u.Query()
q.Set("q", "Go言語")
u.RawQuery = q.Encode()

fmt.Println(u)  // => "https://google.com?q=Go%E8%A8%80%E8%AA%9E"
```

7.18 net/http

```
import "net/http"
```

net/httpは、HTTPクライアント/サーバー機能がまとめられたパッケージです。

GETメソッド

関数http.GetにURLを表す文字列を渡すだけで、簡単にGETメソッドを実行できます。エラーが発生しなければ、有効な*http.Response型によるレスポンスを得られます。

Chapter 7　Go のパッケージ

```go
package main

import (
    "fmt"
    "log"

    "net/http"
)

func main() {
    /* GETメソッドでURLにアクセス */
    res, err := http.Get("https://www.google.com/")
    if err != nil {
        log.Fatal(err)
    }
}
```

　http.Response型は、HTTPのステータスコードやヘッダ情報を保持する構造体で、HTTPレスポンスのさまざまな情報を参照できます。注意点としては、http.Getの実行が成功した時点では、まだレスポンスボディは読み込まれていない状態であるというところです。

　次のコードでは、関数ioutil.ReadAllを使用してレスポンスボディを一気に読み込み、さらにstring型に変換しています。巨大なレスポンスを想定するとあまり好ましくない方法ですが、簡易的なものであればこれで十分でしょう。

```go
/* http.Response型のフィールド */
res.StatusCode           // == 200
res.Proto                // == "HTTP/1.1"
/* レスポンスヘッダの参照 */
res.Header["Date"]         // == []string{"Fri, 11 Dec 2015 05:29:02 GMT"}
res.Header["Content-Type"]  // == []string{"text/html; charset=UTF-8"}
/* リクエスト情報 */
res.Request.Method         // == "GET"
res.Request.URL     // == &url.URL{Scheme:"https", ...}
/* レスポンスボディの読み込み */
defer res.Body.Close()
body, err := ioutil.ReadAll(res.Body)
if err != nil {
    log.Fatal(err)
}
string(body)
// => "<!doctype html><html itemscope="" itemtype="http://schema.org/WebPage" ✓
lang="ja"> (以下、HTMLテキストが続く)
```

7.18 net/http

POST メソッドによるフォームの送信

　関数 http.PostForm を使用すれば、次のように簡単に HTTP の POST メソッド
を発行することができます。POST するパラメータを組み立てるために、url パッ
ケージの関数 Values を使用します。url.Values 型に定義されたメソッド Encode に
よって、日本語を含むパラメータが URL エンコードされることもあわせて確認し
てください。GET メソッドと同様に http.Response 型によってレスポンスが得ら
れるので、以降の処理については省略します。

```go
package main

import (
    "fmt"
    "log"

    "net/http"
    "net/url"
)

func main() {
    /* POSTに送信するデータを生成 */
    vs := url.Values{}
    vs.Add("id", "1")
    vs.Add("message", "メッセージ")
    fmt.Println(vs.Encode()) // => "id=1&message=%E3%83%A1%E3%83%83%E3%82%BB%E3%83
%BC%E3%82%B8"

    /* POSTメソッドを実行 */
    res, err := http.PostForm("https://example.com/comments/post", vs)
    if err != nil {
        log.Fatal(err)
    }
}
```

ファイルのアップロード

　関数 http.Post を使用すれば、ファイルのアップロード処理も簡単に処理でき
ます。http.Post は引数に、URL 文字列、コンテンツタイプ、そして io.Reader 型
を必要とします。

```go
/* 画像ファイルをオープン */
f, err := os.Open("foo.jpg")
```

341

Chapter 7　Go のパッケージ

```
if err != nil {
    log.Fatal(err)
}
/* POSTメソッドによる画像ファイルのアップロード */
res, err := http.Post("https://example.com/upload", "image/jpeg", f)
if err != nil {
    log.Fatal(err)
}
```

HTTPサーバー機能を利用する

　Goを使用する大きなメリットの1つとして、「性能の良いWebサーバー機能の組み込み」が挙げられます。次に示すのはhttpパッケージのサーバー機能による最も単純なコード例ですが、これだけの記述量でHTTPサーバーとして動作します。

```
package main

import (
    "fmt"
    "io"

    "net/http"
)

func infoHandler(w http.ResponseWriter, req *http.Request) {
    /* HTMLテキストをhttp.ResponseWriterへ書き込み */
    io.WriteString(w, `
<!DOCTYPE html>
<html lang="ja">
<head>
<meta charset="UTF-8">
<title>インフォメーション</title>
</head>
<body>
<h1>ようこそ！</h1>
</body>
</html>
`)
}

func main() {
    /* URLのパス"/info"を処理する関数を登録 */
    http.HandleFunc("/info", infoHandler)
    /* localhost:8080でサーバー処理開始 */
```

342

```
    http.ListenAndServe(":8080", nil)
}
```

　http.HandleFuncは、func (w http.ResponseWriter, req *http.Request)型の関
数をハンドラとして定義するための関数です。上記では/infoパスへHTTPアク
セスが発生した場合のハンドラとして、関数infoHandlerを登録しています。ハ
ンドラの登録が終われば、あとはhttp.ListenAndServeを呼び出すだけでHTTP
サーバーが起動します。:8080の部分はポート番号8080でHTTPアクセスを待ち
受けることを意味しています。

　HTTPサーバーが起動した状態のまま、別途Webブラウザなどを使って
http://localhost:8080/infoにアクセスし、正しく表示されるかを確認してみま
しょう。curlコマンドを利用できる環境であれば、次のようにコンソールから
HTTPアクセスを行ってテストできます。

```
$ curl http://localhost:8080/info

<!DOCTYPE html>
<html lang="ja">
<head>
<meta charset="UTF-8">
<title>インフォメーション</title>
</head>
<body>
<h1>ようこそ!</h1>
</body>
</html>
$ curl http://localhost:8080/foo
404 page not found
```

　/infoがHTMLをレスポンスとして返すことを確認できました。また、/fooの
ようにハンドラが登録されていないパスを指定した場合は、HTTPの404エラー
が返されることも確認できます。

　このように、GoのHTTPサーバー機能はシンプルかつ強力です。xmlパッケー
ジやjsonパッケージなどの機能と組み合わせることで、WebベースのAPIなどを
組み立てる重要な基盤になるでしょう。

Chapter 7 Go のパッケージ

7.19 sync

```
import "sync"
```

sync は、Goの非同期処理における排他制御や同期処理を支援する機能がまとめられたパッケージです。

Goでは、複数のゴルーチンの間のレースコンディション（Race Condition）を抑制しつつ、安全にデータを共有するための仕組みとして「チャネル型」が提供されます。しかし、チャネルは同期処理のあらゆる局面の解決策であるというわけではありません。

sync パッケージには、Goの非同期処理をサポートする、コンパクトかつ有用な同期処理のための機能が備わっています。

■ ミューテックスによる同期処理

次のプログラムを例として、非同期処理におけるレースコンディションという問題について考えてみましょう。関数UpdateAndPrintは、パッケージ変数stの各フィールドの値を引数の値をもとに書き換えて、標準出力へ出力するだけの単純なものです（レースコンディションの結果をくっきりとさせるために、関数time.Sleepによるスリープ処理を挟んでいます）。

```go
package main

import (
    "fmt"
    "time"
)

/* 各ゴルーチンが共有するパッケージ変数 */
var st struct{ A, B, C int }

func UpdateAndPrint(n int) {
    /* stの各フィールドをスリープをはさみながら更新 */
    st.A = n
    time.Sleep(time.Microsecond)
    st.B = n
    time.Sleep(time.Microsecond)
    st.C = n
    time.Sleep(time.Microsecond)
```

→ 344

```
    /* stの各フィールドを出力 */
    fmt.Println(st.A, st.B, st.C)
}

func main() {
    /* 複数のゴルーチンを起動する */
    for i := 0; i < 5; i++ {
        go func() {
            for i := 0; i < 1000; i++ {
                UpdateAndPrint(i)
            }
        }()
    }
    for {
    }
}
```

このプログラムを実行すると、次のような出力が得られます。非同期処理による出力結果なので、出力は実行のたびに異なります。

```
1 0 0
1 0 0
1 0 0
1 1 0
2 1 1
（中略）
998 998 999
998 998 997
998 998 997
999 998 998
999 998 998
```

　関数UpdateAndPrintはパッケージ変数stの各フィールドに同一の値を代入してその内容を表示しているだけなので、関数本体だけを見る限りは一貫性があります。しかし、この関数を複数のゴルーチンから実行すると、パッケージ変数stの各フィールドの値がすべて同一であるという一貫性は破綻します。

　このようなレースコンディションを防ぐためには、さまざまな手段があります。Goのチャネルを使った解決策も考えられますが、ここではsync.Mutex型によって提供されるミューテックス機構による排他制御を加えてみましょう。

Chapter 7　Go のパッケージ

```go
package main

import (
    "fmt"
    "sync"
    "time"
)

var st struct{ A, B, C int }

/* ミューテックスを保持するパッケージ変数 */
var mutex *sync.Mutex

func UpdateAndPrint(n int) {
    /* ロック */
    mutex.Lock()

    st.A = n
    time.Sleep(time.Microsecond)
    st.B = n
    time.Sleep(time.Microsecond)
    st.C = n
    time.Sleep(time.Microsecond)
    fmt.Println(st.A, st.B, st.C)

    /* アンロック */
    mutex.Unlock()
}

func main() {
    /* ミューテックスの生成 */
    mutex = new(sync.Mutex)

    for i := 0; i < 5; i++ {
        go func() {
            for i := 0; i < 1000; i++ {
                UpdateAndPrint(i)
            }
        }()
    }
    for {
    }
}
```

　sync.Mutexは構造体型なので、パッケージ変数に*sync.Mutex型のポイン
タとして定義し、関数mainの先頭でnewによって初期化しています。関数
UpdateAndPrintの先頭でミューテックスのロックを取得し、関数の終了時にロッ

346

クを解放するようにします。sync.Mutex型には、1つのゴルーチンのみがロックを取得できるという性質があり、すでにロックされているミューテックスに対して別のゴルーチンがロックを取得しようとした場合は、ロックが解放されるまで処理が停止します。このようなsync.Mutex型の仕組みによって、関数UpdateAndPrintの処理は、常に1つのゴルーチンのみが一貫性を持って実行できるようになりました。

　sync.Mutex型は、任意の処理のブロックを同期化するために利用します。しかし、同期化すべきブロックを詳細に検討せず、不必要に大きな範囲を同期化してしまうと、せっかくの非同期処理による効率性を損なう危険性もあります。どのような単位で同期化すべきか、どの範囲を同期化するのがよいかは慎重に判断する必要があります。

ゴルーチンの終了を待ち受ける

　Goでは、go文によって手軽にゴルーチンを起動することができますが、それぞれ非同期に実行されるゴルーチンの各処理がすべて完了するまで待ち受けるには、どのような方法があるのでしょうか。

　次の例では関数mainで3つのゴルーチンを起動していますが、このプログラムが何らかの出力を行うことはほぼあり得ません。各ゴルーチンの処理が開始される前に、関数mainの実行が終了してプログラム全体が終了するからです。

```go
package main

import (
    "fmt"
)

func main() {
    go func() {
        for i := 0; i < 100; i++ {
            fmt.Println("1st Goroutine")
        }
    }()
    go func() {
        for i := 0; i < 100; i++ {
            fmt.Println("2nd Goroutine")
        }
    }()
    go func() {
```

Chapter 7 Go のパッケージ

```
        for i := 0; i < 100; i++ {
            fmt.Println("3rd Goroutine")
        }
    }()
}
```

sync.WaitGroup型は、任意のゴルーチンによる処理の完了を待ち受けるための
仕組みを提供します。これを利用してプログラムを修正してみましょう。

```
package main

import (
    "fmt"
    "sync"
)

func main() {
    /* sync.WaitGroupを生成 */
    wg := new(sync.WaitGroup)
    /* 待ち受けするゴルーチンの数は3 */
    wg.Add(3)

    go func() {
        for i := 0; i < 100; i++ {
            fmt.Println("1st Goroutine")
        }
        wg.Done() // 完了
    }()
    go func() {
        for i := 0; i < 100; i++ {
            fmt.Println("2nd Goroutine")
        }
        wg.Done() // 完了
    }()
    go func() {
        for i := 0; i < 100; i++ {
            fmt.Println("3rd Goroutine")
        }
        wg.Done() // 完了
    }()

    /* ゴルーチンの完了を待ち受ける */
    wg.Wait()
}
```

348

sync.WaitGroup型は極めてシンプルに構成されています。メソッドAddによって待ち受けるゴルーチンの数を設定し、その数と同一の回数、メソッドDoneが実行されるまで、メソッドWaitで待ち受けるという仕組みです。

上記では、wg.Wait()が呼び出されたところで、関数mainは各ゴルーチンの処理を待ち受けるための停止状態に入ります。プログラムを実行させてみて、すべてのゴルーチンによる処理が完了することを確認してください。

7.20 crypto/*

MD5ハッシュ値を生成

crypto/md5は、MD5ハッシュアルゴリズムの実装を提供するパッケージです。次に示すのは、アプリケーションなどで利用されることが多い、任意の文字列からMD5ハッシュ値を生成する処理のコード例です。

```go
package main

import (
    "fmt"
    "io"

    "crypto/md5"
)

func main() {
    h := md5.New()
    io.WriteString(h, "ABCDE")

    fmt.Println(h.Sum(nil))
    // => "[46 205 222 57 89 5 29 145 63 97 177 69 121 234 19 109]"

    /* MD5ハッシュ値から16進数の文字列を生成 */
    s := fmt.Sprintf("%x", h.Sum(nil))
    fmt.Println(s)
    // => "2ecdde3959051d913f61b14579ea136d"
}
```

Chapter 7　Go のパッケージ

■ SHA-1、SHA-256、SHA-512などのハッシュ値を生成

次に示すのは、crypto/md5と同様のインターフェースを使った、SHA-1、SHA-256、SHA-512などのハッシュ値を生成するコード例です。それぞれ、crypto/sha1、crypto/sha256、crypto/sha512などのパッケージに分割されています。

```go
package main

import (
    "fmt"
    "io"

    "crypto/sha1"
    "crypto/sha256"
    "crypto/sha512"
)

func main() {
    /* SHA-1 */
    s1 := sha1.New()
    io.WriteString(s1, "ABCDE")
    fmt.Printf("%x\n", s1.Sum(nil))
    // => "7be07aaf460d593a323d0db33da05b64bfdcb3a5"

    /* SHA-256 */
    s256 := sha256.New()
    io.WriteString(s256, "ABCDE")
    fmt.Printf("%x\n", s256.Sum(nil))
    // => "f0393febe8baaa55e32f7be2a7cc180bf34e52137d99e056c817a9c07b8f239a"

    /* SHA-512 */
    s512 := sha512.New()
    io.WriteString(s512, "ABCDE")
    fmt.Printf("%x\n", s512.Sum(nil))
    // => "9989a8fcbc29044b5883a0a36c146fe7415b1439e995b4d806ea0af7da9ca4390eb92↙
a604b3ecfa3d75f9911c768fbe2aecc59eff1e48dcaeca1957bdde01dfb"
}
```

350

Appendix

標準ライブラリカタログ

- この標準ライブラリカタログは、Go公式Webサイトの「Packages」（https://golang.org/pkg/）に掲載されているStandard Library各パッケージのOverview（概要）を翻訳・再構成したものです。実装したい機能を支援するパッケージを探すときの手がかりなどとしてご利用ください。

- Go公式Webサイトの「Packages」はGoogle社によって作成・共有されているものであり、翻訳・再構成はクリエイティブコモンズ 表示 3.0 非移植（the Creative Commons Attribution 3.0 License）の条件の下に行っています。

標準ライブラリカタログ

Directory archive

このディレクトリは次表のパッケージを含んでいます。

パッケージ名	機能
tar	tarアーカイブへのアクセスが実装されている。GNUやBSDのtarを含む、大部分のバリエーションをカバーすることを目指している
zip	ZIPアーカイブの読み取りと書き込みがサポートされている。ディスク分割はサポートされていない[注1]

Package bufio

バッファリングされたI/Oが実装されています。詳しくは、本書の7.13節「bufio」を参照してください。

Package builtin

組み込みのGoの識別子についての情報が記載されています。ここに記載されている項目は、実際にはbuiltinパッケージの中に存在しません。しかし、この記述によって、godocはGo独自の識別子についてのドキュメントを表示することができます。

Package bytes

byteスライスを操作する関数が実装されています。このパッケージの機能は、stringsパッケージの機能と類似しています。

Directory compress

このディレクトリは次表のパッケージを含んでいます。

パッケージ名	機能
bzip2	bzip2を解凍する機能が実装されている

注1　ZIP64についての注意事項：後方互換性を維持するため、FileHeaderのサイズ関連のフィールドには、32ビットと64ビットの両方のフィールドが存在しています。64ビットのフィールドには常に正しい値が入りますが、通常のアーカイブではどちらのフィールドも同じになります。ZIP64フォーマットが必要なファイルでは、32ビットのフィールドの値は0xffffffffとなるので、64ビットのフィールドを使用する必要があります。

352

標準ライブラリカタログ

パッケージ名	機能
flate	RFC 1951の規定によるDEFLATE圧縮データ形式が実装されている。gzipパッケージとzlibパッケージでは、DEFLATEベースのファイル形式へのアクセスが実装されている
gzip	RFC 1952の規定によるgzip形式の圧縮ファイルの読み取りと書き込みが実装されている
lzw	Lempel-Ziv-Welch圧縮データ形式が実装されている。とくにこのパッケージでは、GIFファイル形式とPDFファイル形式で使用されているLZWが実装されている。つまり、最大12ビットの可変幅コードであり、最初の2つの文字以外のコードはクリアコードとEOFコードになる。 TIFFファイル形式では、似てはいるものの互換性のないバージョンのLZWアルゴリズムが使用されている。実装については、golang.org/x/image/tiff/lzwパッケージを参照
zlib	(この表の後にある説明を参照)

Package zlib

RFC 1950の規定によるzlib形式の圧縮データの読み取りと書き込みが実装されています。この実装では、読み取りを行いながら解凍するフィルタと、書き込みを行いながら圧縮するフィルタが提供されています。たとえば、次のようにすると、圧縮データをバッファに書き込むことができます。

```
var b bytes.Buffer
w := zlib.NewWriter(&b)
w.Write([]byte("hello, world\n"))
w.Close()
```

さらに、次のようにすると、データを読み直すことができます。

```
r, err := zlib.NewReader(&b)
io.Copy(os.Stdout, r)
r.Close()
```

Directory container

このディレクトリは次のパッケージを含んでいます。

Package heap

heap.Interfaceを実装する任意の型のヒープ操作が提供されています。ヒープはツリー構造の一種で、親ノードの値は子となる部分木のどのノードの値よりも小さいという特性を持っています。

353

標準ライブラリカタログ

ツリー構造内の最小の要素がルートとなり、インデックス0に対応します。

ヒープは、優先度付きキューを実装する際によく使われます。優先度付きキューを構築するには、Lessメソッドで（負の）順序として優先度を実装し、Pushでアイテムの追加、Popで最も優先度が高いアイテムをキューから取り除くようにHeapインターフェースを実装します。サンプルにはその実装が含まれています。完全なソースは、example_pq_test.goファイルを参照してください。

Package list

双方向連結リストが実装されています。次のようにすると、リストに対して反復処理を行うことができます（lは*List型の変数）。

```
for e := l.Front(); e != nil; e = e.Next() {
    // e.Valueを使う処理
}
```

Package ring

循環リストの操作が実装されています。

Package crypto

cryptoパッケージには、暗号に関する一般的な定数が集められています。また、このパッケージは次表のパッケージも含んでいます。

パッケージ名	機能
aes	米国連邦情報処理標準刊行物（U.S. Federal Information Processing Standards Publication）197の定義によるAES（旧称Rijndael）暗号化が実装されている
cipher	低レベルブロック暗号の実装をラップする標準ブロック暗号モードが実装されている。詳しくは、http://csrc.nist.gov/groups/ST/toolkit/BCM/current_modes.htmlおよび米国国立標準技術研究所特別刊行物（NIST Special Publication）800-38Aを参照
des	米国連邦情報処理標準刊行物（U.S. Federal Information Processing Standards Publication）46-3の定義によるDES（Data Encryption Standard）およびTDEA（Triple Data Encryption Algorithm）が実装されている
dsa	FIPS 186-3の定義によるデジタル署名アルゴリズム（Digital Signature Algorithm）が実装されている

標準ライブラリカタログ

パッケージ名	機能
ecdsa	FIPS 186-3の定義による楕円曲線デジタル署名アルゴリズム (Elliptic Curve Digital Signature Algorithm) が実装されている。現在のところ、この実装は ChopMD(256, SHA2-512(priv.D || entropy || hash)) を鍵とした AES-CTR CSPRNGによるものである。CSPRNGの鍵は Coronの成果によるIROであり、AES-CTRストリームは標準仮定に基づくIROである
elliptic	いくつかの素体上の標準的な楕円曲線が実装されている
hmac	(この表の後にある説明を参照)
md5	RFC 1321の定義によるMD5ハッシュアルゴリズムが実装されている
rand	暗号学的に安全な擬似乱数生成器が実装されている
rc4	Bruce Schneier著『Applied Cryptography』の定義によるRC4暗号化が実装されている
rsa	(この表の後にある説明を参照)
sha1	RFC 3174の定義によるSHA1ハッシュアルゴリズムが実装されている
sha256	FIPS 180-4の定義によるSHA224およびSHA256ハッシュアルゴリズムが実装されている
sha512	FIPS 180-4の定義によるSHA-384、SHA-512、SHA-512/224、SHA-512/256ハッシュアルゴリズムが実装されている
subtle	暗号コードには有用であるものの、正しく使用するために考慮が必要な関数が実装されている
tls	RFC 5246の規定によるTLS 1.2が部分的に実装されている
x509	X.509形式の鍵と証明書を解析する
x509/pkix	ASN.1の解析およびX.509の証明書やCRL、OCSPのシリアライズに使用される共有の低レベルなデータ構造が含まれている

▌Package hmac

hmacパッケージには、米国連邦情報処理標準刊行物 (U.S. Federal Information Processing Standards Publication) 198の定義によるHMAC (Keyed-Hash Message Authentication Code) が実装されています。HMACは、鍵を使ってメッセージに署名する暗号学的ハッシュです。メッセージの受信者は、同じ鍵を使ってハッシュを再計算することによって、そのハッシュを検証することができます。

受信者はタイミングによるサイドチャネル攻撃を避けるために、Equalを使ってMACを比較するよう注意してください。

```
// CheckMACは、messageのmessageMACが有効なHMACタグであるかどうかを返す
func CheckMAC(message, messageMAC, key []byte) bool {
    mac := hmac.New(sha256.New, key)
    mac.Write(message)
    expectedMAC := mac.Sum(nil)
```

標準ライブラリカタログ

```
    return hmac.Equal(messageMAC, expectedMAC)
}
```

Package rsa

rsaパッケージには、PKCS#1の規定によるRSA暗号化が実装されています。

RSAは、公開鍵暗号化または公開鍵署名を実装するために本パッケージで使用される、単一の基本演算です。

RSAによる暗号化と署名の元来の仕様はPKCS#1であり、「RSA暗号化」および「RSA署名」という用語は、とくに明示がない限りPKCS#1バージョン1.5を指します。しかし、この仕様には欠陥があるため、新しい設計では可能な限りバージョン2を使用してください。通常、PKCS#1バージョン2は、単にOAEPおよびPSSと呼ばれます。

本パッケージには、2組のインターフェースが含まれています。抽象的なインターフェースは必要ない場合のために、v1.5/OAEPで暗号化/復号化を行う関数とv1.5/PSSで署名/検証を行う関数もあります。公開鍵プリミティブの抽象化が必要な場合のために、PrivateKey構造体ではDecrypterおよびSignerインターフェース（cryptoパッケージで定義されています）が実装されています。

Directory database

このディレクトリは次表のパッケージを含んでいます。

パッケージ名	機能
sql	SQLデータベース（またはSQLライクなデータベース）関連の標準インターフェースが提供されている。sqlパッケージは、データベースドライバと組み合わせて使用する必要がある。ドライバの一覧についてはhttps://golang.org/s/sqldriversを、詳しい使用方法の例はhttps://golang.org/s/sqlwikiのWikiページを参照
driver	sqlパッケージが使用するデータベースドライバで実装されるインターフェースが定義されている。通常はsqlパッケージを使用すること

Directory debug

このディレクトリは次表のパッケージを含んでいます。

標準ライブラリカタログ

パッケージ名	機能
dwarf	このパッケージを使用すると、DWARF 2.0 Standard (http://dwarfstd.org/doc/dwarf-2.0.0.pdf)の定義によるDWARFデバッグ情報にアクセスできる。DWARFデバッグ情報は、実行可能ファイルからロードされる
elf	ELFオブジェクトファイルへのアクセスが実装されている
gosym	gcコンパイラで生成されたGoのバイナリに埋め込まれているGoのシンボルと行番号テーブルへのアクセスが実装されている
macho	Mach-Oオブジェクトファイルへのアクセスが実装されている
pe	PE (Microsoft Windows Portable Executable) ファイルへのアクセスが実装されている
plan9obj	Plan 9 a.outオブジェクトファイルへのアクセスが実装されている

Package encoding

　encodingパッケージには、他のパッケージに共有されるインターフェースが定義されており、これらはバイトレベルおよびテキスト表現のデータの相互変換を行います。encoding/gob、encoding/json、encoding/xmlパッケージでは、これらのインターフェースをチェックしているため、一度これらを実装すれば、複数のエンコーディングで役に立つ型を作れます。

　このパッケージのインターフェースを実装している標準型には、time.Timeやnet.IPなどがあります。このパッケージのインターフェースは、エンコードされたデータを生成するインターフェースと、元のデータを取り出すインターフェースがペアになっています。

　また、このパッケージは次表のパッケージも含んでいます。

パッケージ名	機能
ascii85	btoaツールや、AdobeのPostScriptやPDF文書フォーマットで使用されているascii85データエンコーディングが実装されている
asn1	ITU-T Rec X.690の定義によるDERでエンコードされたASN.1データ構造を解析機能が実装されている
base32	RFC 4648の規定によるbase32エンコーディングが実装されている
base64	RFC 4648の規定によるbase64エンコーディングが実装されている
binary	(この表の後にある説明を参照)
csv	(この表の後にある説明を参照)
gob	(この表の後にある説明を参照)
hex	16進数へのエンコードおよびデコードが実装されている
json	(本書の7.16節「json」を参照)

357

標準ライブラリカタログ

パッケージ名	機能
pem	Privacy Enhanced MailがもとになっているPEMデータへのエンコードが実装されている。現在、一般的なPEMエンコードの使い道はほぼTLSの鍵と証明書である。詳細は、RFC 1421を参照
xml	XML名前空間を認識できるシンプルなXML 1.0パーサが実装されている

Package binary

binaryパッケージには、数値とバイト列の簡単な変換、varintのエンコードとデコードが実装されています。

数値は、固定長の値の読み取りおよび書き込みによって変換されます。固定長の値とは、固定長の算術型（int8、uint8、int16、float32、complex64など）か、固定長の値のみを含む配列または構造体を指します。

varint関連の関数は、可変長エンコーディングを使用して1つの整数値のエンコードとデコードを行います。つまり、小さな値ほどバイト数は少なくなります。詳しい仕様については、https://developers.google.com/protocol-buffers/docs/encodingを参照してください。

このパッケージは、効率よりもシンプルさを優先しています。大規模なデータ構造など、高パフォーマンスなシリアライズが必要なクライアントでは、encoding/gobパッケージやプロトコルバッファなどのさらに高度な手法を検討してください。

Package csv

csvパッケージを使用すると、CSV（カンマ区切り値）ファイルの読み取りと書き込みを行うことができます。csvファイルには0個以上のレコードが含まれており、それぞれのレコードには1つ以上のフィールドが存在します。各レコードは、改行文字で区切られています。最後のレコードの後に改行文字を入れることもできます。

```
field1,field2,field3
```

空白は、フィールドの一部と見なされます。改行文字の前にあるキャリッジリターンは無視されます。空行も無視されますが、空白文字のみの行（最後の改行文字は除く）は、空行とは見なされません。

引用符（"）で始まり引用符で終わるフィールドは、引用フィールドと呼ばれま

標準ライブラリカタログ

す。最初と最後の引用符はフィールドの一部にはなりません。次のようなソースがあった場合、

```
normal string,"quoted-field"
```

結果は次のようなフィールドになります。

```
{`normal string`, `quoted-field`}
```

引用フィールド内で引用符が2つ連続している場合、1つの引用符と見なされます。

```
"the ""word"" is true","a ""quoted-field"""
```

上のソースは、次のような結果になります。

```
{`the "word" is true`, `a "quoted-field"`}
```

引用フィールドの中には、改行とカンマを含めることができます。

```
"Multi-line
field","comma is ,"
```

上のソースは、次のような結果になります。

```
{`Multi-line
field`, `comma is ,`}
```

▌ Package gob

gobパッケージは、Encoder（送信を行う）とDecoder（受信を行う）間でやり取りされる、gobというバイナリ値のストリームを扱います。よく使われる使用方法として、net/rpcパッケージが提供しているようなRPC（リモートプロシージャコール）における引数と結果の転送があります。

このパッケージの実装では、ストリーム内の各データ型のカスタムコーデックをコンパイルします。そして、1つのEncoderが値のストリームの送信に使われるとき、コンパイルの負荷が平均化されるため、最も効率的になります。

359

標準ライブラリカタログ

基礎

gobのストリームは、自己記述的です。ストリーム内の各データ項目の前にそのデータ型が記述されます。これは定義済みの型の小さな集合の表現で表現されます。ポインタは送信されませんが、ポインタが指している値は転送されます。つまり、値は平らにされます。

再帰的な型は問題なく動作します。しかし、再帰的な値（循環参照しているデータ）は問題を含んでおり、変更される可能性があります。

gobを使用するには、Encoderを作成し、値または値への参照を解決できるアドレスを持ついくつかのデータ項目をEncoderに渡します。Encoderは、すべての型が送られているかどうかをそれが必要とされる前に確認します。受信側では、Decoderがエンコードされたストリームから値を取り出し、ローカル変数に格納します。

型と値

送信側と受信側の値と型は、厳密に対応している必要はありません。送信側に存在する構造体のフィールド（名前で識別されます）が受信側に存在しない場合、受信側の変数は無視されます。受信側の変数に存在する型や値が送信されてこなかった場合も、受信側で無視されます。同じ名前のフィールドが両方に存在している場合、両者の型には互換性がある必要があります。受信側と送信側の両方で必要となるすべての間接参照や参照の解決が行われることによって、gobと実際のGoの値が変換されます。たとえば、次のようなスキーマを持つgob型があるとします。

```
struct { A, B int }
```

これは、次に示すGoの型で送信または受信を行うことができます。

```
struct { A, B int }      // 同上
*struct { A, B int }     // 構造体への余分な間接参照
struct { *A, **B int }   // フィールドへの余分な間接参照
struct { A, B int64 }    // 別の型の具象値 (後述)
```

さらに、次の型で受信することもできます。

```
struct { A, B int }      // 同上
struct { B, A int }      // 名前でマッチングされるため、順番は無関係
```

```
struct { A, B, C int }      // 余分なフィールド (C) は無視
struct { B int }            // 存在しないフィールド (A) は無視、データが欠落
struct { B, C int }         // 存在しないフィールド (A) は無視、余分なフィールド (C) も無視
```

次のような型で受信しようとすると、デコードエラーとなります。

```
struct { A int; B uint }    // Bの符号有無を変更
struct { A int; B float }   // Bの型を変更
struct { }                  // 共通するフィールドなし
struct { C, D int }         // 共通するフィールドなし
```

整数値は、任意精度の符号付き整数と、任意精度の符号なし整数の2つの方法で転送されます。gob形式では、int8、int16などの区別はありません。あるのは、符号付き整数か符号なし整数かの区別のみです。次に記載するように、送信側は可変長のエンコードで値を送信し、受信側はその値を受け取って受信用の変数に格納します。浮動小数点数は、常にIEEE-754 64ビットの精度で送信されます（後述）。

符号付き整数は任意の符号付き整数の変数（int、int16など）、符号なし整数は任意の符号なし整数の変数、浮動小数点数値は任意の浮動小数点数変数でそれぞれ受信できます。ただし、受信側の変数がその値を表現できる必要があります。そうでない場合、デコード操作は失敗します。

構造体、配列、スライスのすべてがサポートされています。構造体は、エクスポートされているフィールドのみがエンコードおよびデコードされます。文字列とバイト配列は、特別で効率的な表現でサポートされています（後述）。スライスがデコードされる場合、既存のスライスに容量があれば、その場で拡張されます。容量がない場合は、新しい配列が割り当てられます。それでも、結果のスライスの長さはデコードされた要素数となります。

一般的に、アロケーションが必要な場合、デコーダーはメモリを確保します。そうでない場合、更新する受信側の変数をストリームから読み込んだ値で更新します。受信側がマップや構造体、スライスなどの複合型の場合、最初に初期化を行わず、デコードされた値は、要素ごとに存在する変数にマージされます。

関数とチャネルはgobで送信できません。トップレベルでこのような値をエンコードしようとすると失敗します。構造体のchan型またはfunc型のフィールドは、エクスポートされていないフィールドと同じ扱いとなり、無視されます。

gobは、GobEncoderインターフェースまたはencoding.BinaryMarshalerインター

フェースを実装している任意の型の値をエンコードできます。エンコードを行うには、それぞれのインターフェースのメソッドを呼び出します。両方のインターフェースが定義されている場合は、GobEncoderが優先されます。

同様にgobは、GobDecoderインターフェースまたはencoding.BinaryUnmarshalerインターフェースを実装している任意の型の値をデコードできます。デコードを行うには、それぞれのインターフェースのメソッドを呼び出します。両方のインターフェースが定義されている場合は、GobDecoderが優先されます。

エンコードの詳細

ここではエンコードの詳細について説明しますが、ほとんどのユーザにとってはあまり重要なことではありません。まず基本的な事項から説明していきます。

符号なし整数は、2つの方法のどちらかで送信されます。128未満の整数は、バイトとして送信されます。それ以外の場合は、できるだけ短いビッグエンディアン（上位のバイトを先に並べる）としてその値を保持するバイトストリームで送信されます。その際に、バイト数を負の数にした値を持つ1バイトを先頭に付加します。したがって、0は(00)、7は(07)、256は(FE 01 00)として送信されます。

ブール値は、符号なし整数としてエンコードされます。0は偽（false）、1は真（true）です。

符号付き整数iは、符号なし整数uとしてエンコードされます。uの中のビット1以降は値です。ビット0は、受信時に補数に変換する必要があるかどうかを示しています。エンコードのアルゴリズムは、次のとおりです。

```
var u uint
if i < 0 {
    u = (^uint(i) << 1) | 1 // iの補数表現、ビット0は1
} else {
    u = (uint(i) << 1) // iの補数表現ではない、ビット0は0
}
encodeUnsigned(u)
```

下位ビットは符号ビットに似ていますが、符号ビットではなく補数ビットとることによって、最大の負の整数値が特別なケースにならないようにしています。たとえば、-129=^128=(^256>>1)となり、これは(FE 01 01)とエンコードされます。

浮動小数点数は、常にfloat64で表現した値として送信されます。この値は、math.Float64bitsを使用してuint64に変換され、バイトを反転させた上で通常の

符号なし整数として送信します。バイトの反転とは、指数と仮数の高精度部を先頭に持ってくる処理です。下位ビットはゼロであることが多いため、これによってエンコードを行うバイト数を減らすことができます。たとえば、17.0はエンコードすると (FE 31 40) という3バイトだけになります。

　文字列とバイトのスライスは、最初に長さが符号なしで送信され、その後にそのままの値のバイト列が続きます。

　その他のスライスや配列は、最初に長さが符号なしで送信され、その後にその型の標準gobエンコードによって再帰的にエンコードされた要素が続きます。

　マップは、最初に長さが符号なしで送信され、その後にキーと要素のペアが続きます。nilではない空のマップも送信されます。そのため、受信側にマップが割り当てられていない場合、受信の際に必ずマップが割り当てられます。ただし、トップレベルでないnilのマップが送信される場合は除きます。

　マップだけではなくスライスや配列もすべての要素は、ゼロ値の要素でも送信されます。たとえすべての要素がゼロ値でも同様です。

　構造体は、連続した(フィールド番号，フィールド値)のペアとして送信されます。フィールド値は、その型の標準のgobエンコードを再帰的に使用して送信されます。フィールドがその型でゼロを示す値である場合 (配列は除く、上記を参照)、送信時に無視されます。フィールド番号は、エンコードされた構造体の型によって定義されます。エンコードされた型の最初のフィールドはフィールド0、2番目のフィールドはフィールド1となります。値をエンコードする際、フィールド番号は効率のために差分エンコードされます。　フィールドは常にフィールド番号の昇順で送信されるため、差分に符号はありません。差分エンコードのための初期化処理として、フィールド番号には−1が設定されます。そのため、値が7である符号なし整数フィールド0は、符号なしの差分＝1、符号なしの値＝7、すなわち (01 07) として送信されます。すべてのフィールドが送信されると、構造体の終了を示す終端マークが付けられます。このマークは差分＝0の値で、(00) と表されます。

　インターフェース型の互換性チェックは行われません。転送の際には、すべてのインターフェース型はintや []byteと同じく単一の「interface」型の一種として扱われます。つまり、実質的にすべてinterface{}として扱われます。

　インターフェースの値は、最初に、送信される具象型を識別する文字列 (名前は、あらかじめRegisterを呼び出して定義する必要があります) が転送され、その後にデータのバイト長 (値が保存されていない場合はスキップできます) が続

標準ライブラリカタログ

き、さらにその後にインターフェース値に格納されている具象（動的）値を通常ど
おりエンコードした値が続きます（nilインターフェース値は、空文字列で識別で
き、値は転送されません）。受信時に、デコーダーは解凍した具象アイテムが受
信変数のインターフェースを満たすかどうかを検証します。

　以下に型の表現について記述します。EncoderとDecoderの間の通信で型が
定義されると、その型に符号付き整数の型IDが割り当てられます。Encoder.
Encode(v)が呼び出されると、Encoderはvとそのすべての要素の型に対してIDが
割り当てられていることを確認します。次に、Encoderは（typeidとencoded-v）の
ペアを送信します。typeidは、vの型をエンコードした型のIDです。encoded-
vは、vの値をgobエンコードしたものです。

　型を定義するために、Encoderは正の数の未使用の型IDを選択し、（-typeidと
encoded-type）というペアを送信します。encoded-typeとは、以下の型からなる
wireTypeの記述をgobエンコードしたものです。

```go
type wireType struct {
    ArrayT  *ArrayType
    SliceT  *SliceType
    StructT *StructType
    MapT    *MapType
}
type arrayType struct {
    CommonType
    Elem typeId
    Len  int
}
type CommonType struct {
    Name string // 構造体の型の名前
    Id  int     // 型のID、型の内部であるため繰り返される
}
type sliceType struct {
    CommonType
    Elem typeId
}
type structType struct {
    CommonType
    Field []*fieldType // 構造体のフィールド
}
type fieldType struct {
    Name string // フィールドの名前
    Id   int    // フィールドの型ID（すでに定義されている必要がある）
}
type mapType struct {
```

```
    CommonType
    Key  typeId
    Elem typeId
}
```

ネストされた型がある場合、トップレベルの型がencoded-vを記述するために
使われるより前に、内部の型のIDは定義されている必要があります。

設定を簡略化するために、上記の型や基本的なgobの型である以下のintや
uintなどの型は、前もって認識できるよう、IDが割り当てられています。それぞ
れのIDは、次のとおりです。

```
bool        1
int         2
uint        3
float       4
[]byte      5
string      6
complex     7
interface   8
// 予約されているID
WireType    16
ArrayType   17
CommonType  18
SliceType   19
StructType  20
FieldType   21
// 22はfieldTypeのスライス
MapType     23
```

最後に、Encodeを呼んで作成された各メッセージの前には、エンコードされた
メッセージの残りの部分のバイト数の符号なし整数が置かれます。最初の型名の
後に、インターフェース値が同様にラップされます。インターフェース値に対し
ては、実質的にEncodeの再帰呼び出しのような処理が行われます。

つまり、gobストリームは次のようになります。

```
(byteCount (-type id, encoding of a wireType)* (type id, encoding of a value))*
```

＊は0個以上の繰り返しを示します。ある値の型IDは、事前に定義されている
か、ストリームの値の前に定義されている必要があります。

gobの転送フォーマットの設計についてのトピックは、「Gobs of data」(https://
blog.golang.org/gobs-of-data)を参照してください。

標準ライブラリカタログ

Package errors

エラーを操作する機能が実装されています。

Package expvar

expvarパッケージでは、サーバー用の動作カウンタなど、公開変数への標準的なインターフェースが提供されています。このような公開変数はJSONフォーマットで提供されており、HTTPで /debug/vars からアクセスすることができます。公開変数の設定や変更を行う操作はアトミック（スレッドセーフ）です。

このパッケージでは、HTTPハンドラの追加の他に、次の変数の登録も行われます。

```
cmdline    os.Args
memstats   runtime.Memstats
```

このパッケージは、HTTPハンドラや上記の変数が登録されるという副作用を目的としてインポートされる場合もあります。

Package flag

コマンドラインのフラグを解析する機能が実装されています。詳しくは、本書の7.6節「flag」を参照してください。

Package fmt

C言語のprintfやscanfと同じようなI/Oフォーマット機能が実装されています。詳しくは、本書の7.7節「fmt」を参照してください。

Directory go

このディレクトリは次表のパッケージを含んでいます。

パッケージ名	機能
ast	Goパッケージで構文木を表すために使用される型が宣言されている
build	（この表の後にある説明を参照）

→ 366

標準ライブラリカタログ

パッケージ名	機能
constant	型のないGoの定数やそれに対応する演算を表すValueが実装されている。エラーのため値がわからない場合、特殊なUnknown値が利用される場合がある。Unknown値同士の演算は、とくに指定されていない限りUnknown値になる
doc	GoのASTからソースコードドキュメントを抽出する
format	Goのソースの標準的なフォーマットが実装されている
importer	エクスポートしたデータをインポートする処理にアクセスできる
parser	(この表の後にある説明を参照)
printer	ASTのノードの出力が実装されている
scanner	Goのソーステキストのスキャン機能が実装されている。これは、[ ]byteをソースとして受け取ることができる。受け取ったソースは、Scanメソッドを繰り返し呼ぶことでトークン化できる
token	Go言語の字句トークンと、トークンの基本的な操作(出力、述語)を表す定数が定義されている
types	(この表の後にある説明を参照)

▌Package build

Goパッケージについての情報を収集します。

Goパス

Goパスは、Goのソースコードを含むディレクトリツリーのリストです。標準のGoツリー上では見つからないインポートを解決する際に、このパスが使用されます。デフォルトのパスは、オペレーティングシステムに応じた(Unixではコロン区切りの文字列、Windowsではセミコロン区切りの文字列、Plan 9ではリスト)パスのリストを表すGOPATH環境変数の値です。

Goパス内の各ディレクトリは、規定された構造である必要があります。

srcディレクトリには、ソースコードが格納されています。「src」以下のパスでインポートパスや実行名が決まります。

pkgディレクトリには、インストール済みのパッケージオブジェクトが格納されています。Goツリー内と同様に、対象となるオペレーティングシステムとアーキテクチャのペアごとにpkgサブディレクトリ(pkg/GOOS_GOARCH)が存在します。

Goパスの中にDIRというディレクトリがある場合、DIR/src/foo/barにソースがあるパッケージは、「foo/bar」としてインポートでき、コンパイルされたパッケージは「DIR/pkg/GOOS_GOARCH/foo/bar.a」(gccgoの場合は、「DIR/pkg/gccgo/foo/libbar.a」)にインストールされます。

binディレクトリには、コンパイルされたコマンドが格納されています。コマ

ンドは、ソースディレクトリに応じた名前が付けられますが、パス全体ではなく、最後の要素のみが使用されます。つまり、DIR/src/foo/quuxにソースがあるコマンドは、DIR/bin/foo/quuxではなく、DIR/bin/quuxにインストールされます。「foo/」の部分は省略されます。これは、PATHにDIR/binを追加してインストールしたコマンドを使用できるようにするためです。

次に、ディレクトリのレイアウトの例を示します。

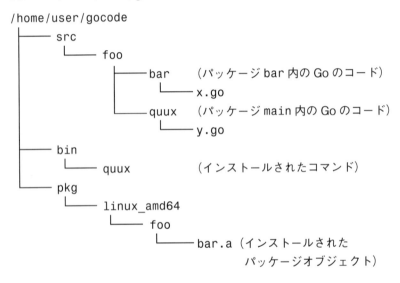

ビルド制約

ビルド制約は、次のように始まる行コメントで、ビルドタグとも呼ばれます。

```
// +build
```

これに続けて、ファイルをパッケージに含める条件を記述します。制約は、(Goプログラムに限らず) どのようなソースファイルにも記述することができます。ただし、制約はファイルの先頭付近に記述する必要があります。制約より上には、空行か別のコメントのみを入れることができます。つまり、ビルド制約はGoファイル内のpackage句よりも前に記述しなければなりません。

標準ライブラリカタログ

　ビルド制約とパッケージドキュメントを区別するため、1行の空行のあとに一連のビルド制約を掛く必要があります。

　ビルド制約には、複数のオプションを空白文字で区切って記述できます。各オプションはOR条件で評価されます。各オプション内には、項を「,」(カンマ)で区切って記述します。各項はAND条件で評価されます。項は英数字の単語で、先頭に「!」を付けることによって否定を表すことができます。つまり、次のビルド制約は、

```
// +build linux,386 darwin,!cgo
```

ブール式で表すと次のようになります。

```
(linux AND 386) OR (darwin AND (NOT cgo))
```

　1つのファイルに複数のビルド制約を記述することも可能です。その場合、個々の制約をAND条件でつないだものがそのファイルのビルド制約になります。つまり、次のビルド制約は、

```
// +build linux darwin
// +build 386
```

ブール式で表すと次のようになります。

```
(linux OR darwin) AND 386
```

　次に示すのは、ビルドを行う際にビルド制約が満たす語句の例です。

- runtime.GOOSに書かれたターゲットOS
- runtime.GOARCHに書かれたターゲットアーキテクチャ
- 使われているコンパイラ。"gc" あるいは "gccgo"
- ctxt.CgoEnabledがtrueのときは "cgo"
- "go1.1" はGoのバージョン1.1以降
- "go1.2" はGoのバージョン1.2以降
- "go1.3" はGoのバージョン1.3以降
- "go1.4" はGoのバージョン1.4以降
- "go1.5" はGoのバージョン1.5以降

369

標準ライブラリカタログ

- "go1.6" は Go のバージョン1.6以降
- ctxt.BuildTags に記載されている追加語句

拡張子と、_test サフィックスが付いている場合はそれを除いたファイル名が次のパターンのいずれかに該当する場合、

- *_GOOS
- *_GOARCH
- *_GOOS_GOARCH

GOOS と GOARCH は、それぞれ任意の既存のオペレーティングシステムとアーキテクチャを示します（例：source_windows_amd64.go）。そして、対応するビルド制約の項が暗黙的にファイルに含まれていると見なされます（加えて、任意の明示的なビルド制約をファイルに記述できます）。

ファイルがビルドの対象にならないようにするには、次のように記述します（条件に該当しない単語であれば何でも構いませんが、慣習的に「ignore」が利用されています）。

```
// +build ignore
```

Linux と OS X で cgo を使用する場合のみファイルをビルドするには、次のように記述します。

```
// +build linux,cgo darwin,cgo
```

通常、このようなファイルは、他のシステム向けにデフォルトの機能を実装する別のファイルと組み合わせられています。その場合、次のような制約を記述します。

```
// +build !linux,!darwin !cgo
```

ファイル名を dns_windows.go とすると、そのファイルは Windows 用にパッケージをビルドする場合のみ、ビルド対象に含まれます。同様に、math_386.s というファイルは、32ビットの x86 向けのパッケージをビルドする場合のみビルド対象になります。

370

標準ライブラリカタログ

GOOS=androidを使用すると、GOOS=linuxとした場合のビルドタグやファイルに加えて、「android」というタグやファイルにも該当するようになります。

▌Package parser

parserパッケージには、Goのソースファイルのパーサが実装されています。入力はさまざまな形態（各種Parse*関数を参照）で提供することができます。出力は、Goのソースを表す抽象構文木（AST）です。パーサは、いずれかのParse*関数から起動されます。

パーサが受け取ることができるのは、構文的にGoの言語仕様を満たしている言語のみに限りません。これによって、簡略化を行ったり、構文エラーへの耐久性を高めることもできます。たとえば、言語仕様ではメソッド宣言のレシーバーは1つしか許可されていませんが、これを通常のパラメータリストのように扱って複数のエントリを含めることができます。そのため、AST（ast.FuncDecl.Recv）フィールド内の対応するフィールドのエントリは、1つのみに制限されません。

▌Package types

データ型の宣言と、Goパッケージの型チェックを行うためのアルゴリズムの実装を持つパッケージです。Config.Checkを使用すると、パッケージの型チェッカーを起動できます。または、NewCheckerで新しい型チェッカーを作成し、Checker.Filesを呼び出してそれを1つずつ起動します。

型チェックは、次の何段階かの独立したフェーズから構成されています。

名前解決のフェーズでは、プログラム内の各識別子（ast.Ident）をその識別子が示す言語オブジェクト（Object）にマッピングします。名前解決の結果は、Info.{Defs,Uses,Implicits}から使用できます。

定数の畳み込みのフェーズでは、コンパイル時に定数となるすべての式（ast.Expr）に対して正確な定数の値（constant.Value）を計算します。定数の畳み込みの結果は、Info.Types[expr].Valueから使用できます。

型インターフェースのフェーズでは、すべての式（ast.Expr）の型（Type）が計算され、それが言語仕様に準拠しているかどうかのチェックが行われます。型の結果は、Info.Types[expr].Typeから使用できます。

型チェッカーについてのチュートリアルがほしい場合には、https://golang.org/s/types-tutorialを参照してください。

371

標準ライブラリカタログ

Package hash

ハッシュ関数のインターフェースが提供されています。また、このパッケージ
は次表のパッケージも含んでいます。

パッケージ名	機能
adler32	Adler-32 チェックサムが実装されている。これは、RFC 1950の定義による
crc32	32ビット巡回冗長検査 (CRC-32) チェックサムが実装されている。生成多項式は、最下位ビットが先頭に来る形で表現される (反転表現)
crc64	64ビット巡回冗長検査 (CRC-64) チェックサムが実装されている
fnv	FNV-1 および FNV-1a 非暗号ハッシュ関数が実装されている

Package html

HTMLテキストのエスケープとアンエスケープ用の関数が提供されています。
次に説明する template パッケージも含んでいます。

Package template

template (html/template) パッケージには、コードインジェクション対策が施さ
れているHTMLを出力するデータ駆動型テンプレートが実装されています。この
パッケージは、text/template パッケージと同じインターフェースを提供しており、
出力がHTMLの場合に text/template の代わりに使用します。

Package image

基本的な2D画像関連のライブラリが実装されています。基本インターフェー
スは、Image です。Image には、image/color パッケージに記述されている color が
含まれています。

Image インターフェースの値は、NewRGBA や NewPaletted などの関数を呼び出す
か、GIF、JPEG、PNGなどのフォーマットの画像データを含む io.Reader に対し
て Decode を呼び出して作成することができます。画像フォーマットのデコードを
行うには、あらかじめデコーダー関数を登録しておく必要があります。

一般的にこの登録は、そのフォーマットのパッケージを初期化する際の副作用
として自動的に行われます。そのため、PNG画像のデコードを行う場合、プログ
ラムの main パッケージに次のように記述するだけで済みます。

372

標準ライブラリカタログ

```
import _ "image/png"
```

「_」は、初期化による副作用だけのためにパッケージをインポートすることを意味します。

imageパッケージの詳細は「The Go image package」（https://golang.org/doc/articles/image_package.html）を参照してください。

また、このパッケージは次表のパッケージも含んでいます。

パッケージ名	機能
color	基本的な色関連のライブラリが実装されている
color/palette	標準的なカラーパレットが提供されている
draw	画像を作成するための機能が提供されている。詳細は「The Go image/draw package」(https://golang.org/doc/articles/image_draw.html)を参照
gif	GIF画像のデコーダーとエンコーダーが実装されている
jpeg	JPEG画像のデコーダーとエンコーダーが実装されている
png	PNG画像のデコーダーとエンコーダーが実装されている

Directory index

このディレクトリは次のパッケージを含んでいます。

Package suffixarray

インメモリの接尾辞配列を使用して、対数時間で文字列の部分検索を行う機能が実装されています。次に例を示します。

```
// あるデータのインデックスを作成
index := suffixarray.New(data)

// バイトのスライスsを検索
offsets1 := index.Lookup(s, -1) // データ内にsが現れる場所のすべてのインデックスのリスト
offsets2 := index.Lookup(s, 3)  // データ内にsが現れる場所の最大3つのインデックスのリスト
```

Package io

I/Oプリミティブへの基本インターフェースが提供されています。このパッケージの主な役割は、osパッケージにあるような既存のプリミティブや、その他の関連プリミティブの実装をラップし、機能を抽象化して、公開用の共有イン

373

標準ライブラリカタログ

ターフェースを提供することです。

　このようなインターフェースやプリミティブは、さまざまな実装によって低レベルの操作をラップしているため、安全に並列実行できることを仮定してはいけません（安全であると明示されている場合は除きます）。

　このパッケージは次のパッケージも含んでいます。

▌Package ioutil

　いくつかのI/Oユーティリティー関数が実装されています。詳しくは、本書の7.14節「ioutil」を参照してください。

▰ Package log

　シンプルなロギングパッケージが実装されています。また、このパッケージは次のパッケージも含んでいます。

▌Package syslog

　システムログサービスへのシンプルなインターフェースが提供されています。このパッケージでは、UNIXドメインソケットやUDP、TCPによって、syslogデーモンにメッセージを送信しています。

　まず、一度だけDialを呼び出す必要があります。書き込みが失敗すると、syslogクライアントがサーバーへの再接続と再書き込みを試みます。

　なお、syslogパッケージは凍結されており、新しい機能は受け付けていません。いくつかの外部パッケージが追加機能を提供しています。追加機能は、https://godoc.org/?q=syslogから探すことができます。

▰ Package math

　基本的な定数や数学関数が提供されています。また、このパッケージは次表のパッケージも含んでいます。

パッケージ名	機能
big	（この表の後にある説明を参照）
cmplx	複素数向けの基本的な定数や数学関数が提供されている
rand	（本書の7.5節「math/rand」を参照）

374

標準ライブラリカタログ

▌Package big

多倍精度演算（巨大数）が実装されています。次の数値型をサポートしています。

- Int：符号付き整数
- Rat：有理数
- Float：浮動小数点数

Int、Rat、Floatのゼロ値は、0に対応します。そのため、新しい値は通常の方法で宣言するだけで0になり、それ以上の初期化は不要です。

```
var x Int        // &xは、値0の*Int
var r = &Rat{}   // rは、値0の*Rat
y := new(Float)  // yは、値0の*Float
```

また、次に示す形式のファクトリ関数を使って、新しい値への割り当てと初期化を行うこともできます。

```
func NewT(v V) *T
```

たとえば、NewInt(x)はint64型の引数xの値がセットされた*Intを返します。NewRat(a, b)はint64型のaとbの分数a/bがセットされた*Ratを返します。また、NewFloat(f)は、float64型の引数fで初期化された*Floatを返します。明示的なsetterを使用すると、さらに柔軟性が増します。次の例を見てください。

```
var z1 Int
z1.SetUint64(123)             // z1 := 123
z2 := new(Rat).SetFloat64(1.2) // z2 := 6/5
z3 := new(Float).SetInt(z1)    // z3 := 123.0
```

setter、数値演算、述語は、次のようにメソッドの形式で記述されています。

```
func (z *T) SetV(v V) *T       // z = v（代入）
func (z *T) Unary(x *T) *T      // z = unary x（単項演算の適用）
func (z *T) Binary(x, y *T) *T  // z = x binary y（二項演算の適用）
func (x *T) Pred() P            // p = pred(x)（述語の適用）
```

ここで、TはInt、Rat、Floatのいずれかです。単項演算や二項演算の場合、レ

→ 375 ─

標準ライブラリカタログ

シーバー（この場合、通常はzという名前になります。詳しくは後述します）が結果になります。オペランドxまたはyのどちらかが結果になる場合は、上書きしてメモリを再利用しても問題ありません。

　通常、算術式は連続したメソッドの呼び出しとして記述します。1回のメソッド呼び出しが1つの演算に対応します。レシーバーは結果を表し、メソッドの引数は演算のオペランドを表します。たとえば、3つの *Int 値a、b、cがあり、次の呼び出しを行うと、

```
c.Add(a, b)
```

合計a + bが計算され、結果がcに格納されます。cが以前に保持していた値は無条件に上書きされます。とくに指定がない限り、演算にはパラメータの別名を使用できるため、次のように記述しても問題ありません。

```
sum.Add(sum, x)
```

　これによって、値xがsumに追加されます。

　結果の値を必ずレシーバー経由で渡すようにすることで、メモリの使用は効率的になります。つまり、それぞれの結果に新しくメモリを割り当てる必要がなくなり、結果の値のために割り当てられた空間を再利用することができます。また、処理の中で新しい結果を使ってその値を上書きすることもできます。

表記規則

　レシーバーを含むメソッドの入力用パラメータには、API全体で一貫した名前が付けられています。これは、パラメータの使用方法を明確にするためです。通常、入力用のオペランドはx、y、a、bというように命名され、zが使用されることはありません。zと命名されるのは、結果を示すパラメータ（通常はレシーバー）です。

　たとえば、次の例では、(*Int).Addの引数の名前はxとyになっています。また、結果の格納先はレシーバーであるため、zという名前になっています。

```
func (z *Int) Add(x, y *Int) *Int
```

　通常、この形式のメソッドは、シンプルなコールチェーンを実現するために、入力されたレシーバーも返します。

376

標準ライブラリカタログ

Int.Signのように結果の値を渡す必要がないメソッドでは、単純に結果を返します。この場合、通常はレシーバーが最初のオペランドとなり、xと命名されます。

```
func (x *Int) Sign() int
```

さまざまなメソッドで、文字列と対応する数値との間の相互変換がサポートされています。*Int、*Rat、*Floatのそれぞれの値には、値の（デフォルトの）文字列表現を定義しているStringerインターフェースが実装されていますが、さまざまなフォーマットの文字列によって値を初期化するSetStringメソッドも提供されています（それぞれのSetStringのドキュメントを参照）。

さらに、*Int、*Rat、*Floatは、fmtパッケージのScannerインターフェースを満たしているため、スキャンを行うことができます。また、*Rat以外は、Formatterインターフェースも満たしているため、フォーマットを指定して出力することもできます。

Package mime

MIME仕様の一部が実装されています。また、このパッケージは次表のパッケージも含んでいます。

パッケージ名	機能
multipart	RFC 2046の定義によるMIME multipartの解析を実装している。HTTP（RFC 2388）と一般的なブラウザが生成するmultipartボディに対して使用するには十分である
quotedprintable	RFC 2045の規定によるquoted-printableエンコーディングが実装されている

Package net

TCP/IP、UDP、ドメイン名解決、UNIXドメインソケットなどのネットワークI/Oのためのポータブルなインターフェースを提供しています。netパッケージでは低レベルのネットワークプリミティブへのアクセスが提供されていますが、ほとんどのクライアントに必要になるのは、Dial、Listen、Acceptの各関数が提供する基本インターフェースと、それに関連するConnインターフェース、Listenerインターフェースのみです。crypto/tlsパッケージも同じインターフェー

377

標準ライブラリカタログ

スと Dial および Listen 関数を使用しています。

Dial 関数はサーバーへの接続を行います。

```
conn, err := net.Dial("tcp", "google.com:80")
if err != nil {
    // エラー処理
}
fmt.Fprintf(conn, "GET / HTTP/1.0\r\n\r\n")
status, err := bufio.NewReader(conn).ReadString('\n')
// ...
```

Listen 関数は、サーバーを作成します。

```
ln, err := net.Listen("tcp", ":8080")
if err != nil {
    // エラー処理
}
for {
    conn, err := ln.Accept()
    if err != nil {
        // エラー処理
    }
    go handleConnection(conn)
}
```

名前解決

ドメイン名を解決する方法は、OS によって異なります。これは、Dial などの関数を使って間接的に名前解決を行う場合でも、LookupHost や LookupAddr などの関数を使って直接的に名前解決を行う場合でも同様です。

Unix システムでは、リゾルバーには2つの名前解決方法があります。/etc/resolv.conf に記載されているサーバーに直接 DNS リクエストを送信する Go だけで書かれたリゾルバーを使用することもできますが、getaddrinfo や getnameinfo などの C 言語のライブラリルーチンを呼び出す cgo ベースのリゾルバーを使うこともできます。

デフォルトでは Go だけで書かれたリゾルバーが使用されます。DNS リクエストのブロックはゴルーチンのみを実行しますが、C 言語呼び出しのブロックは OS のスレッドを実行するためです。cgo が有効な場合、さまざまな状況で cgo ベースのリゾルバーが使用されます。具体的には、プログラムに直接 DNS リクエストを行わせないシステム（OS X）、LOCALDOMAIN 環境変数が（空であっても）存在する

378

場合、`RES_OPTIONS`または`HOSTALIASES`環境変数が空でない場合、`ASR_CONFIG`環境変数が空でない場合（OpenBSDのみ）、`/etc/resolv.conf`または`/etc/nsswitch.conf`でGoだけで書かれたリゾルバーが実装していない機能を使用するよう指定されている場合、検索する名前が「.local」で終わる場合やmDNS名である場合などです。

リゾルバーの指定は、`GODEBUG`環境変数の`netdns`値を`go`または`cgo`に設定することで上書きできます。次の例を見てください。

```
export GODEBUG=netdns=go    # Goだけで書かれたリゾルバーを強制する
export GODEBUG=netdns=cgo   # cgoリゾルバーを強制する
```

また、`netgo`または`netcgo`ビルドタグを設定することによって、Goソースツリーの構築時にリゾルバーを指定することもできます。

`GODEBUG=netdns=1`のように`netdns`に数値を設定すると、リゾルバーの指定に関するデバッグ情報が出力されます。デバッグ情報を出力しつつ特定のリゾルバーの使用を強制するには、`GODEBUG=netdns=go+1`のように、2つの設定をプラス記号で連結します。

Plan 9では、リゾルバーは常に`/net/cs`および`/net/dns`にアクセスします。Windowsでは、リゾルバーは常に`GetAddrInfo`および`DnsQuery`のようなCライブラリ関数を使用します。

また、このパッケージは次表のパッケージも含んでいます。

パッケージ名	機能
`http`	HTTPのクライアントとサーバーの実装が提供されている。詳しくは、本書の7.18節「net/http」を参照
`http/cgi`	RFC 3875の規定によるCGI（Common Gateway Interface）が実装されている。CGIを使用すると、リクエストを処理するたびに新しいプロセスが起動されるため、一般的には、長時間実行されるサーバーよりも効率が悪くなることに注意。このパッケージは、主に既存のシステムとの互換性のために提供されている
`http/cookiejar`	RFC 6265準拠のインメモリ`http.CookieJar`が実装されている
`http/fcgi`	FastCGIプロトコルが実装されている。現在のところ、responderロールのみがサポートされている
`http/httptest`	HTTPのテスト用のユーティリティーが提供されている
`http/httputil`	HTTPユーティリティー関数が提供されている。これは、net/httpパッケージの一般的な関数を補完するものである
`http/pprof`	（この表の後にある説明を参照）
`mail`	（この表の後にある説明を参照）

標準ライブラリカタログ

パッケージ名	機能
rpc	(この表の後にある説明を参照)
rpc/jsonrpc	rpcパッケージ用のJSON-RPCの`ClientCodec`と`ServerCodec`が実装されている
smtp	RFC 5321の定義によるSMTP（Simple Mail Transfer Protocol）が実装されている。さらに「8BITMIME」（RFC 1652）、「AUTH」（RFC 2554）、「STARTTLS」（RFC 3207）も実装されている。クライアント側でその他の拡張に対応することもできる
textproto	(この表の後にある説明を参照)
url	URLを解析し、クエリのエスケープを行う。詳しくは、本書の7.17節「net/url」を参照

Package http/pprof

HTTPサーバー経由で、pprof視覚化ツール用のフォーマットのランタイムプロファイリングデータを提供します。通常、このパッケージは、HTTPハンドラが登録されるという副作用を目的としてインポートされます。ハンドラが処理するパスは、すべて/debug/pprof/で始まります。

pprofを使用する場合は、プログラムで次のようにパッケージをリンクします。

```
import _ "net/http/pprof"
```

アプリケーションでHTTPサーバーが実行されていない場合は、サーバーを起動する必要があります。インポートに"net/http"と"log"を追加し、main関数に次のコードを追加します。

```
go func() {
    log.Println(http.ListenAndServe("localhost:6060", nil))
}()
```

pprofツールを使用してヒーププロファイルを参照するには、次のようにします。

```
go tool pprof http://localhost:6060/debug/pprof/heap
```

30秒間のCPUプロファイルを参照するには、次のようにします。

```
go tool pprof http://localhost:6060/debug/pprof/profile
```

ゴルーチンブロッキングプロファイルを参照するには、次のようにします。

標準ライブラリカタログ

```
go tool pprof http://localhost:6060/debug/pprof/block
```

5秒間の実行トレースを収集するには、次のようにします。

```
wget http://localhost:6060/debug/pprof/trace?seconds=5
```

利用可能なプロファイルについては、ブラウザでhttp://localhost:6060/debug/pprof/を参照してください。

Package mail

メールメッセージの解析が実装されています。このパッケージは、ほとんどの部分でRFC 5322の規定による構文に従っています。主な相違点は次のとおりです。

- 埋め込みルート情報付きのアドレスを含む、時代遅れのアドレスフォーマットは解析されない。
- グループアドレスは解析されない。
- スペーシング（CFWS構文要素）の全範囲、たとえば行をまたいだアドレスはサポートされない。

Package rpc

rpcパッケージを使用すると、ネットワークなどの他のI/Oとの接続の向こう側にあるオブジェクトのエクスポートされたメソッドにアクセスできます。サーバーはオブジェクトを登録し、オブジェクトの型の名前を持つサービスとして可視化します。登録が完了すると、オブジェクトのエクスポートされたメソッドにリモートからアクセスできるようになります。サーバーには、異なる型の複数のオブジェクト（サービス）を登録できますが、同じ型の複数のオブジェクトを登録するとエラーになります。

リモートアクセスに利用できるのは、次の条件を満たすメソッドのみです。その他のメソッドは無視されます。

- メソッドの型がエクスポートされている。
- メソッドがエクスポートされている。

標準ライブラリカタログ

- メソッドは2つの引数を持ち、ともに型がエクスポートされている（または組み込み型）。
- メソッドの2つ目の引数はポインタである。
- メソッドはエラー型を戻り値として返す。

つまり、メソッドは次のような形式である必要があります。

```
func (t *T) MethodName(argType T1, replyType *T2) error
```

ここで、T、T1、T2はencoding/gobでマーシャルできる必要があります。これらの要件は、別のコーデックを使用する場合にも適用されます（将来的には、カスタムのコーデック向けに要件が緩和される可能性もあります）。

メソッドの最初の引数は、呼び出し元が提供する引数を表します。2つ目の引数は、呼び出し元に返される結果パラメータを表します。メソッドの戻り値がnilでない場合は、文字列として返されます。この文字列は、クライアントからはerrors.Newによって作成されたように見えます。エラーが返されると、結果パラメータはクライアントに返されません。

サーバーは、ServeConnを呼び出して1つの接続だけでリクエストを処理することもできますが、一般的には、ネットワークリスナーを作成してAcceptを呼ぶか、HTTPリスナーを作成してHandleHTTPとhttp.Serveを呼びます。

サービスを使用したいクライアントは、サーバーとの接続を確立してから、接続上でNewClientを呼び出します。Dial（DialHTTP）という便利な関数を使用すると、ネットワーク接続（HTTP接続）に対して両方の手順が実行されます。結果として返されるClientオブジェクトには、CallとGoという2つのメソッドが含まれています。この2つのメソッドには、サービスと呼び出すメソッド、引数を含むポインタ、結果パラメータを受け取るポインタを指定します。

Callメソッドはリモート呼び出しの終了を待ちますが、Goメソッドは非同期呼び出しを行い、Call構造体のDoneチャネルを使って終了を通知します。

明示的にコーデックが設定されている場合を除き、データの転送にはencoding/gobパッケージが使用されます。

次に、簡単なサンプルを示します。サーバーは、Arith型のオブジェクトをエクスポートしています。

標準ライブラリカタログ

```go
package server

type Args struct {
    A, B int
}

type Quotient struct {
    Quo, Rem int
}

type Arith int

func (t *Arith) Multiply(args *Args, reply *int) error {
    *reply = args.A * args.B
    return nil
}

func (t *Arith) Divide(args *Args, quo *Quotient) error {
    if args.B == 0 {
        return errors.New("divide by zero")
    }
    quo.Quo = args.A / args.B
    quo.Rem = args.A % args.B
    return nil
}
```

サーバーは、HTTPサービスに対して次の呼び出しを行います。

```go
arith := new(Arith)
rpc.Register(arith)
rpc.HandleHTTP()
l, e := net.Listen("tcp", ":1234")
if e != nil {
    log.Fatal("listen error:", e)
}
go http.Serve(l, nil)
```

この段階で、「Arith.Multiply」と「Arith.Divide」というメソッドを持つ「Arith」サービスがクライアントから参照できるようになります。これを呼び出すために、クライアントはまずサーバーに接続する必要があります。

```go
client, err := rpc.DialHTTP("tcp", serverAddress + ":1234")
if err != nil {
    log.Fatal("dialing:", err)
}
```

標準ライブラリカタログ

次に、リモート呼び出しを実行します。

```
// 同期呼び出し
args := &server.Args{7,8}
var reply int
err = client.Call("Arith.Multiply", args, &reply)
if err != nil {
    log.Fatal("arith error:", err)
}
fmt.Printf("Arith: %d*%d=%d", args.A, args.B, reply)
```

これは、次のように記述することもできます。

```
// 非同期呼び出し
quotient := new(Quotient)
divCall := client.Go("Arith.Divide", args, quotient, nil)
replyCall := <-divCall.Done   // divCallと同じ
// エラーチェック、表示など
```

多くの場合、サーバーの実装によってシンプルで型安全なクライアント用ラッパーが提供されます。

▌Package textproto

HTTP、NNTP、SMTP形式によるテキストベースのリクエスト／レスポンスプロトコルの一般的なサポートが実装されています。このパッケージでは、次の機能が提供されています。

- Error：サーバーからの数値によるエラー応答を表しています。
- Pipeline：クライアントでパイプライン化された要求と応答を管理します。
- Reader：数値によるレスポンスコードの行、「キー：値」形式のヘッダ、連続行の先頭に空白文字を付加してラップした行、ドットで終わる行のテキストブロック全体を読み込みます。
- Writer：ドットでエンコードされたテキストブロックを書き込みます。
- Conn：Reader、Writer、Pipelineを1つのネットワーク接続で利用できるようにパッケージ化したもの。

標準ライブラリカタログ

Package os

　プラットフォームに依存しないOSの機能へのインターフェースが提供されています。詳しくは、本書の7.2節「os」を参照してください。また、このパッケージは次表のパッケージを含んでいます。

パッケージ名	機能
exec	外部コマンドを実行できる。このパッケージは、標準入力と標準出力の際マッピング、パイプとI/Oの接続などの調整が簡単に行えるように、os.StartProcess をラップしている
signal	（この表の後にある説明を参照）
user	名前やIDでユーザアカウントを検索できる

Package signal

　送られてくるシグナルへのアクセスが実装されています。シグナルは、主にUnix系システムで使用されます。WindowsとPlan 9での使用については最後に説明します。

シグナルの種類

　SIGKILLシグナルとSIGSTOPシグナルは、プログラムではキャッチできない可能性があるため、このパッケージで操作することはできません。

　同期シグナルは、プログラム実行時のエラーに起因するシグナルで、SIGBUS、SIGFPE、SIGSEGVがこれに相当します。これらがプログラムの実行時に発生した場合は同期シグナルと見なされますが、os.Process.Killを使って送信した場合、プログラムを強制終了した場合などは同期シグナルとは見なされません。一般的には、後述の例外を除き、Goプログラムは同期シグナルをランタイムパニックに変換します。

　その他のシグナルは、非同期シグナルです。非同期シグナルはプログラムのエラーには起因するものではなく、カーネルやその他のプログラムによって送信されます。

　非同期シグナルであるSIGHUPシグナルは、プログラムと制御端末が切断された際に送信されます。SIGINTシグナルは、制御端末上のユーザが割り込みキー（デフォルトでCtrl + C）を押すと送信されます。SIGQUITシグナルは、制御端末上のユーザが終了キー（デフォルトでCtrl + \）を押すと送信されます。通常は、単にCtrl + Cキーを押すとそのままプログラムを終了し、Ctrl + \キーを押すとス

385

標準ライブラリカタログ

タックダンプを出力してプログラムを終了します。

Goプログラムにおけるシグナルのデフォルトの動作

デフォルトでは、同期シグナルはランタイムパニックに変換されます。SIGHUP、SIGINT、SIGTERMの各シグナルが発生すると、プログラムを終了します。SIGQUIT、SIGILL、SIGTRAP、SIGABRT、SIGSTKFLT、SIGEMT、SIGSYSの各シグナルが発生すると、スタックダンプを出力してプログラムを終了します。SIGTSTP、SIGTTIN、SIGTTOUの各シグナルは、システムのデフォルトの動作に準じます（これらのシグナルは、シェルがジョブの制御を行うために使用します）。SIGPROFシグナルは、runtime.CPUProfileの処理を行うためにGoランタイムが直接制御します。その他のシグナルは、キャッチされても何も起こりません。

SIGHUPまたはSIGINTを無視する（シグナルハンドラをSIG_IGNに設定した）Goプログラムが開始されると、そのシグナルは無視されます。

空でないシグナルマスクが指定されたGoプログラムが開始されると、通常、そのシグナルが受信されます。ただし、明示的にブロックが解除されるシグナルもあります。同期シグナル、SIGILL、SIGTRAP、SIGSTKFLT、SIGCHLD、SIGPROFと、Linuxでのシグナル32（SIGCANCEL）と33（SIGSETXID）がこれにあたります（SIGCANCELとSIGSETXIDは、glibcが内部的に使用しています）。os.Execやos/execパッケージで起動したサブプロセスには、変更されたシグナルマスクが継承されます。

Goプログラムでのシグナルの動作の変更

このパッケージの関数を使用すると、プログラムでGoプログラムのシグナルの操作方法を変更できます。

Notifyは、指定された一連の非同期シグナルのデフォルトの動作を無効化し、1つまたは複数の登録されたチャネルに渡すよう設定します。とくに、この関数はSIGHUP、SIGINT、SIGQUIT、SIGABRT、SIGTERMの各シグナルに適用します。また、SIGTSTP、SIGTTIN、SIGTTOUのジョブ制御シグナルにも適用することができます。その場合、システムのデフォルトの動作は起こらなくなります。さらに、デフォルトでは何も起こらないシグナルに適用することもできます。たとえば、SIGUSR1、SIGUSR2、SIGPIPE、SIGALRM、SIGCHLD、SIGCONT、SIGURG、SIGXCPU、SIGXFSZ、SIGVTALRM、SIGWINCH、

標準ライブラリカタログ

SIGIO、SIGPWR、SIGSYS、SIGINFO、SIGTHR、SIGWAITING、SIGLWP、SIGFREEZE、SIGTHAW、SIGLOST、SIGXRES、SIGJVM1、SIGJVM2や、システムで使用されている任意のリアルタイムシグナルがこれに相当します。上記のシグナルは、すべてのシステムで使用できるわけではないことに注意してください。

開始時にSIGHUPシグナルやSIGINTシグナルを無視するプログラムで、どちらかのシグナルに対してNotifyを呼び出すと、そのシグナルに対するシグナルハンドラが作成され、無視されなくなります。後に、そのシグナルに対してResetやIgnoreを呼び出した場合や、シグナルをNotifyに渡したすべてのチャネルでStopを呼び出した場合、そのシグナルは再び無視されるようになります。Resetを呼び出すと、シグナルに対するシステムのデフォルトの動作に戻ります。Ignoreを呼び出すと、システムがそのシグナルを完全に無視するようになります。

開始時にシグナルマスクが空でないプログラムでは、前述のように、いくつかのシグナルは明示的にブロック解除されます。ブロックされているシグナルに対してNotifyが呼び出されると、ブロックは解除されます。後に、そのシグナルに対してResetを呼び出した場合や、シグナルをNotifyに渡したすべてのチャネルでStopを呼び出した場合、そのシグナルは再びブロックされるようになります。

SIGPIPE

Goプログラムが壊れたパイプに書き込みを行うと、カーネルはSIGPIPEシグナルを送信します。

プログラムがNotifyを呼び出してSIGPIPEシグナルを受信するよう指定していない場合は、ファイルディスクリプタの番号によって動作が異なります。ファイルディスクリプタ1または2（標準出力または標準エラー）に対する壊れたパイプへの書き込みが発生すると、プログラムはSIGPIPEシグナルを送信して終了します。その他のファイルディスクリプタに対する壊れたパイプへの書き込みが発生すると、SIGPIPEシグナルに対しては何も起こらず、書き込みはEPIPEエラーで失敗します。

プログラムがNotifyを呼び出してSIGPIPEシグナルを受信するように指定した場合、ファイルディスクリプタ番号は関係しません。NotifyチャネルにSIGPIPEシグナルが渡され、書き込みはEPIPEエラーで失敗します。

つまり、デフォルトでは、コマンドラインプログラムは通常のUnixコマンドラインプログラムと同じ動作となりますが、その他のプログラムはクローズされた

387

標準ライブラリカタログ

ネットワーク接続に対する書き込みが発生しても、SIGPIPEでクラッシュすることはありません。

cgoまたはSWIGを使用するGoプログラム

通常、Go以外のコード（通常はcgoやSWIGを使用してアクセスするC/C++コード）を含むGoプログラムでは、Goのスタートアップコードが最初に実行されます。それによって、Go以外のスタートアップコードが実行される前に、Goランタイムが要求するシグナルハンドラが設定されます。Go以外のスタートアップコードで自身のシグナルハンドラを設定する場合は、Goの部分が正常に動作するように、いくつかの手順を踏む必要があります。ここでは、その手順について記載します。また、Go以外のコードによるシグナルハンドラ設定の変更によって、Goプログラムが受ける可能性がある全般的な影響についても記載します。ごくまれに、Go以外のコードがGoコードよりも先に実行されることがあります。その場合は、次の「Goコードを呼び出すGo以外のプログラム」の内容も該当します。

Goプログラムが呼び出したGo以外のコードがシグナルハンドラやシグナルマスクを変更しない場合、動作は純粋なGoプログラムと同じになります。

Go以外のコードでシグナルハンドラを設定する場合、sigactionとともにSA_ONSTACKフラグを使用する必要があります。そうしないと、シグナルを受信した際にプログラムがクラッシュする可能性が高くなります。通常、Goプログラムは限られたスタックで実行されるため、別のシグナルスタックが設定されます。また、Goの標準ライブラリは、シグナルハンドラがSA_RESTARTフラグを使用することを想定しています。このフラグを使用しないと、ライブラリを呼び出した際に「interrupted system call」エラーが返される場合があります。

Go以外のコードがいずれかの同期シグナル（SIGBUS、SIGFPE、SIGSEGV）に対してシグナルハンドラを設定する場合は、既存のGoシグナルハンドラを記録し、上記のシグナルがGoコードの実行中に発生した際に、Goシグナルハンドラを呼び出す必要があります（シグナルがGoコードの実行中に発生するかどうかは、シグナルハンドラに渡されるPCを確認することで判断できます）。そうしないと、Goランタイムパニックが想定どおりに発生しない場合があります。

Go以外のコードがいずれかの非同期シグナルに対してシグナルハンドラを設定する場合は、Goシグナルハンドラを呼び出しても呼び出さなくても構いません。通常、Goシグナルハンドラを呼び出さない場合は、Goは上記のような動作にはなりません。SIGPROFシグナルでは、とくにこの点が問題となる可能性があり

標準ライブラリカタログ

ます。

　Go以外のコードは、Goランタイムが作成したスレッドでシグナルマスクを変更してはいけません。Go以外のコードが自身の新しいスレッドを開始する場合は、自由にシグナルマスクを設定して構いません。

　Go以外のコードが新しいスレッドを開始してシグナルマスクを変更し、そのスレッドでGo関数を呼び出す場合、Goランタイムは自動的に一部のシグナル（同期シグナル、SIGILL、SIGTRAP、SIGSTKFLT、SIGCHLD、SIGPROF、SIGCANCEL、SIGSETXID）のブロックを解除します。Go関数が終了すると、Go以外のシグナルマスクが再設定されます。

　Goコードを実行していないGo以外のスレッドで、Goのシグナルハンドラが呼び出されると、通常、ハンドラは次のようにGo以外のコードにシグナルを転送します。シグナルがSIGPROFである場合、Goハンドラは何もしません。その他のシグナルである場合、Goハンドラは自身を削除し、シグナルのブロックを解除して再送信し、Go以外のハンドラまたはデフォルトのシステムハンドラを呼び出します。プログラムが終了しない場合、Goハンドラは自身を再設定してプログラムの実行を続けます。

Goコードを呼び出すGo以外のプログラム

　Goコードが `-buildmode=c-shared` などのオプションでビルドされた場合、既存のGo以外のプログラムの一部として実行されます。Goコードが開始した際に、Go以外のコードにはすでにシグナルハンドラが設定されている可能性があります（まれに、cgoやSWIGを使用する場合にも、これが発生する場合があります。その場合も、以降の説明が当てはまります）。`-buildmode=c-archive` が指定されている場合、Goランタイムはグローバルコンストラクタの処理時にシグナルを初期化します。`-buildmode=c-shared` が指定されている場合、Goランタイムは共有ライブラリがロードされる際にシグナルを初期化します。

　GoランタイムがSIGCANCELシグナルかSIGSETXIDシグナル（この2つはLinuxのみで使用されます）に対する既存のシグナルハンドラを見つけると、SA_ONSTACKフラグがオンになります。それ以外の場合、シグナルハンドラは保持されます。

　Goランタイムは、同期シグナルに対してシグナルハンドラを設定します。既存のシグナルハンドラは保存され、Go以外のコードの実行中に同期シグナルが発生すると、GoランタイムはGoシグナルハンドラではなく既存のシグナルハンドラを

389

呼び出します。

デフォルトでは、-buildmode=c-archive または -buildmode=c-shared でビルドされた Go コードは、別のシグナルハンドラを設定しません。既存のシグナルハンドラがある場合、Go ランタイムは SA_ONSTACK フラグをオンにします。それ以外の場合、シグナルハンドラは保持されます。非同期シグナルに対して Notify が呼び出されると、そのシグナルに対して Go シグナルハンドラが設定されます。その後、そのシグナルに対して Reset が呼び出されると、そのシグナルに対する元の処理が再設定されます。つまり、Go 以外のシグナルハンドラがあれば、それが再設定されます。

-buildmode=c-archive や -buildmode=c-shared を設定せずにビルドした Go コードは、上記の非同期シグナルに対してシグナルハンドラを設定し、既存のシグナルハンドラを保存します。シグナルが Go 以外のスレッドに渡されると、上記のような動作になります。ただし、Go 以外の既存のシグナルハンドラがある場合は、シグナルを送信する前にそのハンドラが設定されます。

Windows

Windows では、通常、Ctrl + C キーまたは Ctrl + Break キーでプログラムが終了します。os.SIGINT に対して Notify が呼ばれると、Ctrl + C キーまたは Ctrl + Break キーはそのチャネルに送信する os.SIGINT を発生するようになり、プログラムは終了しなくなります。Reset が呼び出されるか、Notify に渡されたすべてのチャネルで Stop が呼び出されると、デフォルトの動作が再設定されます。

Plan 9

Plan 9 では、シグナルは syscall.Note 型で、これは文字列です。syscall.Note を使用して Notify を呼び出すと、文字列がノートとして送信された際に、その値がチャネルに送られます。

▌ Package path

スラッシュ区切りのパスを操作するユーティリティールーチンが実装されています。このパッケージは次のパッケージを含んでいます。

標準ライブラリカタログ

Package filepath

対象のOSで定義されたファイルパスに対応した方法でファイル名のパスを操作するユーティリティールーチンが実装されています。このパッケージの関数は、とくに指示のない場合、パスを返す際にすべてのスラッシュ（「/」）文字をos.PathSeparatorで置換します。

Package reflect

ランタイムのリフレクションが実装されています。これによって、プログラムが任意の型のオブジェクトを操作できるようになります。このパッケージの一般的な使用方法は、静的な型のinterface{}の値を渡してTypeOf（Type型の値を返す）を呼び出し、動的な型情報を取得することです。

ValueOfを呼び出すと、ランタイムデータを表すValueが返されます。ZeroはTypeを受け取り、その型のゼロ値を表すValueを返します。

Goにおけるリフレクションの概要については、「The Laws of Reflection」（https://golang.org/doc/articles/laws_of_reflection.html）を参照してください。

Package regexp

正規表現による検索が実装されています。利用できる正規表現の構文は、Perl、Pythonなどで使用されているものとほぼ同じです。詳しくは、本書の7.15節「regexp」を参照してください。

Package runtime

runtimeパッケージには、ゴルーチンを制御する関数など、Goのランタイムシステムと連携する操作が含まれています。また、このパッケージには、reflectパッケージで利用される低レベルの型情報も含まれています。ランタイムの型システムを操作するプログラミングインターフェースについては、reflectのドキュメントを参照してください。

環境変数

次の環境変数（ホストOSによって、$nameまたは%name%）は、Goプログラムの実行時の動作を制御します。各環境変数の意味や使用方法は、リリースごとに変

標準ライブラリカタログ

更される場合があります。

GOGC 変数は、ガベージコレクション（GC）の対象割合の初期値を設定します。新たに割り当てられるデータと、前回のガベージコレクション後に残っている現在のデータの比率がこの割合以上になると、ガベージコレクションが実行されます。デフォルトは、GOGC=100 です。GOGC=off を設定すると、ガベージコレクションを完全に無効化します。runtime/debug パッケージの SetGCPercent 関数を使用すると、実行時にこの割合を変更することができます。詳細は、https://golang.org/pkg/runtime/debug/#SetGCPercent を参照してください。

GODEBUG 変数は、ランタイム内のデバッグ変数を制御します。この環境変数は、name=val という形式のペアのカンマ区切りリストで、次の名前付き変数を設定します。

allocfreetrace: allocfreetrace=1 を設定すると、すべての割り当てがプロファイリングされ、オブジェクトの割り当てと解放ごとにスタックトレースが表示されます。

cgocheck: cgocheck=0 を設定すると、cgo で使用される Go 以外のコードに Go ポインタを不正に渡しているパッケージをチェックする機能をすべて無効化します。cgocheck=1（デフォルト）を設定すると、比較的チープなチェックを有効にしますが、いくつかのエラーを見逃す可能性があります。cgocheck=2 を設定すると、エラーを見逃すことがないコストの高いチェックを行うため、プログラムの実行速度が遅くなります。

efence: efence=1 を設定すると、アロケーターの実行モードを切り替えて、各オブジェクトを個別のページに割り当て、アドレスを再利用しないようにします。

gccheckmark: gccheckmark=1 を設定すると、ガベージコレクターのコンカレントマークフェーズの検証を有効化し、すべてのスレッドが停止している間に2回目のマークパスを行うようにします。2回目のパスがコンカレントマークで見つからなかった到達可能オブジェクトを見つけると、ガベージコレクターでエラーが起こります。

gcpacertrace: gcpacertrace=1 を設定すると、ガベージコレクターがコンカレントペーサーの内部ステータス情報を表示します。

gcshrinkstackoff: gcshrinkstackoff=1 を設定すると、ゴルーチンが現在より小さいスタックに移動しないようにします。このモードでは、ゴルーチンのスタックは増加する一方になります。

標準ライブラリカタログ

gcstackbarrieroff: gcstackbarrieroff=1を設定すると、マーク終了フェーズで
ガベージコレクターがスタックのスキャンを繰り返さないようにしているスタッ
クバリアを無効化します。

gcstackbarrierall: gcstackbarrierall=1を設定すると、指数関数的空間のフ
レームだけでなく、すべてのスタックフレームにスタックバリアを設置します。

gcstoptheworld: gcstoptheworld=1を設定すると、コンカレントガベージコレク
ションを無効化し、ガベージコレクションのたびにすべてのスレッドが停止する
イベントが発生するようにします。gcstoptheworld=2を設定すると、ガベージコ
レクション終了後のコンカレントスイーピングも無効化します。

gctrace: gctrace=1を設定すると、コレクションが実行されるごとに、ガベー
ジコレクターが回収したメモリ量と停止した時間を1行にまとめて標準エラーに
出力するようにします。gctrace=2を設定すると、同じ内容が出力されますが、そ
れぞれのコレクションが繰り返されます。この行のフォーマットは、今後変更さ
れる可能性もあります。現在の内容は、次のとおりです。

```
gc # @#s #%: #+#+# ms clock, #+#/#/#+# ms cpu, #->#-># MB, # MB goal, # P
```

フィールドの意味は、次表のとおりです。

フィールド	意味
gc #	GCごとに増加するGCの番号
@#s	プログラムが開始してからの経過秒数
#%	プログラムが開始してからGCで消費された時間の割合
#+...+#	GCの各フェーズの実時間／CPU時間
#->#-># MB	GC開始時、GC終了時、現在のヒープのヒープサイズ
# MB goal	目標ヒープサイズ
# P	使用プロセッサ数

それぞれのフェーズとは、全スレッド停止（STW）スイープ終了、コンカレン
トマークとスキャン、STWマーク終了です。マークとスキャンのCPU時間には、
アシスト時間（割り当てと合わせて実行されるGC）、バックグラウンドGC時間、
アイドルGC時間の内訳が表示されます。行が「(forced)」で終了している場合、
そのGCはruntime.GC()の呼び出しによって強制されたもので、すべてのフェー
ズがSTWになります。

memprofilerate: memprofilerate=Xを設定すると、runtime.MemProfileRateの値が更新されます。0を設定すると、メモリのプロファイリングは無効化されます。デフォルト値については、MemProfileRateの説明を参照してください。

invalidptr: invalidptr=1（デフォルト）では、無効なポインタ値（たとえば1）がポインタ型の場所で見つかった場合、ガベージコレクターとスタックコピアーがクラッシュします。invalidptr=0を設定すると、このチェックが無効化されます。この設定は、バグのあるコードを診断するための一時的な方法としてのみ使用してください。実際に問題を解決するには、ポインタ型の場所に整数を保存しないようにします。

sbrk: sbrk=1を設定すると、メモリアロケーターとガベージコレクターを、OSからメモリを取得し、メモリの再利用を行わないアロケーターと入れ替えます。

scavenge: scavenge=1は、ヒープスカベンジャーのデバッグモードを有効化します。

scheddetail: schedtrace=Xおよびscheddetail=1を設定すると、スケジューラーがスケジューラー、プロセッサ、スレッド、ゴルーチンの状態を示す複数行の詳細情報をXミリ秒ごとに出力します。

schedtrace: schedtrace=Xを設定すると、Xミリ秒ごとにスケジューラーの状態を1行にまとめて標準エラーに出力します。

netとnet/httpパッケージもまた、GODEBUG内のデバッグ変数を参照します。詳細は、各パッケージのドキュメントをご覧ください。

GOMAXPROCS変数は、ユーザレベルのGoコードで同時に実行できるOSのスレッド数を制限します。Goコードの代わりにシステムコールでブロックできるスレッド数には制限はありません。また、それによって、GOMAXPROCSの制限が悪影響を受けることもありません。このパッケージのGOMAXPROCS関数を使用すると、この制限の確認や変更を行うことができます。

GOTRACEBACK変数は、回復不能なエラーや予期しないランタイム状況によってGoのプログラムの実行が失敗した場合に生成される出力の量を制御します。デフォルトでは、すべての存在するゴルーチンのスタックトレースが表示され、ランタイムシステム内の関数は省略され、終了コード2で終了します。ゴルーチンが存在しない場合や、ランタイム内部でのエラーの場合、すべてのゴルーチンのスタックトレースを表示します。

GOTRACEBACK=noneの場合、ゴルーチンごとのスタックトレースが完全に表示さ

れなくなります。GOTRACEBACK=single（デフォルト）の場合、上記のように動作します。GOTRACEBACK=allの場合、ゴルーチンごとのスタックトレースにランタイムの関数が含まれます。GOTRACEBACK=systemは「all」に似ていますが、それに加えてランタイム関数のスタックフレームやランタイム内部で作られたゴルーチンについて表示します。GOTRACEBACK=crashは「system」に似ていますが、プログラムを終了するのではなく、オペレーティングシステム固有の方法でクラッシュするようにします。たとえば、Unixシステムでは、プログラムがSIGABRTを発生させて、コアダンプを行います。歴史的な理由から、GOTRACEBACKに0、1、2を設定すると、それぞれnone、all、systemに対応します。

runtime/debugパッケージのSetTraceback関数は、実行時に出力の量を増やすことができますが、環境変数で指定された量より減らすことはできません。詳しくは、https://golang.org/pkg/runtime/debug/#SetTracebackをご覧ください。

GOARCH、GOOS、GOPATH、GOROOTが、Goのすべての環境変数です。これらの環境変数は、Goプログラムのビルドに影響します（https://golang.org/cmd/goやhttps://golang.org/pkg/go/buildを参照）。GOARCH、GOOS、GOROOTは、コンパイル時に記録され、このパッケージの定数または関数として使用できるようになります。ただし、ランタイムシステムの実行には影響しません。

このパッケージは次表のパッケージも含んでいます。

パッケージ名	機能
cgo	cgoツールによって生成されたコードのランタイムサポートが含まれている。cgoの詳しい使用方法については、cgoコマンドのドキュメントを参照
debug	実行中にプログラムをデバッグする機能が含まれている
pprof	pprof視覚化ツール用のフォーマットのランタイムプロファイリングデータを書き出す
race	データ競合の検知ロジックが実装されている。このパッケージでは、公開インターフェースは提供されていない。競合検知ツールの詳細は、https://golang.org/doc/articles/race_detector.htmlを参照
trace	Goの実行トレーサ。ゴルーチンの作成／ブロック／ブロック解除、システムコールの開始／終了／ブロック、GC関連イベント、ヒープサイズの変更、プロセッサの開始／終了などのさまざまな実行イベントを取得し、それをコンパクトな形式でio.Writerに書き出す。ほとんどのイベントについて、ナノ秒精度の正確なタイムスタンプとスタックトレースを取得でき、go tool traceコマンドで分析を行うことができる

Package sort

スライスやユーザ定義のコレクションのソートを行うプリミティブが提供されています。

標準ライブラリカタログ

Package strconv

基本データ型と文字列表現の間の相互変換が実装されています。詳しくは、本書の7.9節「strconv」を参照してください。

Package strings

UTF-8エンコードの文字列を操作するシンプルな関数が実装されています。Goの UTF-8 文字列についての情報は、https://blog.golang.org/stringsを参照してください。

Package sync

排他制御ロックなどの基本的な同期プリミティブが提供されています。Once型とWaitGroup型以外のほとんどは、低レベルのライブラリルーチンでの利用を目的としたものです。高レベルの同期は、チャネルと通信で行うほうがよいでしょう。なお、このパッケージで定義されている型を含む値はコピーしてはいけません。

このパッケージは次のパッケージも含んでいます。

Package atomic

同期アルゴリズムを実装する際に便利な低レベルのアトミックなメモリプリミティブが提供されています。

このような関数は、細部に至るまで注意を払い、正しく使用する必要があります。特殊な低レベルのアプリケーションを除き、同期処理はチャネルや sync パッケージの機能を使用して行ってください。メモリを共有することによって通信するのではなく、通信によってメモリを共有するようにします。

SwapT 関数で実装されているスワップ操作は、次のコードをアトミックにしたものと同等です。

```
old = *addr
*addr = new
return old
```

CompareAndSwapT 関数で実装されている比較およびスワップ操作は、次のコードをアトミックにしたものと同等です。

標準ライブラリカタログ

```
if *addr == old {
    *addr = new
    return true
}
return false
```

AddT関数で実装されている加算操作は、次のコードをアトミックにしたものと
同等です。

```
*addr += delta
return *addr
```

LoadT関数およびStoreT関数で実装されている読み込みおよび保存操作は、
「return *addr」と「*addr = val」をアトミックにしたものと同等です。

Package syscall

低レベルなOSのプリミティブへのインターフェースが含まれています。詳細
はベースとなるシステムによって異なりますが、デフォルトでgodocは現在のシ
ステム向けのドキュメントを表示します。godocに別のシステム向けのドキュメン
トを表示させたい場合は、$GOOSおよび$GOARCHにそのシステムを設定します。た
とえば、freebsd/arm向けのドキュメントをlinux/amd64上で参照したい場合は、
$GOOSにfreebsdを、$GOARCHにarmを設定します。

syscallパッケージは、主に「os」「time」「net」などの汎用性の高いシステムへ
のインターフェースを提供する他のパッケージの内部で利用されます。可能な場
合は、このパッケージではなく、上記のようなパッケージを使用してください。
また、このパッケージの関数やデータ型の詳細は、それぞれのOSのマニュアル
を参照してください。

各呼び出しは、成功を示すためにerr == nilを返します。成功しなかった場
合、errは失敗の理由を説明するOSのエラーになります。ほとんどのシステムで、
エラーはsyscall.Errno型です。

注意として、このパッケージはロックされています。標準Goリポジトリ以外の
コードは、golang.org/x/sysリポジトリの対応するパッケージを使用するように
移行する必要があります。これも、新しいシステムやバージョンを適用する際に
必要になる点です。詳細は、https://golang.org/s/go1.4-syscallを参照してくださ
い。

標準ライブラリカタログ

Package testing

Goパッケージの自動テストをサポートしています。このパッケージはgo testコマンドと合わせて使用するよう設計されています。go testコマンドは、次の形式で定義されたすべての関数を自動で実行します。

```
func TestXxx(*testing.T)
```

ここで、Xxxは任意の英数字文字列（ただし、最初の文字が[a-z]であってはいけません）で、テストルーチンを特定するために使用されます。

この関数の内部で、ErrorやFail、あるいは関連するメソッドを使用してテストが失敗したことを通知します。

新しいテストスイートを記述するには、ここで説明されているTestXxx関数を含む_test.goで終わる名前のファイルを作成し、テスト対象となるパッケージに入れます。このファイルは、通常のパッケージのビルドからは除外されますが、go testコマンドが実行された際のビルドには含まれます。詳しくは、「go help test」や「go help testflag」を実行してください。

テストfやベンチマークを適用対象外にしたい場合、*Tと*BのSkipメソッドを呼び出すことによってスキップすることができます。

```
func TestTimeConsuming(t *testing.T) {
    if testing.Short() {
        t.Skip("skipping test in short mode.")
    }
    ...
}
```

Benchmark（ベンチマーク）

次のような形式の関数はベンチマークと見なされ、-benchフラグが指定されたgo testコマンドで実行されます。

```
func BenchmarkXxx(*testing.B)
```

ベンチマークは、1つずつ順番に実行されます。テストフラグの説明は、https://golang.org/cmd/go/#hdr-Description_of_testing_flagsを参照してください。

→ 398

次に、ベンチマーク関数のサンプルを示します。

```
func BenchmarkHello(b *testing.B) {
    for i := 0; i < b.N; i++ {
        fmt.Sprintf("hello")
    }
}
```

ベンチマーク関数では、対象のコードをb.N回実行する必要があります。ベンチマークの実行の際に、ベンチマーク関数の時間計測が十分信頼できる値になるようにb.Nが調整されます。次の出力はループが1000万回実行され、1回のループあたり282ナノ秒がかかったことを意味します。

```
BenchmarkHello    10000000    282 ns/op
```

ベンチマークを実行する前に、コストの大きいセットアップを行う必要がある場合は、タイマーをリセットすることができます。

```
func BenchmarkBigLen(b *testing.B) {
    big := NewBig()
    b.ResetTimer()
    for i := 0; i < b.N; i++ {
        big.Len()
    }
}
```

ベンチマークで並行にテストパフォーマンスを計測する必要がある場合は、次のようにRunParallelヘルパー関数を使用することができます。このようなベンチマークは、go test -cpuフラグとともに使用します。

```
func BenchmarkTemplateParallel(b *testing.B) {
    templ := template.Must(template.New("test").Parse("Hello, {{.}}!"))
    b.RunParallel(func(pb *testing.PB) {
        var buf bytes.Buffer
        for pb.Next() {
            buf.Reset()
            templ.Execute(&buf, "World")
        }
    })
}
```

標準ライブラリカタログ

Example（用例）

このパッケージでは、Example（用例）コードの実行と検証を行うこともでき
ます。Example関数の最後には、「Output:」で始まる行コメントが含まれているこ
とがあります。その場合、テストが実行された際にコメントが関数の標準出力
と比較されます（比較の際に、先頭と末尾の空白文字は無視されます）。次に、
Exampleの例を示します。

```go
func ExampleHello() {
    fmt.Println("hello")
    // Output: hello
}

func ExampleSalutations() {
    fmt.Println("hello, and")
    fmt.Println("goodbye")
    // Output:
    // hello, and
    // goodbye
}
```

OutputコメントのないExample関数はコンパイルされますが、実行はされませ
ん。

パッケージ、関数F、型T、型TのメソッドMのExample関数を宣言する際には、
それぞれ次の命名規則に従います。

```go
func Example() { ... }
func ExampleF() { ... }
func ExampleT() { ... }
func ExampleT_M() { ... }
```

これに個別の接尾辞を追加することによって、パッケージ、関数、型、メソッ
ドについて複数のExample関数を作成することができます。接尾辞は小文字で始
める必要があります。

```go
func Example_suffix() { ... }
func ExampleF_suffix() { ... }
func ExampleT_suffix() { ... }
func ExampleT_M_suffix() { ... }
```

400

標準ライブラリカタログ

1つのExample関数と、少なくとも1つのその他の関数、型、変数、定数の宣言が含まれており、テスト関数やベンチマーク関数が含まれていない場合、テストファイル全体がExampleとして扱われます。

Main（メイン）

テストプログラムには、テストの前後に追加の設定や破棄が必要になるものもあります。また、メインスレッドでどのコードを実行するかを制御しなければならない場合もあります。このような場合に対応するため、テストファイルに次のような関数が含まれている場合、

```
func TestMain(m *testing.M)
```

生成されるテストは、テストを直接実行するのではなく、TestMain(m)を実行します。TestMainは、m.Runの呼び出しの前後で任意の設定や破棄を行うメインゴルーチンを実行することができます。その後、m.Runの結果を渡してos.Exitを呼び出す必要があります。TestMainが呼び出されるとき、flag.Parseは実行されていません。TestMainやテストパッケージの内部がコマンドラインのフラグに依存する場合は、flag.Parseを明示的に呼び出す必要があります。

TestMainのシンプルな実装は次のようになります。

```
func TestMain(m *testing.M) {
    flag.Parse()
    os.Exit(m.Run())
}
```

なお、testingパッケージは次表のパッケージも含んでいます。

パッケージ名	機能
iotest	主にテストに役立つReaderやWriterが実装されている
quick	ブラックボックステストの実行をサポートするユーティリティー関数が実装されている

401

標準ライブラリカタログ

Directory text

このディレクトリは次のパッケージを含んでいます。

Package scanner

UTF-8エンコードのテキストに対してスキャンやトークン化を行う機能が提供されています。これは、ソースを提供するio.Readerを受け取ることができ、受け取ったソースは、Scanメソッドを繰り返し呼ぶことでトークン化できます。既存のツールとの互換性のため、NUL文字は許可されていません。ソースの最初にあるUTF-8エンコードのバイトオーダーマーク（BOM）は無視されます。

デフォルトで、Scannerは空白文字やGoコメントをスキップし、Go言語仕様によって定義されているすべてのリテラルを認識します。一部のリテラルのみを認識したり、別の識別子や空白文字を認識するようにカスタマイズすることもできます。

Package tabwriter

タブで区切られた複数の列を整形されたテキストに変換する書き込みフィルタ（tabwriter.Writer）が実装されています。

Package template

テキストを組み立てて出力するのに便利なデータ駆動型テンプレートが実装されています。1つのDSL（ドメイン特化言語）と言えるほど多数の機能を持っています。

Package parse

text/templateパッケージやhtml/templateパッケージで定義されているテンプレートの解析木を構築します。このパッケージは、汎用的な使用は考慮されていない共有内部データ構造を提供するものです。テンプレートの構築にこのパッケージは使用せず、text/templateパッケージやhtml/templateパッケージを使用してください。

402

標準ライブラリカタログ

Package time

時間の計測と表示を行う機能が提供されています。日付の計算では、常にグレ
ゴリオ暦が使用されます。詳しくは、本書の7.3節「time」を参照してください。

Package unicode

Unicodeコードポイントのいくつかの特性をテストするデータや関数を提供し
ています。このパッケージは次表のパッケージも含んでいます。

パッケージ名	機能
utf16	UTF-16シーケンスのエンコードおよびデコード機能が実装されている
utf8	UTF-8エンコードのテキストをサポートする関数や定数が実装されている。このパッケージには、ルーンとUTF-8バイト列との間の変換を行う関数が含まれている

Package unsafe

Goプログラムの型安全性を回避する操作が含まれています。unsafeをインポー
トするパッケージは移植性がなくなる場合があり、Goバージョン1の互換性ガイ
ドラインで保護されなくなります。

A

索引

索引

Index

■ 記号・数字

!	95
!=	94
%	87
%v	305
&	87, 88, 202
&&	94
&^	87, 90
*	87, 200
+	87, 95
-	87, 95
	82
/	87
/* … */	46
//	46
:=	58, 59
;	47
<	94
<<	87, 91
<=	94
=	59
==	94
>	94
>=	94
>>	87, 92
^	87, 89, 95
_	28, 99, 101, 214
|	87, 88
||	94

■ A

append	164, 175
Atom	22

■ B

.bash_profile	16
break	132, 146
byte	64

■ C

cap	160, 189
case	137
chan	183
close	190
complex	76
complex64 ／ complex128	76
const	108
continue	134, 147
copy	167

■ D

default	138
defer	148, 151
delete	182

■ E

Eclipse	20
else	126
Emacs	23
err	99
Error	235
error	235

■ F

fallthrough	138
false	63
float32 ／ float64	71, 75

404

索引

fmt.Printf	54
fmt.Println	54
fmt.Stringer	238
for	125, 132, 169, 181, 193

G

Git	18
GitHub	18, 262
Go	
開発環境	2, 19
拡張子	43
公式ページ	2
コンパイル	29
実行ファイル	30, 35
整形	129, 246
ダウンロード	3
ディレクトリ構成	31
テキストエンコーディング	26
テスト	265
ドキュメント	249
バージョン	245
標準パッケージ	272, 352
文	47
ポインタ	200
名称ルール	3
目的	50
go	152, 244
build	29, 34, 37, 253
doc	249
env	245
fmt	129, 246
get	20, 262
help	245
install	258
run	27, 34
test	40, 265
version	10, 14, 16, 17, 245
go-plus	22
GoClipse	21
gocode	19
gofmt	248
goto	144

I

if	126
imag	77
import	27, 34, 121
init	154
int	64
int8 ／ int16 ／ int32 ／ int64	64
interface	235
interface{}型	84, 141, 241
iota	115

L

len	160, 182, 189
Linux	14

M

main	27, 29
make	158, 176, 183, 184
map	176
MSIインストーラー	4

N

new	222
nil	85, 173

O

ok	180
OS X	11

P

package	27, 32
panic	149
print	56
Println	29
println	56

R

range	134, 169
RAW 文字列リテラル	80
readelf	30
real	77

索引

recover 151
return 96
rune型 77

S

SCM (Source Code Management) 18
select 194
String 238
struct 211
switch 137
　　型 141

T

true 63
type 209

U

uint 64
uint8 ／ uint16 ／ uint32 ／ uint64 64
uintptr 64
Unicode文字 77, 79, 314, 332
UNIX時間 290
URL 338
UTF-8 26

V

var 57, 60
Vim 23
Visual Studio Code 23

W

Windows 4, 29

Z

ZIPファイル 6

あ

値型 56
アドレス演算子 202

い

インターフェース 235

インポート 27

え

エスケープシーケンス 78
エラー処理 99
演算子 86
エントリーポイント 29

お

オーバーフロー 67

か

型 56
　　エイリアス 209
　　コンストラクタ 225
型アサーション 141
型推論 58
型変換 66, 72, 75
カバレッジ率 267
簡易スライス式 162
簡易文 127, 139
環境変数 7, 245, 281
　　GO15VENDOREXPERIMENT 268
　　GOARCH 246
　　GOBIN 246
　　GOOS 246
　　GOPATH 11, 17, 18, 34, 246, 258
　　GORACE 246
　　GOROOT 246
　　PATH 16
　　Path 7
関数 29, 96
　　スコープ 124
　　定義 96
　　無名関数 102
　　メソッド 225
関数リテラル 102
完全スライス式 168

き

キュー 185

索引

■ く

クロージャ 105

■ こ

構造体 96, 209, 230, 231
　　ポインタ 220
コメント 46, 53, 250
ゴルーチン 153, 183, 186, 290, 347

■ さ

サロゲートペア 79
算術演算子 87
　　代入 93
参照型 56, 158, 172
参照渡し 173

■ し

ジェネレータ 107
識別子 117, 119, 229
実数 58
書式指定子 54
真偽値 58

■ す

数値型 63
スコープ 119
スライス 56, 84, 158, 230
　　要素 159, 164

■ せ

正規表現 327
制御構文 125
整数 58
整数型 63
整数リテラル 65
静的型付け言語 63

■ た

タイムゾーン 283, 289
タグ 232
単項演算子 95

単精度浮動小数点数 71

■ ち

チャネル 56, 183, 290, 344

■ て

定義済み識別子 51
定数 108
　　型 111
　　式 110
　　省略 109
　　数学 292
　　数値型 292
ディレクトリ操作 279
テキストエディター 26
テスト 39, 265
デリファレンス 202

■ と

同期処理 344

■ は

倍精度浮動小数点数 71
排他的論理和（XOR） 89
配列型 81
　　可変長 84, 158
　　初期値 82
　　要素 81
　　要素数の省略 82
配列へのポインタ型 204
パッケージ 27, 28, 31, 38, 272
　　archive/tar 352
　　archive/zip 352
　　bufio 320, 352
　　builtin 352
　　bytes 207, 352
　　compress/bzip2 352
　　compress/flate 353
　　compress/gzip 353
　　compress/lzw 353
　　compress/zlib 353
　　container/heap 353

407

索引

container/list	354
container/ring	354
crypt/sha1	350
crypt/sha256	350
crypt/sha512	350
crypto	354
crypto/aes	354
crypto/cipher	354
crypto/des	354
crypto/dsa	354
crypto/ecdsa	355
crypto/elliptic	355
crypto/hmac	355
crypto/md5	349, 355
crypto/rand	355
crypto/rc4	355
crypto/rsa	355, 356
crypto/sha1	355
crypto/sha256	355
crypto/sha512	355
crypto/subtle	355
crypto/tls	355
crypto/x509	355
crypto/x509/pkix	355
database/driver	356
database/sql	356
debug/dwarf	357
debug/elf	357
debug/gosym	357
debug/macho	357
debug/pe	357
debug/plan9obj	357
encoding	357
encoding/ascii85	357
encoding/asn1	357
encoding/base32	357
encoding/base64	357
encoding/binary	357, 358
encoding/csv	357, 358
encoding/gob	357, 359
encoding/hex	357
encoding/json	357

encoding/pem	358
encoding/xml	358
errors	366
expvar	366
flag	298, 366
fmt	28, 53, 54, 301, 366
go/ast	366
go/build	366, 367
go/constant	367
go/doc	367
go/format	367
go/importer	367
go/parser	367, 371
go/printer	367
go/scanner	367
go/token	367
go/types	367, 371
hash	372
html	372
html/template	372
image	372
image/color	373
image/color/palette	373
image/draw	373
image/gif	373
image/jpeg	373
image/png	373
index/suffixarray	373
io	319, 373
io/ioutil	324, 374
json	234, 336
log	273, 307, 374
logsyslog	374
main	27
math	69, 122, 292, 374
math/big	374, 375
math/cmplx	374
math/rand	296, 374
mime	377
mime/multipart	377
mime/quotedprintable	377
net	377

408

索引

net/http	339, 379
net/http/cgi	379
net/http/cookiejar	379
net/http/fcgi	379
net/http/httptest	379
net/http/httputil	379
net/http/pprof	379, 380
net/mail	379, 381
net/rpc	380, 381
net/rpc/jsonrpc	380
net/smtp	380
net/textproto	380, 384
net/url	338, 380
os	272, 385
os/exec	385
os/signal	385
os/user	385
path	390
path/filepath	391
reflect	233, 391
regexp	327, 391
runtime	153, 391
sort	395
strconv	310, 396
strings	315, 396
sync	344, 396
sync/atomic	396
syscall	397
testing	398
testing/iotest	401
testing/quick	401
text/parse	402
text/scanner	402
text/tabwriter	402
text/template	402
time	282, 403
unicode	314, 403
unicode/utf16	403
unicode/utf8	403
unsafe	403
参照なし	28
初期化	154

スコープ	119
テスト	39, 267
ビルド	256
分割	36
パッケージ変数	61
バッファ	185
バッファ処理	320
範囲節	134

■ ひ

比較演算子	93
引数	96, 274, 298
型	97
可変長	171
無視	101
非数	295
左シフト	91
日付と時刻	282
ビットクリア	90
非同期処理	197
標準エラー出力	56
標準出力	54

■ ふ

ファイル操作	275
フィールド	212
省略	216
無名フィールド	214
フォーマット文字列	301
フォールスルー	138
複合リテラル	212
複素数型	76
複素数リテラル	76
浮動小数点数型	71
浮動小数点数リテラル	72

■ へ

並行処理	152
変数	57
定義	57, 60
パッケージ	61
ローカル	61

409

索引

ベンダリング 268

■ほ

ポインタ 56, 200
ポインタ型 56

■ま

マップ 56, 176, 231
　　要素 177
　　リテラル 177

■み

右シフト 92
ミューテックス 345

■む

無名関数 102

■め

メソッド 96, 209, 223

■も

文字クラス 331
文字列 58, 315
　　変換 310
文字列型 80
　　不変 207
　　ポインタ 206
文字列リテラル 80

戻り値 58, 96
　　省略 97
　　破棄 99
　　複数 98
　　変数 100

■よ

容量 160

■ら

ラップアラウンド 67, 69
ラベル 144, 146
乱数 296
ランタイムパニック 142, 149

■る

ルーン 77
ルーンリテラル 77

■れ

レシーバー 223

■ろ

ローカル変数 61
論理演算子 94
論理積 (AND) 88
論理値型 63
論理和 (OR) 88

著者プロフィール

松尾 愛賀（まつお あいが）

長崎生まれの九州人。もうすぐ不惑のプログラマー。
フリーランスなどを経て、現在は株式会社ラクーン在職。
テクニカルディレクターとして、いわゆる FinTech なサービスを絶賛運営中。

装　　丁	轟木 亜紀子（株式会社 トップスタジオ デザイン室）
編集・DTP	株式会社 トップスタジオ
付 録 翻 訳	株式会社 トップスタジオ
付録レビュー	上田 拓也

スターティング Go 言語

2016年 4 月14日　初版第 1 刷発行

著　　者	松尾 愛賀
発 行 人	佐々木 幹夫
発 行 所	株式会社 翔泳社（http://www.shoeisha.co.jp）
印刷・製本	株式会社 シナノ

©2016 Aiga Matsuo

本書は著作権法上の保護を受けています。本書の一部または全部について（ソフトウェアおよびプログラムを含む）、株式会社 翔泳社から文書による許諾を得ずに、いかなる方法においても無断で複写、複製することは禁じられています。

本書へのお問い合わせについては、ii ページの記載内容をお読みください。

造本には細心の注意を払っておりますが、万一、乱丁（ページの順序違い）や落丁（ページの抜け）がございましたら、お取り替えいたします。03-5362-3705 までご連絡ください。

ISBN978-4-7981-4241-8　　　　　　　　　　　　　Printed in Japan